KONSTITUTIONSSEROLOGIE
UND
BLUTGRUPPENFORSCHUNG

VON

DR. LUDWIG HIRSZFELD
STELLVERTRETENDER DIREKTOR DES
STAATLICHEN HYGIENE-INSTITUTS · WARSCHAU

MIT 12 ABBILDUNGEN

BERLIN
VERLAG VON JULIUS SPRINGER
1928

NEUBEARBEITET AUF GRUND EINES BEITRAGES
IN „ERGEBNISSE DER HYGIENE“ VIII. BAND

ISBN-13: 978-3-642-98562-1 e-ISBN-13: 978-3-642-99377-0
DOI: 10.1007/978-3-642-99377-0

Vorwort.

Wenn ich mich entschlossen habe, die in den „Ergebnissen der Hygiene“ publizierte Monographie in Buchform erscheinen zu lassen, so geschah dies in der Überzeugung, daß dieses Thema nicht nur die engeren Fachgenossen, sondern auch den Arzt, den Biologen, Anthropologen und Genetiker interessiert. Wir sehen in der Tat ein steigendes Interesse für diese eigentümliche gruppenspezifische Differenzierung des Blutes; besondere Gesellschaften und Kommissionen wurden gegründet, um diese Probleme zu fördern. Ich kann mich aber des Eindruckes nicht erwehren, daß dieses Interesse und die Popularisierung des Themas, so wünschenswert sie sind, auch manche Gefahr in sich bergen. Der Mediziner sucht nach einfachen Korrelationen zwischen Krankheit und Gruppe; für den Vererbungsforscher und Anthropologen fallen die gruppenspezifischen Bluteigenschaften unter die vielen oft nebensächlichen Merkmale, deren statistische Bearbeitung schon jetzt ihnen möglich erscheint. Meiner Überzeugung nach sind die Blutgruppenprobleme komplizierter und tiefer dadurch, daß es sich um Merkmale handelt, die antigene Wirkungen entfalten und daher Gegenreaktionen im Organismus auslösen können. Schon die normale Anwesenheit der Isoantikörper deutet auf tiefere Beziehungen zu dem physiologischen Geschehen des Organismus hin. Den Serologen, gewöhnt die Abwehrreaktionen des Organismus zu betrachten, widerstrebt es, an den möglichen Tiefen dieser Probleme vorbeizugehen.

Möge dieses Buch das Ziel erfüllen: das bereits Erkannte, sicher Gewordene darzustellen, auf das Mögliche, vielleicht Werdende hinzuweisen.

Warschau, im Oktober 1927.

L. Hirszfeld.

Inhaltsverzeichnis.

1. Einleitung.

Die Blutgruppenforschung stellt im gegenwärtigen Augenblick die vielseitigste und vielleicht tiefste Anwendung der Immunitätsforschung dar, die weit über die Probleme der individuellen Pathologie hinausragt. Ich habe der Monographie über die Blutgruppen den Titel der Konstitutionsserologie gegeben, um zu betonen, daß dieses Forschungsgebiet nur das erste Beginnen einer neuen, sich erst in der letzten Zeit erschließenden Auffassung der Immunitätsvorgänge ist. Auf den ersten Blick ist der Begriff der Konstitutionsserologie widersprechend, denn gewöhnlich fassen wir den Organismus als ein serologisch unendlich modulationsfähiges Instrument auf: die Mannigfaltigkeit des Weltgeschehens, der Strukturreichtum der Antigene, die in den Organismus ständig eindringen, müßten nach der üblichen Auffassung in der Vielseitigkeit serologischer Reaktionen ihr Gegenbild finden. Das Konstitutionelle[1]) bedeutet aber das relativ Feste und Unwandelbare. Die Zurückführung des serologischen Geschehens auf konstitutionelle Momente bedeutet die Annahme, daß individuumspezifische serologische Eigenschaften existieren, die vorgebildet und vererbbar sind, und daß auch die immunologischen Antworten des Organismus keineswegs lediglich die Mannigfaltigkeit der einwirkenden äußeren Reize wiedergeben, sondern sich in vorgebildeten Bahnen bewegen. Die Konstitutionsserologie bedeutet demnach eine individuelle serologische Differenzierung innerhalb der Art und konstitutionelle Notwendigkeiten in serologischer Responsivität des Organismus. Ich fasse die normalen Antikörper als vorgebildete biochemische Organe auf, deren phylogenetische Entstehung und ontogenetische Entwicklung ähnlichen Gesetzen untersteht wie die der anatomischen Merkmale; in Analogie zur Morphogenese habe ich den Ausdruck „Serogenese" vorgeschlagen. Die Immunkörperbildung ist vor allem eine Entfaltung und Verstärkung der genotypisch bedingten Zellfähigkeiten.

Die Notwendigkeit einer Umbildung unserer Immunitätsbegriffe im Sinne der konstitutionellen Richtung wird, glaube ich, allgemein empfunden. In dieser Beziehung gibt uns sowohl die reine Bakteriologie wie die klinische Immunologie und Epidemiologie deutliche Hinweise. Die Unwandelbarkeit und Starrheit mancher Bakterienarten ist gegenwärtig erschüttert. Das Problem der meisten Epidemien wird nicht mehr ausschließlich dem Eindringen des äußeren Feindes gleichgesetzt; die Epidemie ist oft eher mit einer Revolution zu vergleichen, indem die in uns vorhandenen, in gewissem Sinne schlummernden Mikroorganismen neue Offensivkräfte oder die Möglichkeit besonderer Vermehrung erfahren, sobald die sie beherrschenden Immunitätskräfte nachlassen. Das Auf-

[1]) Die Bezeichnung „konstitutionell" wird in diesem Artikel im Sinne des genotypisch-bedingten benutzt.

treten der Epidemie hängt von der Anzahl empfänglicher Individuen ab; ja, der Zyklus mancher Epidemien wird nach Gottstein durch die durch Generationswechsel bestimmte Wiederkehr empfänglicher Individuen erklärt. Die konstitutionelle Bedingtheit mancher Formen der Empfänglichkeit steht aber im Augenblick außer Zweifel. Ich erinnere nur an die geringere Empfänglichkeit mancher Tierrassen für bestimmte Infektionserreger, an die Möglichkeit, physiologisch immune Individuen herauszuzüchten, an die bedeutsamen Ergebnisse der experimentellen Epidemiologie von Flexner, Amoss, Webster, Topley, Neufeld und seinen Mitarbeitern. Alle diese wichtigen Beobachtungen zeigen, daß ohne eine konstitutionelle Betrachtung der Immunitätsvorgänge wir nicht die einfachsten Tatsachen der Epidemiologie begreifen können. Die individuell verschiedene Empfänglichkeit der Menschen, die Möglichkeit der Erkennung der normalen, d. h. physiologischen Immunität bei Diphtherie, Dysenterie und Scharlach durch die Reaktionen von Schick, Brokman und Dick, zeigt, daß ein systematisches Durchdenken dieser Probleme eine Grundvoraussetzung des Verständnisses der individuellen und sozialen Pathologie bedeutet. [Eine monographische Bearbeitung verwandter Probleme hat Schiff in einer interessanten Publikation in „Person und Infekt"[1]) gegeben.]

Ich hatte ein besonderes Glück, an diesen Problemen mit einem Manne gearbeitet zu haben, dessen Größe und Bedeutung in der Geschichte unserer Wissenschaft nicht zuletzt darauf beruhte, daß er mehr Biologe als Mediziner war. Die Probleme von Dungerns gingen meistens nicht in der Richtung des Pathologischen, des Ausnahmsweisen, sondern suchten das biologische Grundgeschehen herauszufinden. Wenn es mir später gelang, das begonnene Werk weiter zu entwickeln, so gehen die Quellen dieser Richtung auf die stille Arbeit im Institut für Krebsforschung in Heidelberg zurück. Es ist mir ein Herzensbedürfnis, beim Schreiben dieser Monographie, die vor vielen Jahren, wenn auch in anderer Form, von uns gemeinsam geplant wurde, meines verehrten Lehrers und liebsten Freundes in Dankbarkeit zu gedenken. Ihm sei auch, als Zeichen der Liebe und Anhänglichkeit, dieses Buch gewidmet.

Ich werde die Probleme der Blutgruppenforschung unter größerer Betonung des Biologischen als des Praktisch-medizinischen beschreiben. Die Frage der Bluttransfusion stelle ich ganz beiseite. Diesbezügliche Arbeiten der Chirurgen bedeuten meistens keine prinzipielle Vertiefung der Probleme; die Literatur ist übrigens in besonderen Monographien zusammengefaßt, wobei die Monographie von Breitner[2]) auch über biologische Unterlagen der Probleme gut orientieren kann. Auch die forensische Bedeutung werde ich nur kurz berühren. Eine literarisch lückenlose (bis 1925) Monographie über die Blutgruppen stellt das Buch von Lattes[3]) dar. Meine Arbeit macht die Lektüre dieses ausgezeichneten Buches nicht entbehrlich; im Gegenteil, ich werde auf die Wiedergabe

[1]) Handbuch der Konstitutionslehre von Brugsch und Lewy.

[2]) Anmerkung bei der Korrektur: Inzwischen erschien in Amerika eine ausführliche und kritische Monographie von Doan, C. A. (Studies from the Rockefeller Institute for medical research) Bd. 111. 1927.

[3]) Lattes: Die Individualität des Blutes. Berlin: Julius Springer. Übersetzung von F. Schiff. — F. Schiff: Die Technik der Blutgruppenuntersuchungen für Kliniker und Ärzte. Berlin: Julius Springer 1926. — L. Lattes: Handbuch der biologischen Arbeitsmethoden herausgeg. von Abderhalden 1927.

mancher Einzelheiten unter Hinweis auf die Monographie von Lattes verzichten. Außerdem ist eine sehr eingehende und durchdachte technische Anleitung von F. Schiff erschienen. Dieses kleine Buch hält bei weitem mehr, als der Titel verspricht. Die scharfe und objektive Formulierung der Probleme ist vorbildlich. Lattes hat unlängst seine reiche Erfahrung in dem Abderhaldenschen Handbuch niedergelegt. Ich konnte daher auf eingehende technische Angaben verzichten. Der größte Teil meiner Monographie wird sich mit der Anwendung der Blutgruppenforschung auf die Vererbung und Anthropologie befassen, und hier werde ich mich auf eine Reihe bedeutsamer Untersuchungen anderer Autoren beziehen, die unsere genetischen und anthropologischen Arbeiten erweiterten und vertieften. Die Übertragung der Gruppenprobleme auf die Pathologie ist erst im Werden. Es ist schwer, hier in dem Wirrwarr widersprechender Beobachtungen nach einem klärenden Prinzip zu suchen. Meine Monographie stellt auch keine Aufzählung der je aufgeworfenen Probleme und publizierten Arbeiten dar. Die Autoren und der Leser mögen mir eine gewisse „physiologische" Subjektivität bei der Darstellung verzeihen.

2. Über den Begriff der Isokörper.

Wenn wir entfernte Tierarten mit ihrem Blut gegenseitig immunisieren, erhalten wir hauptsächlich artspezifische Antikörper. Je näher die benutzten Tierarten aneinander stehen, um so spezifischer für die betreffende Art sind die erhaltenen Antikörper. Dies beruht, wie wir noch weiter sehen werden, darauf, daß der Organismus gegen zirkulationseigene Zellen keine Antikörper bilden kann. Immunisieren wir Tiere innerhalb der Art, so reagieren sie nicht gegen die artspezifische Komponente, da sie ja den beiden Tieren gemeinsam ist; unter diesen Umständen kommen die individuellen Differenzen innerhalb der Art serologisch zur Geltung. Wenn wir daher serologisch innerhalb der Art differenzieren wollen, müssen wir vor allem innerhalb der Art immunisieren. Die Möglichkeit, Antikörper gegen Antigene artgleicher Individuen zu erzeugen, ist an biochemische Differenzierung innerhalb der Art gebunden. Der „Horror autotoxicus" bewirkt demnach, daß die Immunisierung innerhalb der Art individuum- oder gruppenspezifische Antikörper erscheinen läßt. Dies klar erkannt zu haben, ist das Verdienst von Ehrlich und Morgenroth (1900), die den Begriff der Isoantikörper geschaffen haben. Isoantigene sind demnach solche Antigene, die bei der Immunisierung innerhalb der Art zur Geltung kommen, Isoantikörper sind solche Antikörper, die gegen das Gewebe der gleichen Tierart gerichtet sind.

Der tiefere biologische Grund dieser Differenzierung wurde von v. Dungern und Hirszfeld (1910) in Untersuchungen zuerst bei Hunden, dann bei Menschen erkannt.

Wir konnten bei Hunden zwei Bluteigenschaften konstatieren, die isoliert auftreten, gleichzeitig vorhanden sein, aber auch gleichzeitig fehlen können, so daß 4 verschiedene Gruppen resultierten. Isoantikörper entstanden nur dann, wenn das injizierte Blut differente antigene Eigenschaften hatte als das Blut des immunisierten Hundes. Die Bildung von Isoantikörpern bei

1*

Hunden war somit an die Immunisierung mit dem Blut fremder Gruppen gebunden.

Uns interessiert in diesem Kapitel vor allem die von Landsteiner (1901) festgestellte Tatsache, daß Isoantikörper bei Menschen physiologisch vorhanden sind. Ich übergehe die Arbeiten, wo die Isoagglutination auf krankhafte Vorgänge zurückgeführt wurde (Literatur bei Lattes) und konstatiere, daß Landsteiner zwei Tatsachen von größtem biologischem Wert erkannte, nämlich die serologische Differenzierung innerhalb des Menschengeschlechtes (Gruppenbildung) sowie das physiologische Vorhandensein der Isoantikörper. Landsteiner stellte fest, daß zwei Blutstrukturen vorhanden sind, die isoliert auftreten oder auch ganz fehlen können. Die von Landsteiner aufgestellten Gruppen waren folgende: (1) Menschen, deren Blutkörperchen durch Sera der Gruppe II und III nicht agglutiniert werden, deren Serum aber die Blutkörperchen dieser Gruppen agglutinieren; (2) Menschen, deren Blutkörperchen durch die Sera der Gruppen I und III agglutiniert werden, und deren Serum die Blutkörperchen der Gruppe III agglutinieren; (3) Menschen, deren Blutkörperchen durch die Sera der Gruppen I und II agglutiniert werden, und deren Serum die Blutkörperchen der Gruppe II agglutinieren. Schließlich ergab sich bei Fortsetzung der Arbeiten durch seine Mitarbeiter v. Decastello und Stürli, daß es Blutkörperchen gibt, deren Sera keine Antikörper enthalten, die aber von den Seren I, II und III agglutiniert werden.

Ich gab die Beschreibung der Gruppen so, wie sie Landsteiner publizierte. Die Landsteinersche Regel läßt sich aber am einfachsten in folgender Weise umschreiben: es existieren zwei Bestandteile des menschlichen Blutes, die isoliert vorkommen, gemeinsam auftreten oder gemeinsam fehlen können. Das Serum enthält nie Autoantikörper, immer (oder fast immer) Antikörper gegen die fehlenden Blutbestandteile.

Jansky und Moss haben sich dann später mit diesen Fragen befaßt. Es sei das Schema wiedergegeben, welches in den meisten Arbeiten publiziert ist und daher bekannt sein muß.

Tabelle 1. Schema der Gruppeneinteilung auf Grund der Isoagglutination.

Nach Jansky.						Nach Moss.					
		Sera						Sera			
		1	2	3	4			1	2	3	4
Blutkörperchen	1	—	—	—	—	Blutkörperchen	1	—	+	+	+
	2	+	—	+	—		2	—	—	+	+
	3	+	+	—	—		3	—	+	—	+
	4	+	+	+	—		4	—	—	—	—

Die beiden Tabellen unterscheiden sich nur durch die entgegengesetzte Numerierung der Gruppen I und IV. Die Vereinigung amerikanischer Bakteriologen hat die Einteilung von Jansky aus Prioritätsgründen akzeptiert und es liegt wirklich kein Grund vor, daß in Europa immer noch die Einteilung nach Moss benutzt wird. Die Landsteinersche Regel läßt sich aber am anschaulichsten nicht durch Ziffern darstellen, sondern, wenn man die Eigenschaften selbst zur Charakterisierung benutzt. Wollen wir nach v. Dungern-Hirszfeld die in Europa häufigere Eigenschaft A, die seltenere B nennen; die Gruppe, die sich nicht isoagglutinieren läßt, wollen wir durch das Symbol O bezeichnen. Schließlich die IV. Gruppe beruht auf dem gleichzeitigen Vorkommen von A und B, und kann durch die Bezeichnung AB symbolisiert werden. Die Landsteinersche Regel läßt sich dann durch folgendes Schema einfach darstellen:

Gruppe (Jansky)	I	II	III	IV
Blutkörperchen enthalten .	O	A	B	AB
Serum enthält	Anti-A Anti-B	Anti-B	Anti-A	O

v. Dungern und Hirszfeld haben vorgeschlagen, die Isoagglutinine mit den griechischen Buchstaben zu bezeichnen, was den Vorteil einer sehr einfachen Schreibweise hat. Die Symbole für die Gruppen wären dann:

$$\text{I } O\alpha\beta, \quad \text{II } A\beta, \quad \text{III } B\alpha, \quad \text{IV } AB_0.$$

Diese Definition hat leider eine gewisse Verwirrung gebracht, da manche Autoren die Agglutinine mit kleinen lateinischen Buchstaben a und b bezeichneten. Nun, wie wir sehen werden, vererben sich die Eigenschaften A und B dominant, die kleinen Buchstaben sollte man daher für die korrespondierenden recessiven Eigenschaften reservieren, die mit den Dominanten A und B mendeln. Unser Vorschlag wurde von dem Kongreß für gerichtliche und soziale Medizin auf Antrag von Schiff und Lattes und von National Research Council in Amerika auf Antrag von Landsteiner akzeptiert. Zahlreiche Forscher haben sich für die Anwendung der Buchstaben ausgesprochen (Verzar, Forssman usw.). Auch die Hygiene-Kommission des Völkerbundes befaßt sich auf Antrag von Kraus mit der Unifikation der Nomenklatur, und es wäre von großem Werte, wenn sich die Forscher entschließen würden, eine einheitliche Bezeichnungsweise zu benutzen. Ich werde die Symbole α und β dort benutzen, wo es sich um kürzeste Darstellung handelt. Im Text scheint mir einfacher, die Isoantikörper mit Anti-A bzw. Anti-B zu bezeichnen. Die Isoagglutination ist technisch am einfachsten anzusetzen, doch finden sich im Serum auch Isolysine, Isoopsonine (Schiff), außerdem gruppenspezifische Präcipitinogene (Schiff). Isolysine sind bei gewöhnlicher Technik nicht so oft nachzuweisen wie die Isoagglutinine; bei Verwendung älteren oder erhitzten (55°) Blutes, welches leicht hämolysiert wird, soll die Feststellung der Isolysine immer gelingen, wo Isoagglutinine vorhanden sind (Hesse). Isopräcipitine dagegen fehlen (Schiff).

Die Blutgruppen sind in der Regel konstant. Ich beobachte dies an mir und meinen Bekannten bereits 17 Jahre, De Castello 20 Jahre usw. Es scheint allerdings, daß manchmal die roten Blutkörperchen so verändert werden, daß die inagglutinablen agglutinabel werden. Ich habe dies gelegentlich der Vererbungsstudien auf dem Lande einmal beobachtet und gesehen, daß das agglutinabel gewordene Blut, zu inagglutinablem O-Blut zugesetzt, es ebenfalls agglutinabel macht. Nach Thomsen, der das Phänomen zuerst beschrieben hat und Friedenreich handelt es sich bei solchen Änderungen der Agglutinabilität um die Wirkung bestimmter Bakterien. Ich werde diese Frage in dem Kapitel über die Pathologie berühren, da es nicht ausgeschlossen erscheint, daß manche pathologische Vorgänge, Infektionen oder dergleichen, eine solche, früher nicht vorhandene Agglutinabilität bewirken. Die genotypische Bedingtheit und rassenbiologische Bedeutung der Strukturen *A* und *B* werden durch diese Feststellung nicht berührt.

Es fragt sich, ob auch andere Organzellen gruppenspezifisch differenziert sind. Die erste Untersuchung stammt von v. Dungern und Hirszfeld, die bei Hunden durch Injektion der Niere eines Hundes der Gruppe *O* gruppenspezifische Agglutinine erzeugen konnten.[1]) Ich konnte mit Frl. Halber in einem Falle durch Injektion des Aortenendothels des Menschen bei Kaninchen gruppenspezifische Heteroagglutinine erzeugen. Die Isoagglutinine beeinflussen nicht die Blutplättchen. Wir versuchten mit Frl. Halber die Tatsache der Alkohollöslichkeit der *A*- und *B*-Bestandteile zum Nachweis gruppenspezifischer Differenzierung der Organe anzuwenden; unsere älteren Erfahrungen (nicht veröffentlicht) mit Iso- und Heteroagglutininen verliefen damals negativ, dagegen gelang es Dölter, der allerdings mit ungewaschenen Organen arbeitete, auch in der Niere den Bestandteil *A* nachzuweisen[2]). Genaue Untersuchungen über die Verteilung von Blutstrukturen wären hier auch deswegen von Wert, weil wir mit der Möglichkeit rechnen müssen, daß bestimmte Beziehungen zwischen gruppenspezifischen Strukturen verschiedener Organe vorhanden sind, deren Störung unter Umständen auch pathologische Folgen haben kann; gleichsam serologische Mißbildungen. Die Frage könnte auch für die Tumorimmunität eine größere Bedeutung gewinnen[3]). Doean gibt eine gruppenspezifische Differenzierung der Leukocyten an. Es sollen hier zahlreiche von der Klasseneinteilung der Leukocyten unabhängige Gruppen sich ergeben, wenn man bei Körperwärme die weißen Blutzellen im Serum anderer Personen überträgt, indem in manchen Fällen eine Immobilisierung eintritt. Es scheint, daß für die Frage der Transplantation die Gruppengleichheit eine Bedeutung hat (Deucher und Ochsner, Sokolof, Ascher, Reinwald, Elschning, Kubanyi).

Die gruppenspezifischen Substanzen des Menschenblutes bewirken bei Tieren das Auftreten gruppenspezifischer Immunantikörper, wie dies zuerst v. Dungern und Hirszfeld festgestellt, und dann in größeren Versuchsreihen Hoocker und Anderson, Schiff, Dölter u. a. bestätigt und erweitert haben. Ich werde die Frage der gruppenspezifischen Heteroagglutinine in einem besonderen Kapitel referieren. Ich möchte zunächst die biologischen Grundlagen der Isoagglutination darstellen.

---

[1]) Inwieweit das Auftreten von Isoantikörpern nach Niereninjektion als Beweis einer gruppenspezifischen Differenzierung der Niere ist, scheint mir nach unseren neueren Untersuchungen unsicher, welche zeigten, daß Antikörperbildung nach unspezifischen Reizen sich in vorgebildeten Bahnen bewegt. Nach der Injektion von *A*-Blut entstehen bei manchen Kaninchen Antikörper gegen das Blut *B* (Dölter), ähnlich auch nach Milchinjektion (Dossena, Hirszfeld und Halber, und Hirszfeld, Halber und Mayzner). Vielleicht haben wir daher mit dem Einfluß eines unspezifischen Reizes zu tun, der die Loslösung eines vorgebildeten Antikörpers bewirkte.

[2]) Anmerkung bei der Korrektur. Inzwischen hat Witebski bei Sachs weitere Untersuchungen über die Verteilung gruppenspezifischer Strukturen in den Organen mittels Komplementbindung mit alkoholischen Extrakten und Kritschewski und Schwarzman mit Hilfe von Absorptionen angesetzt. Falls es sich nicht um in Plasma gelöste und an Organzellen absorbierte Isoagglutinogene handelt, so beruhten unsere damaligen negativen Resultate darauf, daß wir die Organe zu stark gewaschen haben. Die gruppenspezifischen Substanzen scheinen in verschiedenen Organen und bei verschiedenen Individuen ungleichmäßig verteilt zu sein. Quantitative Versuche unter genauer Berücksichtigung der klinischen Gesichtspunkte wären vielleicht hier von großem Wert. Eine andere Methode beruht auf Prüfung einer spezifischen Hemmung. Jamakami, Landsteiner und Levine fanden auf diese Weise, daß das Sperma (Spermatozoen und Spermaflüssigkeiten) sowie andere Körperflüssigkeiten (Speichel, Vaginasekret), zum isoagglutinierenden Serum zugesetzt, die Blutagglutination gruppenspezifisch hemmen.

[3]) (Literatur siehe: Carl Ascher, Zeitschr. f. Immunitätsforsch. u. exp. Therapie, Orig. Bd. 44, H. 2/3, S. 245. 1925.)

3. Über die Vererbung gruppenspezifischer Substanzen des Blutes.

a) Experimentelle Grundlagen.

Wir haben die Tatsache der Isoantigene kennengelernt und namentlich die eigentümliche, durch die Landsteinersche Regel umschriebene Anwesenheit normaler Isoantikörper bei Menschen. Landsteiner stellte fest, daß die Gruppenbildung eine physiologische Erscheinung ist, unabhängig vom pathologischen Geschehen. Die Landsteinersche Entdeckung hat das Instrument in die Hand gegeben, indem sie durch äußerst leichte Feststellung individueller serologischer Eigenschaften die weitere Arbeit auf diesem Gebiete ermöglichte. Das Problem der individuellen Differenzierung des Menschenblutes wurde angebahnt, aber nicht gelöst. Warum legen verschiedene Menschen ein so differentes, serologisches Verhalten an den Tag? Liegen hier konstitutionelle Momente und Rasseneigentümlichkeiten vor? Von Dungern und Hirszfeld stellten sich die Frage nach der konstitutionellen Bedingtheit der Isoantigene zunächst bei Hunden vor. Ich werde diese Versuche, die jetzt nur ein historisches Interesse beanspruchen können, kurz beschreiben. Es wurden Tiere mit verschiedenen anatomischen und serologischen Merkmalen gekreuzt. Die elterlichen Eigenschaften konnten meistens bei den Jungen festgestellt werden. Es ergab sich dabei eine Unabhängigkeit der Vererbung, so daß Tiere mit der Gruppe des Vaters manchmal die anatomischen Merkmale der Mutter aufwiesen u. dgl. Manchmal fehlten bei den Jungen die serologischen Eigenschaften, die bei den Eltern nachweisbar waren.

Gesetzmäßigkeiten der Vererbung konnten aber erst aufgedeckt werden, als wir die Untersuchungen auf Menschen erstreckten und in Heidelberger Professorenkreisen genaue Gruppenbestimmungen bei Eltern und Kindern anstellten. Aus der Monographie von Lattes entnehme ich, daß Langer und Hektoen an die Möglichkeit der Vererbung gedacht haben, sowie auch, daß 1908 der feinsinnige amerikanische Gelehrte Ottenberg zusammen mit Epstein anläßlich einer Diskussion in der Pathologischen Gesellschaft in New York mitgeteilt hat, daß er bei einem Geschwisterpaar gleiche Blutgruppen gefunden und infolgedessen vermutet hätte, daß hier vererbbare Eigentümlichkeiten vorliegen, worauf er dann einige Familien untersuchte. Unsere Arbeit hat aber die konstitutionelle Bedingtheit und die näheren Gesetzmäßigkeiten sichergestellt und namentlich die Tatsache, die zum Ausgangspunkt aller späteren Untersuchungen gedient hat, daß nicht die Gruppen als solche, sondern die beiden isoagglutinablen Eigenschaften Vererbungseinheiten darstellten. Ich bringe das erste Protokoll von v. Dungern und Hirszfeld allerdings nicht in der Form, wie wir es publizierten, wo wir gleich eine bestimmte Erbformel zur Grundlage der Darstellung gebracht haben, sondern unter Angabe der Gruppe (nach dem Vorschlag von Lattes).

Wir untersuchten also insgesamt 72 Familien, die 348 Personen umfaßten; 12 mal konnten die Untersuchungen auf 3 Generationen ausgedehnt werden. Unsere Feststellungen lassen sich in folgenden Worten ausdrücken: Haben beide Eltern eine bestimmte Blutstruktur, so erscheint sie in der Regel auch bei allen Kindern, sie kann aber auch bei einigen fehlen. Besitzen die Eltern eine gruppenspezifische Struktur, so findet sie sich meist bei einem Teil der Kinder, nur ausnahmsweise bei allen. Fehlt umgekehrt die Blutstruktur bei den Eltern, so tritt sie niemals bei den Kindern auf. Hat ein Elter die Gruppe A, der andere die Gruppe B, so können Kinder auch beide Eigen-

Tabelle 2. Vererbung der Blutgruppen nach v. Dungern-Hirszfeld.

Kombinationen der Eltern	Nr. der Familie	Anzahl der Kinder in jeder Gruppe			
		I (O)	II (A)	III (B)	IV (AB)
I × I (O × O)	2	4			
	8	2			
	12	1			
	13	2			
	15	2			
	21	2			
	38	1			
	44	4			
	53	2			
	63	4			
	66	2			
II × II (A × A)	5	2			
	24		3		
	26		5		
	27	3	1		
	31	1	1		
	36	1	5		
	49		5		
	59	2			
	64	1	6		
	69	1	3		
I × II O × A)	3	2	2		
	4		2		
	6	1	3		
	9		2		
	14		3		
	18		4		
	19		2		
	20	3	3		
	23	1	1		
	25		1		
	29		2		
	30		1		
	34	3	1		
	37	2	1		
	41	2	1		
	42	1			
	43		3		

Fortsetzung

Kombinationen der Eltern	Nr. der Familie	Anzahl der Kinder in jeder Gruppe			
		I (O)	II (A)	III (B)	IV (AB)
I × II (O × A)	47	1	1		
	48		1		
	50	1	3		
	52	1	1		
	54	1			
	56	1	3		
	57	1	2		
	58	1			
	60	1	1		
	61		1		
	62	1	1		
	65		5		
	68		6		
III × III (B × B)	17			2	
I × III (O × B)	7	2		2	
	10	1		2	
	32			1	
II × III (A × B)	22		2	1	1
	28		1	1	
	33		1	1	1
	35		1	1	
	40	1	1		1
	51				1
	67		2	1	
	70		1	1	
I × IV (O × AB)	1		1	1	
	11			1	
	39	1	1		
	72	1			3
II × IV (A × AB)	45		1		1
	55		2	1	
III × IV (B × AB)	16			3	1
	46	3			
	71	1	2	1	1
IV × IV (AB × AB)	Kein Fall				

schaften aufweisen. Die Eigenschaften A und B schließen sich somit bei der Vererbung nicht aus. Hat der eine Elter die Gruppe AB, der andere O, so können die Eigenschaften gespalten werden und bei den Kindern isoliert auftreten. Wir schlossen daraus, daß es sich um

Vererbung nach dem Mendelschen Gesetz handelt, wobei *A* und *B* unabhängig mendelnde Eigenschaften darstellen. Da die isoagglutinablen Eigenschaften *A* und *B* bei den Kindern nicht auftreten können, wenn sie bei den Eltern fehlten, so schlossen wir, daß sie dominant sind. Wir haben daher angenommen, daß die isoagglutinablen Eigenschaften *A*

Tabelle 3. Vererbung der Blutgruppen nach Jervell.

Nr. der Familie	Gruppen der Eltern		Gruppen der Kinder			
	Vater	Mutter	*O*	*A*	*B*	*AB*
16	*O*	*O*	4			
20			1			
Summe 2			5			
2	*O*	*A*	1	1		
3				1		
4				3		
14				3		
Summe 4			1	8		
8	*A*	*O*		2		
23			1			
25				1		
27				1		
Summe 4			1	4		
10	*A*	*A*		2		
12				2		
15			3			
17				6		
21				2		
22				3		
Summe 6			3	15		
1	*O*	*B*	2		1	
32					1	
Summe 2			2		2	
29	*B*	*O*			1	
5	*A*	*B*	2		3	
7						1
28						1
30						1
31						1
Summe 5			2		3	4
18	*B*	*A*			1	
13			1	1	2	
Summe 2			1	1	3	
6	*O*	*AB*		3	1	
19					1	
26				2		
Summe 3				5	2	
24	*A*	*AB*		1		1
9	*AB*	*A*		4	1	
11				1		1
Summe 2				5	1	1

und B unabhängige dominante Merkmale darstellen, denen nach der üblichen Fassung das „Fehlen" dieser Eigenschaften „nicht A" und „nicht B" gegenübersteht und die als zwei unabhängige Allelomorphenpaare nach dem Mendelschen Gesetz vererbt werden[1]).

Wir haben, wie aus unserer Publikation erhellt, die entsprechende Erbformel angewandt und auch die forensische Bedeutung klar erkannt und sogar in einem

Tabelle 4. Vererbung der Blutgruppen nach Awdejewa und Grizewicz. (Zitiert nach Kolzow aus Lattes.)

Kombinationen der Eltern	Anzahl der Familien	Anzahl der Kinder in jeder Blutgruppe			
		I (O)	II (A)	III (B)	IV (AB)
I × I (O × O)	16	33			
I × II (O × A)	14	15	14	3[2])	1
II × II (A × A)	16	6	27		
I × III (O × B)	13	18	2	19	
III × III (B × B)	3	1		8	
II × III (A × B)	14	4	12	12	2
I × IV (O × AB)	2	2			1
II × IV (A × AB)	4		6	3	4
III × IV (B × AB)	2			1	1

Tabelle 5. Vererbung der Blutgruppen nach Tebbutt und MacConnel.

Kombinationen der Eltern	Anzahl der Familien	Anzahl der Kinder in jeder Blutgruppe			
		I (O)	II (A)	III (B)	IV (AB)
I × I (O × O)	5	17			
II × II (A × A)	1	1	2		
I × II (O × A)	3	3	7		
I × III (O × B)	1	2		1	
I × IV (O × AB)	2		7	5	

Falle angewandt (das Kind und die Mutter gehörten allerdings der gleichen Gruppe an).

Die allelomorphen Paare bezeichneten wir als A und nicht A, B und nicht B. Die Tatsache, daß Eltern, die der Gruppe A bzw. B gehören, Kinder ohne A und B zeugen können, erklärten wir somit durch die Annahme, daß es sich um heterozygote Eltern handelt. Da die Mendelsche Art der Vererbung als bekannt vorausgesetzt werden darf, werde ich mich begnügen, unsere Erbformel anzugeben, wobei ich jedoch, wie dies jetzt in der Genetik üblich ist, die recessiven, mit A bzw. B mendelnden, allelomorphen Eigenschaften „nicht A" und „nicht B" mit a und b bezeichnen werde.

---

[1]) Wir dachten bei dem Beginn unserer Untersuchungen, daß A und B miteinander mendeln, also allelomorph sind. Nachdem wir aber gesehen haben, daß in den Ehen $A \times A$ die O-Gruppe, nie aber die B-Gruppe auftritt, haben wir diese Annahme fallen lassen und zwei allelomorphe Paare angenommen. Die Vorstellung multipler Allelomorphie war damals noch unbekannt. (Siehe später Bernstein.)

[2]) In einer einzigen Familie.

Ich möchte zunächst das gesamte tatsächliche Material angeben und erst dann die Berechnungen und die vorgeschlagenen Erbformeln besprechen. Das bis jetzt vorhandene genetische Material umfaßt bereits über 5000 Kinder, die Art der Publikation erschwert aber außerordentlich eine einheitliche Darstellung. Die Tabelle von v. Dungern und Hirszfeld enthält leider keine

Tabelle 6. Blutgruppen der Neugeborenen und ihrer Eltern nach Dyke und Budge.

Gruppe		Gruppe der Kinder			
V	M	*O*	*A*	*B*	*AB*
O	*O*	31			
O	*A*	9	5		
A	*O*	8	9		
A	*A*	4	12		
O	*B*	3		4	
B	*O*	3		3	
A	*B*	1		1	1
B	*A*		1		1
O	*AB*			1	
AB	*A*	1			

Angaben, welchen Gruppen der Vater oder die Mutter angehörten. Die Protokolle selbst konnten wir nicht mehr finden. Einige Autoren publizierten ihre Stammbäume genau, d. h. unter Berücksichtigung des Geschlechts, bei manchen, die besonders reichhaltiges Material gesammelt haben, habe ich persönlich diesbezügliche Angaben erbeten. Namentlich Mino, Frl. Plüss, Staquet, Snyder, Furuhata, Schiff, Heim, Bais und Verhoef und Klaften möchte

Tabelle 7. Vererbung der Blutgruppen nach Keynes (aus Lattes).

Kombinationen der Eltern	Nummer der Familie	Anzahl der Kinder in jeder Gruppe			
		I (*O*)	II (*A*)	III (*B*)	IV (*AB*)
I × I (*O* × *O*)	2	4			
II × II (*A* × *A*)	2	4	6		
I × II (*O* × *A*)	5	8	5		
I × IV (*O* × *AB*)	1			2	
II × IV (*A* × *AB*)	1		1		2
III × IV (*B* × *AB*)	1		3	1	

ich für die liebenswürdige Zusendung der genauen Stammbäume bestens danken[1]). Ich werde daher die Publikationen der Autoren auf verschiedene Weise mitteilen müssen: dort, wo mir keine Daten über die Gruppe des Vaters bzw. der Mutter und das Geschlecht des Kindes zur Verfügung stehen, bringe ich diesbezügliche Ergebnisse in Tabellen, die nach den Verfassern geordnet sind; dort, wo ich über alle Angaben verfüge, bringe ich das betreffende Material in einer gemeinsamen Tabelle, die ich später ausrechnen werde.

[1]) Sollten sich trotz aller Sorgfalt, die ich für die Zusammenstellung dieser Tabellen verwandt habe, Fehler hineingeschlichen haben, wäre ich den betreffenden Autoren für entsprechende Hinweise dankbar.

Die Tabelle von Keynes entspricht einem Stammbaum von 4 Generationen. Die Familie ist die größte bisher beschriebene, weswegen der Stammbaum nachstehend wiedergegeben werden soll:

Tabelle 8.

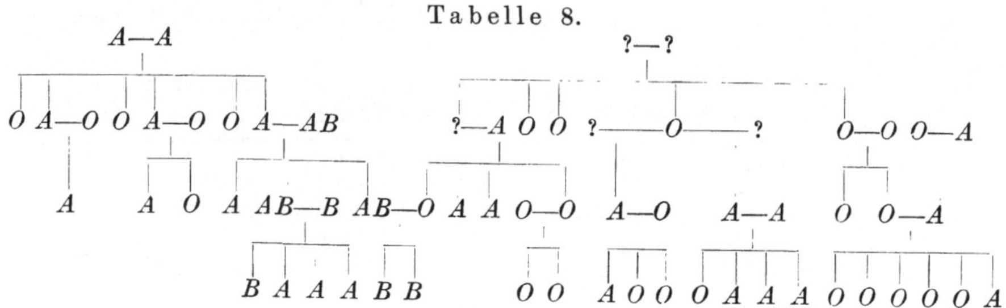

Ich möchte in folgendem diejenigen Untersuchungen zusammenstellen, bei welchen alle notwendigen Daten, wie die Gruppen des Vaters und der Mutter und das Geschlecht des Kindes bekannt sind. Zunächst gebe ich eine Tabelle von Dossena, der an der gynäkologischen Klinik in Modena die Neugeborenen und ihre Eltern serologisch untersuchte.

Tabelle 9. Vererbung der Blutgruppen nach Dossena.

Gruppen		Gruppen der Kinder							
Vater	Mutter	*O*		*A*		*B*		*AB*	
		S	T	S	T	S	T	S	T[1]
O	*O*	16	14						
O	*A*	5	3	7	15				
A	*O*	6	5	10	6				
A	*A*		1	6	7				
A	*B*			2	2	3	2		
B	*A*	1		2	2	2			
B	*B*	1				3			
O	*B*	2	1			2	1		
B	*O*		3			2	2		
O	*AB*		1		1	1	1		
AB	*O*		1		1		1		
A	*AB*			2			1		
AB	*A*			1	2				
B	*AB*					1	1		
AB	*B*						1		

Dossena hat noch weitere 100 Fälle untersucht, sie aber nur summarisch publiziert; ich werde diese Zahlen später bei Berührung der Frage, inwieweit der Vater oder die Mutter einen größeren Einfluß auf die Gruppe des Kindes haben, angeben.

[1]) S = Sohn, T = Tochter.

Klaften untersuchte das Material der gynäkologischen Klinik in Wien nach verschiedenen Gesichtspunkten, die weiter besprochen werden. Ich stelle zunächst die Stammbäume mit Neugeborenen zusammen.

Tabelle 10. 200 Familien samt Neugeborenen nach Klaften.

Vater	Mutter	Gruppen der Kinder								Zahl
		O		*A*		*B*		*AB*		
		S	T	S	T	S	T	S	T	
O	*O*	3	7							10
O	*A*	8	3	10	12					33
A	*O*	6	9	16	9					40
A	*A*	3	5	9	12					29
O	*B*					6	3			9
B	*O*	3	2			5	4			14
B	*B*	1	1			5	1			8
B	*A*	2	1	5	3	10	4	3	1	29
A	*B*	2		2	1		6	5	2	18
A	*AB*							1	1	2
AB	*A*	1		2	2		1			6
B	*AB*						1			1
AB	*B*							1		1

Tabelle 11. Weitere Familien nach Klaften, umfassend seine Tabellen IV, VI und VIII. (Die arabischen Nummern bedeuten die betreffende Familie, die römische die zugehörigen Tabellen. In Tabelle XI werden unterschieden ei = eineiig, zw = zweieiig.)

	Nr.	Vater	Mutter	Gruppen der Kinder			
				O	*A*	*B*	*AB*
	17, VIII	*O*	*O*	2			
zusammen	1			2			
	4, VIII	*O*	*A*	2	1		
	5, VIII			1	1		
	13, VIII				2		
	14, VIII			1	1		
	4, IV			1			
	1, VI ei			2			
	8, IV				1		
zusammen	7			7	6		
	8, VIII	*A*	*O*		3		
	9, VIII				2		
	16, VIII				2		
	19, VIII			2	1		
	1, IV			1			
	14, IV				1		
	10, IV			1			
	16, IV				1		
	1, VI zw			2			
zusammen	9			6	10		

Tabelle 11 (Fortsetzung).

	Nr.	Vater	Mutter	Gruppen der Kinder			
				O	*A*	*B*	*AB*
	15, VIII	*A*	*A*	1	1		
	17, IV				1		
	4, zw VI			1	1		
zusammen	3			2	3		
	2, VIII	*O*	*B*			2	
	20, VIII					2	
	2, ei VI					2	
zusammen	3					6	
	12, VIII	*B*	*O*			3	
	7, IV			1			
	13. IV					1	
zusammen	3			1		4	
	6, VIII	*A*	*B*	1		1	1
	11, VIII				2		
	6, IV				1		
	4, ei VI						2
	6, zw VI					2	
zusammen	5			1	3	3	3
	10, VIII	*B*	*A*	1		2	
	12, IV				1		
	15, IV				1		
	9, IV				1		
	12, IV				1		
	3, ei VI			2			
	5, zw VI					1	1
	5, IV			1			
zusammen	8			4	4	3	1
	1, VIII	*B*	*B*			2	
	7, VIII					2	
zusammen	2					4	
	3	*O*	*AB*	1	1		
	2, zw VI				2		
zusammen	2			1	3		
	11, IV	*AB*	*O*	1			
zusammen	1			1			
	18, VIII	*AB*	*A*	1		1	1
	3, IV				1		
	3, zw VI				1	1	
zusammen	3			1	2	2	1

Furuhata publizierte die ersten 100 Familien unter Angabe des Geschlechts der Kinder, sie sind in den großen Tabellen aufgenommen. Nach einer brieflichen Mitteilung gebe ich eine Zusammenstellung von 399 Familien.

Tabelle 12. Vererbung der Blutgruppen nach Furuhata.

	Gruppe Eltern	Familienzahl	Kinderzahl	Gruppen der Kinder			
				O	A	B	AB
	$O \times O$	46	127	127			
	$O \times A$	96	253	116	134	1	2
	$A \times A$	47	135	28	107		
	$O \times B$	50	151	59		91	1
	$B \times B$	22	61	9		52	
	$A \times B$	74	178	38	52	44	44
	$O \times AB$	24	77	1	35	41	
	$A \times AB$	17	44		18	28	24
	$B \times AB$	20	63		15	27	21
	$AB \times AB$	3	3			1	2
zusammen		399	1092	378	361	285	94

Thomsen untersuchte 202 Familien. Die Ehen mit AB haben genauere Daten und sind daher weiter unten angegeben.

Tabelle 13. Vererbung der Blutgruppen nach Thomsen. (Zusammen.)

	Gruppe Eltern	Familienzahl	Kinderzahl	Gruppen der Kinder			
				O	A	B	AB
	$O \times O$	41	127	126	1		
	$O \times A$	68	171	69	102		
	$A \times A$	22	80	10	70		
	$O \times B$	13	47	18		29	
	$B \times B$	1	2	1		1	
	$A \times B$	22	68	13	16	13	26
	$O \times AB$	18	46		20	25	
	$A \times AB$	12	47		20	5	22
	$B \times AB$	4	17			10	7
	$AB \times AB$	1	5		2	2	1
zusammen		202	610	237	231	85	56

Tabelle 14. Vererbung der Blutgruppen AB nach Thomsen.

	Vater	Mutter	Nr. der Familie	Gruppen der Kinder				Zusammen
				O	A	B	AB	
	O	AB	7 [1]		2			2
			8		3	2		5
			10		1	3		4
			11		2			2
			14		1			1
			15		1			1
			18		2			2
zusammen			7		12	5		17

[1]) In dieser Ehe war noch ein Kind AB, welches wahrscheinlich von einem anderen Vater stammte und daher nicht berücksichtigt wird.

Tabelle 14 (Fortsetzung).

	Vater	Mutter	Nr. der Familie	Gruppen der Kinder				Zusammen
				O	*A*	*B*	*AB*	
	AB	*O*	1			1		1
			2			1		1
			3		1			1
			4			2		2
			5		1	2		3
			6		2	3		5
			9		3	2		5
			12		2	5		6
			13			2		2
			16			1		1
			17			1		1
zusammen			11		8	20		28
	A	*AB*	20		2	2	3	7
			21		8		6	14
			22		1		1	2
			23			1	3	4
			25		1			1
			26				2	2
			28		1			1
zusammen			7		13	3	15	31
	AB	*A*	19		3		4	7
			24		4	1		5
			27			1	1	2
			29				1	1
			30				1	1
zusammen			5		7	2	7	16
	B	*AB*	31			4	5	9
			33			1		1
			34			1		1
zusammen			3			6	5	11
	AB	*B*	32			4	2	6
zusammen			1			4	2	6
	AB	*AB*	35		2	1	1	4
zusammen			1		2	1	1	4

Im folgenden gebe ich die Statistik in der Form an, die hoffentlich bei späteren Arbeiten berücksichtigt und die den Genetikern eine größere Einsicht in das serologische Material gewähren wird, und zwar unter Angabe der Gruppen der Eltern und des Geschlechtes der Kinder. Die Stammbäume von Frl. Plüss[1]) sind auseinandergenommen, so daß z. B., wenn eine Tochter selbst

[1]) Bei der Numerierung behalte ich die Nummern von Frl. Plüss, die den ganzen Familienstammbäumen entsprechen, und füge die Buchstaben *a*, *b*, *c* bei, um die einzelnen Ehepaare zu unterscheiden.

Mutter ist, so findet sie sich doppelt, und zwar einmal in der Rubrik ihrer Eltern, das zweite Mal, wo sie selbst als Mutter auftritt. Bei Ottenberg und Schiff sind die wenigen Kinder weggelassen, wo das Geschlecht nicht angegeben wurde. Bei Staquet unterscheiden sich die Zahlen leicht von den publizierten, da ich auch einige nachträgliche Familien, die Verf. mir brieflich mitteilte, berücksichtigte. Auch das Material von H. und L. Hirszfeld und H. Brokman enthält einige noch nicht publizierte Familien.

Tabelle 15. Vererbung der isoagglutinablen Eigenschaften unter Berücksichtigung der Gruppe des Vaters und der Mutter und des Geschlechtes der Kinder nach Ottenberg, Learmonth, Kirihara, Plüss, Mino, H. und L. Hirszfeld und Brokman, Staquet, Furuhata, Tschida, Kishi, Laurence H. Snyder, H. und L. Hirszfeld, Heim, Bais und Verhoef, Schiff.

Eltern: $O \times O$.

	Nr.	Gruppen der Kinder								Verfasser
		O		*A*		*B*		*AB*		
		S	T	S	T	S	T	S	T	
	14	1								Ottenberg
	17	1								
	22	1	3							
	25	1								
	26	1								
	39		1							
	40	1	1							
	40a	1	1							
	50		1							
	50a		2							
	53	1	1							
	59	1								
zusammen	12	11	10							
	1		1							Learmonth
	3	1								
	7	2	1							
	10	3	1							
	12		1		1					
	13		2							
	33		2							
	36		2							
	31	2								
zusammen	9	8	10		1					
	1		2							Plüss
	1a		2							
	1b	2	1							
	4	1	2							
	5a	2								
	7c	2								
	10c	3	1							
	17a		2							
	21a	2								
	25a	1								
	25b		3							
zusammen	11	13	13							

Eltern: Vater *O*, Mutter *O* (Fortsetzung).

	Nr.	Gruppen der Kinder								Verfasser
		O		*A*		*B*		*AB*		
		S	T	S	T	S	T	S	T	
	10	2								Kirihara
	43	3								
	50	2	3							
	72	1	2							
	82	2	3							
	110	1	1							
zusammen	6	11	9							
	A 13		3							H. und L. Hirszfeld und H. Brokman
	A 14		2							
	A 15	3	2							
	B 3		3							
	B 4	1	1							
	C 13	3	1							
	C 14	2								
	KRZ	1	1							
	SZU	1	1							
	AW	5	4							
zusammen	10	16	18							
	2	3	1		2					Mino
	5	2								
	9	1	1							
	24	2	2							
	25		2							
	36	2								
	37	2			3					
	56		3							
	59	1	1							
	64	1	1							
	66	2	1							
	81	2	1							
zusammen	12	18	13		5					
	1	5	1							Staquet
	2	4	2							
	3	4	2							
	4	2	2							
	5		3							
	6		3							
	7	1	1							
	8		1							
	9		4		1					
zusammen	9	16	19		1					
	1	5								T. Furuhata, K. Tchida und T. Kishi
	2	1	1							
	3	1								
	4	1								
	5	1								
	6	1								
zusammen	6	10	1							

Eltern: Vater *O*, Mutter *O* (Fortsetzung).

	Nr.	Gruppen der Kinder								Verfasser
		O		*A*		*B*		*AB*		
		S	T	S	T	S	T	S	T	
	10	4	3							Laurence H. Snyder
	16	2	1							
	17	1	1							
	21	1	1							
	24	1	1							
	25	1	1							
	31	1	1							
	35	2	2							
	37	3	2							
	42	1	2							
	46	3	1							
	49	4	1							
	61	4	3							
	68	3								
	73	3	2							
	74	1	4							
	75	2	1							
	82		4							
	97	1								
	100	2	1							
	102	1	3							
	103	3	2							
	107	1	2							
	108	1	2							
	111	2	1							
	113		1							
	117	1	3							
	122	1	2							
	123	4	3							
	124	2	3							
	126	2	2							
	132	1	1							
	136	1	2							
	144	3								
	147	1	3							
	150	1	2							
	152	1	2							
	154	2	1							
	164	2	1							
	188	2	1							
	193	1	1							
	195	1	2							
	198	1								
	199	1	3							
zusammen	44	76	75							
	17	1								Heim
	S	2								
	Sch	2								
	Fr	2								
	A	1	1							
zusammen	5	8	1							

Eltern: Vater *O*, Mutter *O* (Fortsetzung).

	Nr.	Gruppen der Kinder *O*		*A*		*B*		*AB*		Verfasser
		S	T	S	T	S	T	S	T	
	1	3	2							Bais u. Verhoeff
	2	1	5							
zusammen	3	4	7							
	10	1	2							F. Schiff
	11	2								
	20	1								
	30	2								
	32	2	4							
	53		1							
	36	1								
	44	1								
	45	1								
	46	1								
	47		2							
zusammen	11	12	7							
	3	2	2							H. u. L. Hirszfeld
	4		1							
	5	2	6							
	6	1	1							
	7	2	1							
	8		3							
	9	1	1							
	10		1							
	11		4							
	12	2	1							
	13	1	1							
	14	1	2							
	15	2	2							
zusammen	13	14	26							

Eltern: Vater *O*, Mutter *A*.

	3	2	1	1						Ottenberg
	6				2					
	9		1							
	10	1								
	27				1					
	29	1	2	1	1					
	35	1	1							
	64		1	1	1					
zusammen	8	5	6	3	5					
	4				2					Learmonth
	11	1	2	1	3					
	14	1	1	1	2					
	27	1		1	1					
	34		1	1	1					
	37			2						
zusammen	6	3	4	6	9					

Eltern: Vater *O*, Mutter *A* (Fortsetzung).

	Nr.	Gruppen der Kinder								Verfasser
		O		*A*		*B*		*AB*		
		S	T	S	T	S	T	S	T	
	6a		1	2						Plüss
	6c			2						
	6d		2	2						
	8a	2	1	4						
	10a			3	2					
	11	2	2		2					
	12a I		1	1						
	13c				1					
	15c			3						
	35a				1					
	40c			2						
zusammen	11	4	7	19	6					
	2	1								Kirihara
	5	1		3	1					
	27			2	2					
	45		1							
	55		2	1						
	75	1								
	90	4	1							
	92		1							
zusammen	8	7	5	6	3					
	A 3			2	2					H. u. L. Hirszfeld und H. Brokman
	A 4	1	1	1	2					
	A 7	1		1						
	A 8	1			2					
	C 5	1	2		2					
	C 6			2						
	C 8				2					
	C 9				2					
	C 10	1			2					
	C 18				1					
	GOLD			1	1					
zusammen	11	5	3	7	16					
	6	1	1	3	1					Mino
	23			1	2					
	28				2		1		1	
	35	1			1					
	39		1							
	41			1	3					
	43			1	1					
	45			1	1					
	52	1	2							
	76				1					
	78		1		1					
	83	2	2							
zusammen	12	5	7	7	13		1		1	

Eltern: Vater *O*, Mutter *A* (Fortsetzung).

	Nr.	Gruppen der Kinder								Verfasser
		O		*A*		*B*		*AB*		
		S	T	S	T	S	T	S	T	
	20		4	5	1					Staquet
	21	1	2	2	5					
	22	1	2	2	4					
	23			4	2					
	24			2	3					
	25	1	1	2	1					
	26	1	2		2					
	27				4					
	28	1	1	1						
	29	1			1					
	30		1	1						
	31				2					
zusammen	12	6	13	19	25					
	7				1					T. Furuhata, K. Tchida und T. Kishi
	8		1			1				
	10				3					
	11				1			1		
	16	1	1		1					
	17	1	1		1					
	21		1							
	23	2			1					
	24			1						
	27				1					
zusammen	10	4	4	1	9	1		1		
	9		1	1						Laurence H. Snyder
	11	1	1		1					
	13				1					
	15	1	2							
	38			2	1					
	41		1		2					
	43		1	3	3					
	45	2		1	3					
	58	1	1	1	2					
	64	3	1		2					
	66			2						
	70		3	1	1					
	77		2	1	1					
	80	1	1	2	3					
	83			1						
	84	2		1	2					
	94			2	3					
	95				2					
	105		1	2	2					
	115			1	1					
	119		1	2	1					
	131		1	1	1					
	133		1	1	1					
	142			2	1					
	146	2		1	2					
	157			2	3					
Seite:	26	13	18	30	39					

Eltern: Vater *O*, Mutter *A* (Fortsetzung).

	Nr.	Gruppen der Kinder								Verfasser
		O		*A*		*B*		*AB*		
		S	T	S	T	S	T	S	T	
Übertrag:	26	13	18	30	39					Laurence H. Snyder
	158		1	2	1					
	164			3	3					
	165	2	1	1	3					
	167			1						
	169		1		2					
	171	1		1	2					
	180			1	3					
	185	1								
zusammen	34	17	21	39	53					
	14			2						Heim
	20			1						
	28				1					
	Rk	1		2						
	Sch	1		1						
	Kern		2							
zusammen	6	2	2	6	1					
	3	1	1		2					Bais u. Verhoef
	4		2	1	1					
	5	1	1	1						
	6	1			2					
	7			2						
zusammen	5	3	4	4	5					
	1	3	2		1					F. Schiff
	2			1						
	4			1	1					
	14		2							
	25	2	1	1						
	28				1					
	31			3	2					
	38			1						
	39	1	1		3					
	42	1	1							
	61				1					
zusammen	11	7	7	7	9					
	17		1	1	2					H. u. L. Hirszfeld
	18	1			2					
	19		1		2					
	20	1	1	2	1					
	21		1	2						
	22		2	1						
	23	1		2	1					
	24	1			2					
	25	2			1					
	26		1		3					
	27	1	1							
	28			1						
zusammen	12	7	8	9	14					

Eltern: Vater A, Mutter O.

	Nr.	Gruppen der Kinder								Verfasser
		O		A		B		AB		
		S	T	S	T	S	T	S	T	
	8				1					Ottenberg
	15			1						
	20			1	1					
	28		1		2					
	30				1					
	47		4		1					
	66	1	1		1					
	67	1								
zusammen	8	2	6	2	7					
	8			1						Learmonth
	16		1		3					
	17			1	2					
	19			2	2					
	22			1						
	24			1						
	25				2					
	32				2					
zusammen	8		1	6	11					
	6e	1			1					Plüss
	6aI	1			1					
	7		1	2						
	8b	2	2	3	1					
	10b			1	1					
	13b		1							
	14			1						
	14a	1	1							
	15b		1							
	16a	1		1	1					
	19		1	2	1					
	22a	1	1		1					
	23a		1		1					
	29b				1					
	30		1	2	1					
	30a		1							
	30c			1	1					
	31aI		1	1	1					
	32				1					
	38			1		1				
	38a		1	1						
	38c	2	1							
	38d2			1	1					
	40d				1					
	40g			1						
zusammen	25	9	14	18	15	1				

Eltern: Vater *A*, Mutter *O* (Fortsetzung).

	Nr.	Gruppen der Kinder								Verfasser
		O		*A*		*B*		*AB*		
		S	T	S	T	S	T	S	T	
	19	1		1						Kirihara
	34	2	1							
	36	2			1					
	40	1	1		2					
	59	1	1							
	62	1	1	3						
	77	3								
	97			1	1					
	100	1		1						
	101		1	1						
	107	1	3	1						
	119			1						
	127			2						
	134		1	1						
zusammen	14	13	9	12	4					
	A 5				1					Hirszfeld und Brokman
	A 6	2								
	A 16		1		1					
	B 5		1	1						
	C 4		1	1						
	C 7			1	2					
	Dab	1		1	1					
	Kon		1							
	Myd	1		1						
zusammen	9	4	4	5	5					
	3	1		1						Mino
	4	1	1	1	1					
	7	2								
	10	1	1		1					
	11	1	1	1						
	12	1			1					
	16				1	1	1		1	
	20				2					
	21							1		
	27		1	1	1					
	46			2	1					
	48	1		2						
	49			3	1					
	54	2								
	55		1		1					
	70			2						
	71		2							
	72		1		1					
	73		2	2	1					
	75		1						1	
	82	2	1	2	1					
	85		2		1					
	86			2						
zusammen	23	12	14	19	14	1	1	1	2	

Eltern: Vater *A*, Mutter *O* (Fortsetzung).

	Nr.	Gruppen der Kinder								Verfasser
		O		*A*		*B*		*AB*		
		S	T	S	T	S	T	S	T	
	32			5	2					Staquet
	33	2	2	2	1					
	34		2	1	4					
	35		2	1	2					
	36	2	2	1						
	37	2		1						
	38	1	1	1						
	39	1	1							
	40	1	1							
	41	1	1							
	42	1								
	43		1							
zusammen	12	11	13	12	9					
	10	1			1					T. Furuhata, K. Tchida und T. Kishi
	12	1			1					
	13		1	1						
	14		3	1	1					
	15	2		1						
	18	2		2						
	19	1	2		1					
	20		1		2					
	22				2					
	25		1							
	26			1	1					
	28				1					
zusammen	12	7	8	6	10					
	5		1	1						Laurence H. Snyder
	18	1			1					
	23	1	2	1	2					
	27				1					
	28			1	2					
	29				1					
	36			1						
	39	2	3	1	1					
	48	3	1		2					
	56	1		2						
	57		1	2	2					
	71			3	2					
	72				3					
	76			2	2					
	86		2	2	1					
	89	2		1	2					
	92	2		1						
	109			1						
	112	1		1	3					
	120		1	1	1					
	128	1			2					
	134	1		1	2					
	137		1	3	1					
Seite:	23	15	12	25	31					

Eltern: Vater A, Mutter O (Fortsetzung).

	Nr.	Gruppen der Kinder								Verfasser
		O		A		B		AB		
		S	T	S	T	S	T	S	T	
Übertrag:	23	15	12	25	31					Plüss
	139		1	2	1					
	140	2								
	149			2	1					
	155		1	1	1					
	156	1	1							
	163	1	1		1					
	174	1			1					
	175	4								
	179	1	1							
	183	1		1	2					
	184	2	1	1	2					
	186		1	1						
	191	1	1	2	1					
	194			1	2					
	197				1					
	200	1	1	1	2					
zusammen	39	30	21	37	46					
	2	1		2						Heim
	6		1	1						
	9			2	1					
	10				1					
	18		1							
	Teufel	2								
	Gäm			2						
	Waner	2			1					
zusammen	8	5	2	7	3					
	8	2	2	1						Bais u. Verhoef
	9	1	5	1						
zusammen	2	3	7	2						
	13		1	1	1					F. Schiff
	26				1					
	35	2								
	48				1					
	50	1			1					
zusammen	5	3	1	1	4					
	29	1	1		2					H. u. L. Hirszfeld
	30	1								
	31	1		1	1					
	32	1		1	1					
	33			2						
	34	1	2	1	1					
	35				2					
	36		1		1					
	37	1	1		2					
	38	1	1		2					
	39	1	2	1	1					
	40			1	2					
	41	1		2						
zusammen	13	9	8	9	15					

Eltern: Vater *A*, Mutter *A*.

	Nr.	Gruppen der Kinder								Verfasser
		O		*A*		*B*		*AB*		
		S	T	S	T	S	T	S	T	
	12			1						Ottenberg
	19			2						
	31				1					
	33			2	1					
	41	1			1					
	52	1								
	62	1	1		1					
	62a			1						
	61			1	1					
zusammen	9	3	1	7	5					
	2			1	1					Learmonth
	5		1		1					
	6			2						
	15				2					
	26			1						
	30			2						
	40			2						
zusammen	7		1	8	4					
	6b			3						Plüss
	7a			4	2					
	7d		1	1	1					
	13cl				1					
	23b	1	2							
	24a		1	1	1					
	28a			1	1					
	31c			1	1					
	31d		1	2	2					
	34			1	2					
	39a	1								
	40f		1		1					
zusammen	12	2	6	14	12					
	4				1					Kirihara
	8			1	2					
	11			2	1					
	12			2						
	15		1	1	1					
	28			1	3					
	53			2						
	61			1	2					
	71			5	1					
	103			2	1					
	106			1						
	112		1	1	1					
	113			1						
	132			2	1					
	133			2						
	137			2	1					
zusammen	16		2	26	15					

Eltern: Vater *A*, Mutter *A* (Fortsetzung).

	Nr.	Gruppen der Kinder								Verfasser
		O		*A*		*B*		*AB*		
		S	T	S	T	S	T	S	T	
	A 1	2		4	1					H. u. L. Hirszfeld und H. Brokman
	A 2			1	1					
	B 1				1					
	C 1				2					
	C 2				2					
	C 3			1						
	C 18		1							
	SK			1	1					
	PRZ			2	3					
zusammen	9	2	1	9	11					
	14			1	1					Mino
	15			1	3					
	19			1						
	30	1		2						
	38				3					
	40				3					
	42	1		1						
	60	1		1	2					
	61	1		2						
	62			1	1					
	63			1	3					
	87		2		2					
zusammen	12	4	2	11	18					
	10			1	5					Staquet
	11			2	1					
	12				2					
	13				2					
	14	2	1	5	2					
	15		2	2	3					
	16	1	1		2					
	17		2	1	1					
	18	1		1						
	19	1			1					
zusammen	10	5	6	12	19					
	29	2		1						T. Furuhata, K. Tchida und T. Kishi
	30		1	2						
	31	1		1						
	32	1			1					
	33		1	1	1					
	34			1	2					
	35				1					
	36				2					
	37			1						
	38			2	2					
zusammen	10	4	2	9	9					

Eltern: Vater *A*, Mutter *A* (Fortsetzung).

	Nr.	Gruppen der Kinder								Verfasser
		O		*A*		*B*		*AB*		
		S	T	S	T	S	T	S	T	
	2	3		1						Laurence H. Snyder
	3			3	2					
	6			1						
	22			2	3					
	30	1			2					
	33			2	3					
	40			3	1					
	52			2	1					
	54	2	1	1	1					
	62	1		2	1					
	63			2	2					
	67			2	2					
	87				1					
	88			2						
	91			1	2					
	93		1	2						
	98			1	2					
	110			2	2					
	116			2						
	118			2	1					
	125	1	1	1						
	127			2	1					
	130			2						
	143			1	2					
	145	1	1	2	1					
	151			1						
	159			1	2					
	170			2	1					
	173			2	1					
	178			1	2					
	182	1	1	2	2					
	190				1					
zusammen	32	10	5	50	39					
	4			1	1					Heim
	8		1		1					
	11	1								
	Rh			1	1					
zusammen	4	1	1	2	3					
	10	1		2						Bais u. Verhoef
	11			5	1					
zusammen	2	1		7	1					
	18			1	2					F. Schiff
	24				2					
	33		2	3	2					
	34		1		2					
	52			2	2					
zusammen	5		3	6	10					

Eltern: Vater *A*, Mutter *A* (Fortsetzung).

	Nr.	Gruppen der Kinder								Verfasser
		O		*A*		*B*		*AB*		
		S	T	S	T	S	T	S	T	
	46			2	2					H. u. L. Hirszfeld
	47			2	1					
	48		1		2					
	49			3	1					
	50	1	1		2					
	51			1	1					
	52			1						
	53			1	1					
	54			2	3					
	55	2	2							
	56		1		4					
	57			1	1					
	58			1	2					
	59			2	1					
	60		1	1	1					
	61			3						
	62	1		4	1					
	63				2					
	64		1	1	1					
	65			1	1					
	66				3					
	67	1	2	2	1					
	68	2			1					
zusammen	23	7	9	28	32					

Eltern: Vater *O*, Mutter *B*.

	Nr.	Gruppen der Kinder								Verfasser
		O		*A*		*B*		*AB*		
		S	T	S	T	S	T	S	T	
	18	1								Ottenberg
	36	1								
	37		1							
	37a	1					1			
	54					2				
	56		1			1				
zusammen	6	3	2			3	1			
	20		2							Learmonth
	35		1				1			
zusammen	2		3				1			
	40a					1				Plüss
zusammen	1					1				

Eltern: Vater O, Mutter B (Fortsetzung).

	Nr.	Gruppen der Kinder								Verfasser
		O		*A*		*B*		*AB*		
		S	T	S	T	S	T	S	T	
	1					1	1			Kirihara
	13	1								
	24		3				1			
	25					2	1			
	37					2				
	38					3	1			
	41	1	1				1			
	44					2	1			
	46						1			
	47					1	3			
	58					2				
	73	2								
	57	1				1				
	74	2				1				
	109	1				1	2			
	125		1				1			
	93	1	1			2				
zusammen	17	9	6			18	13			
	A 9		1							H. u. L. Hirszfeld sowie H. Brokman
	A 10		1			1				
	B 12					2				
	B 6	1	1							
	C 10	1	1			1				
	C 12		1				1			
	C 16		1				1			
	KR					1				
	SZN		3							
zusammen	9	2	9			5	2			
	50	1	1				1			Mino
	51		1			1				
	57	1					1			
zusammen	3	2	2			1	2			
	44	2	3				1			Staquet
	45	1				1	2			
	46					1	2			
	47		1			1	1			
	48		2							
zusammen	5	3	6			3	6			
	39					1	1		1	T. Furuhata, K. Tchida und T. Kishi
	40	1								
	41		1			1				
	43		1			2				
zusammen	4	1	2			4	1		1	
	1		1				1			Laurence H. Snyder
	4	2								
	8					1	1			
	12	1	2				1			
Seite:	4	3	3			1	3			

Eltern: Vater O, Mutter B (Fortsetzung).

	Nr.	Gruppen der Kinder								Verfasser
		O		A		B		AB		
		S	T	S	T	S	T	S	T	
Übertrag:	4	3	3			1	3			Laurence H. Snyder
	14	1	1							
	26	1					2			
	138					1	1			
	141		1			2	1			
	148	1				1	1			
	153					1	1			
	166	1				2	2			
	176					1	1			
	187		1				1			
zusammen	13	7	6			9	13			
	1					1				Heim
	29	1					1			
	Hein	1					1			
zusammen	3	2				1	2			
	12	3	3			1	2			Bais u. Verhoef
zusammen	1	3	3			2	1			
	7	3				1				F. Schiff
	21					1				
zusammen	2	3				2				
	70	1					2			H. u. L. Hirszfeld
	71					1				
	72	2				1				
zusammen	3	3				2	2			

Eltern: Vater B, Mutter O

	Nr.	O S	O T	A S	A T	B S	B T	AB S	AB T	Verfasser
	5	2				2				Ottenberg
	11	1								
	23						2			
	38					1				
	48						1			
	56a					1				
zusammen	6	3				4	3			
	21					1	2			Learmonth
zusammen	1					1	2			
	25a 1		2				1			Plüss
	25a 4						1			
	26a	2	5			1	1			
	29a 2		1			1				
	31a 2	1				1				
	38d	1				1	1			
zusammen	6	4	8			4	4			

Eltern: Vater *B*, Mutter *O* (Fortsetzung).

	Nr.	Gruppe der Kinder								Verfasser
		O		*A*		*B*		*AB*		
		S	T	S	T	S	T	S	T	
	16						1			Kirihara
	17					1	1			
	31	1	1			4				
	39					1	1			
	52					2	1			
	85					1	1			
	89	2				1				
	94	1	1			2				
	96		2							
	108						1			
	121		1							
	136					2				
zusammen	12	4	5			14	6			
	C 19		1			1		1		H. u. L. Hirszfeld und H. Brokman
zusammen	1		1			1		1		
	17	2								Mino
	47		2							
	65	1	3				2			
	68	1				1	1			
zusammen	4	4	5			1	3			
	49	1	1							Staquet
	50	2	1			1	3			
zusammen	2	3	2			1	3			
	42	2	2				1			T. Furuhata, K. Tchida, T. Kishi
	42						1			
zusammen	2	2	2				2			
	34	2					1			Laurence H. Snyder
	50	1				1	2			
	59					1	1			
	79		1			2	1			
	96	1	1			1	1			
	129	1	2			1	1			
	177	1				1	1			
	196	1				2	1			
	160	1				1				
zusammen	9	8	4			10	9			
	7	1								Heim
zusammen	1	1								
	13	1	3			1	3			Bais u. Verhoeff
zusammen	1	1	3			1	3			
	73		2			1	1			H. u. L. Hirszfeld
	74	1	1			1				
	75	1					1			
zusammen	3	2	3			2	2			

Eltern: Vater *B*, Mutter *B*.

	Nr.	Gruppen der Kinder *O* S	*O* T	*A* S	*A* T	*B* S	*B* T	*AB* S	*AB* T	Verfasser
	16	1								Ottenberg
	32					1	1			
	55					1	3			
zusammen	3	1				2	4			
	9					1	4			Kirihara
	22					2	3			
	51					1				
	76					6				
	88	1	1			3	3			
	98	1	1			1	2			
	129					1				
	130						2			
zusammen	8	2	2			15	14			
	69					1	2			Mino
zusammen	1					1	2			
	45						3			T. Furuhata, K. Tchida und T. Kishi
	46					1	2			
	47					1	4			
	48		5			2				
	49					3	1			
	50						2			
	51					1				
	52					3				
	53					1				
	54					3	1			
zusammen	10		5			15	13			
	44					3	2			Laurence H. Snyder
	53					1	4			
	121					1	1			
zusammen	3					5	7			
	14	1				3				Bais u. Verhoef
zusammen	1	1				3				
	57						2			F. Schiff
zusammen	1						2			

Eltern: Vater *A*, Mutter *B*.

	Nr.	*O* S	*O* T	*A* S	*A* T	*B* S	*B* T	*AB* S	*AB* T	Verfasser
	34	1					1	1		Ottenberg
zusammen	1	1					1	1		
	39						1		2	Learmonth
zusammen	1						1		2	

Eltern: Vater *A*, Mutter *B* (Fortsetzung).

	Nr.	Gruppen der Kinder								Verfasser
		O		*A*		*B*		*AB*		
		S	T	S	T	S	T	S	T	
	27	1			3	2	2			Plüss
	29a				1	3				
	30a			1					1	
	31b				1					
zusammen	4	1		1	5	5	2		1	
	18			1					1	Kirihara
	49				1		1		2	
	60			1			1			
	79	1		1	5					
	95			1				1		
	123								1	
zusammen	6	1		4	6		2	1	4	
	C 17			1						H. u. L. Hirszfeld und H. Brokman
	Lak				1					
	Mis			1		1				
	Wen							1	1	
zusammen	4			2	1	1		1	1	
	31	1	2			1		1		Mino
	67		1		1					
	79			1		1				
	89			2						
zusammen	4	1	3	3	1	2		1		
	55	1						1		T. Furuhata, K. Tchida und T. Kishi
	59	1		1					1	
	60		1	1		1				
	61	1								
	63			1		1				
	64			1		1	1			
	65				1					
	67				2					
	71								1	
	72							1		
zusammen	10	3	1	4	3	3	1	2	2	
	47		1	1		1	1			Laurence H. Snyder
	55		1	1				1	1	
	65			1		1	1		2	
	69		2	1			1	1		
	78		1			1	1			
	85			2	1		1	1		
	104		1		1	1				
	114		1	1				1		
	162			1					1	
	189			1	1	2			1	
zusammen	10		7	9	3	6	5	4	5	
	31						1		1	Heim
	Th				2					
	Buman			1		1	1			
zusammen	3			1	2	1	2		1	

Eltern: Vater A, Mutter B (Fortsetzung).

	Nr.	Gruppen der Kinder								Verfasser
		O		*A*		*B*		*AB*		
		S	T	S	T	S	T	S	T	
	15	1		1						Bais u. Verhoef
zusammen	1	1		1						
	3			2			1			F. Schiff
	27			1		1				
	43			1	1					
zusammen	3			4	1	1	1			
	78		1		1	1		1		H. u. L. Hirszfeld
	79					1	1		2	
	80	1		1	1					
	81			1				1		
	82					2			1	
	83		1	1				1		
zusammen	6	1	2	3	2	4	1	3	3	

Eltern: Vater B, Mutter A.

	Nr.	*O* S	*O* T	*A* S	*A* T	*B* S	*B* T	*AB* S	*AB* T	Verfasser
	49					1				Ottenberg
	65	1					1			
zusammen	2	1				1	1			
	26a 1						1			Plüss
	30b								1	
	35b			1	1					
zusammen	3			1	1		1		1	
	14						1			Kirihara
	21					1	2	1		
	48		1	1	1					
	64							2		
	91	1		1			1			
	102			1				1		
	105							1		
	111							3	3	
	114					1		1		
	118			2						
	129		1							
zusammen	11	1	2	5	1	2	4	9	3	
	A 11					2		1	2	H. u. L. Hirszfeld und H. Brokman
	A 17			1						
	SZK	1		1	1					
	Vojech	1		1	1					
zusammen	4	2		3	2	2		1	2	

Eltern: Vater *B*, Mutter *A* (Fortsetzung).

	Nr.	Gruppen der Kinder								Verfasser
		O		*A*		*B*		*AB*		
		S	T	S	T	S	T	S	T	
	13		1				2			Mino
	22			1	1					
	32		2							
	34							1	2	
	44	1						1	1	
	58					1				
	77				1					
	80						2	1	4	
	90			1						
zusammen	9	1	3	2	2	1	4	3	7	
	56	1		1						T. Furuhata, K. Tchida und T. Kishi
	57	1				1				
	58	1				1				
	62			1		1				
	66			1						
	68			1					1	
	69					1	1			
	70					1			1	
	73							2	1	
zusammen	9	3		4		5	1	2	3	
	19							1	1	Laurence H. Snyder
	32	1		1					1	
	90				1	2			1	
	99							2	2	
	105					1		1		
	168							2	3	
	181	1			1					
zusammen	7	2		1	2	3		6	8	
	5	1					1			F. Schiff
	6		1	1			2			
	41				1		1			
	23						1		1	
	49								2	
	55				1	1		1		
	56					1	1			
zusammen	7	1	1	1	2	2	6	1	3	
	85	1							2	H. u. L. Hirszfeld
	86								2	
	87			2		1				
	88					1	1	1		
	89	1			1	1	2			
	90		1				1		1	
	91				1	1			1	
zusammen	7	2	1	2	2	4	4	1	6	

Eltern: Vater *O*, Mutter *AB*.

	Nr.	Gruppen der Kinder								Verfasser
		O		*A*		*B*		*AB*		
		S	T	S	T	S	T	S	T	
	46			1	2	1				Ottenberg
zusammen	1			1	2	1				
	23							1	1	Learmonth
	29							4	2	
	38								4	
zusammen	3							5	7	
	31a			1	2	1	3			Plüss
	32			1	1		1			
	33						1			
	38a 2	1					1			
	39b 1							1		
zusammen	5	1		2	3	1	6	1		
	7			1						Kirihara
	20						1			
	63			1	1	1	1			
	117			1		2	1	1		
	122			2	1	1	1			
zusammen	5			5	2	4	4	1		
	1				1			2		Mino
	8				1	1				
	84				1					
zusammen	3				3	1		2		
	51	5	3	4	4			1		Staquet
zusammen	1	5	3	4	4			1		
	74					3	1			T. Furuhata, K. Tchida und T. Kishi
	77				2					
	78				1	1				
	79			1	3	1				
zusammen	4			1	6	5	1			
	24				1					Furuihi, zit. nach Furuhata
	26								2	
	37				1	1				
	43		1		1		1			
	56	1		1						
	94				1		1			
zusammen	6	1	1	1	4	1	2		2	
	7			2	1	2				Laurence H. Snyder
	20				1	1				
	192			1	1	2	1			
zusammen	3			3	3	5	1			
	22			1						Heim
zusammen	1			1						
	92		1					1	1	H. u. L. Hirszfeld
	93			2		1				
	94					1	2			
	95			1	1	1	1			
zusammen	4		1	3	1	3	3	1	1	

Eltern: Vater AB, Mutter O.

	Nr.	Gruppen der Kinder								Verfasser
		O		*A*		*B*		*AB*		
		S	T	S	T	S	T	S	T	
	7			2		3	1			Ottenberg
zusammen	1			2		3	1			
	34a	1		1						Plüss
	35d				2		1			
zusammen	2	1		1	2		1			
	138			1	1					Kirihara
zusammen	1			1	1					
	C15				2					H. u. L. Hirszfeld und H. Brokman
	Kra					1				
zusammen	2				2	1				
	53				2	1	2			Mino
zusammen	1				2	1	2			
	56			1		1	1			Staquet
zusammen	1			1		1	1			
	75			1			1			T. Furuhata, K. Tchida und T. Kishi
	76				1		1			
	80			1	1		1			
	81						1			
	82			2	1		1			
	83				1		1			
zusammen	6			4	4		6			
	53					1				Furuihi, zit. nach Furuhata
	62					1				
	84			2	1	1				
zusammen	3			2	1	3				
	51			1	1	1	2			Laurence H. Snyder
	135			1	1	2	2			
zusammen	2			2	2	3	4			
	96					1				H. u. L. Hirszfeld
zusammen	1					1				

Eltern: Vater AB, Mutter A.

	Nr.	O S	O T	A S	A T	B S	B T	AB S	AB T	Verfasser
	2			1				1		Ottenberg
	45				1					
zusammen	2			1	1			1		
	29a				1					Plüss
zusammen	1				1					
	42				1	1	1	1		Kirihara
	56			2		1		1		
	69			1						
zusammen	3			3	1	2	1	2		

Eltern: Vater AB, Mutter A (Fortsetzung).

	Nr.	Gruppen der Kinder								Verfasser
		O		*A*		*B*		*AB*		
		S	T	S	T	S	T	S	T	
	Jaw.			2			2			H. u. L. Hirszfeld und H. Brokman
zusammen	1			2			2			
	29				2					Mino
zusammen	1				2					
	53			2	1			1	2	Staquet
	54			1	2	1		1		
	55			3						
zusammen	3			6	3	1		2	2	
	84				1		1			T. Furuhata,
	85				2		2	1		K. Tchida und
	86			1						T. Kishi
	87			2					2	
	91			1				1		
zusammen	5			4	3		3	2	2	
	81			1	1		1	1		Laurence H. Snyder
	172			1	1	1			1	
zusammen	2			2	2	1	1	1	1	
	19					1				Heim
zusammen	1					1				
	29				1					F. Schiff
	40			2				1		
zusammen	2			2	1			1		
	104								1	H. u. L. Hirszfeld
	105					2	1			
zusammen	2					2	1		1	

Eltern: Vater A, Mutter AB.

	Nr.	O S	O T	A S	A T	B S	B T	AB S	AB T	Verfasser
	13				1					Ottenberg
	60				1					
zusammen	2				2					
	9				2			1	1	Learmonth
	18							1		
	28	1		1						
zusammen	3	1		1	2			2	1	
	30				1				1	Plüss
zusammen	1				1				1	
	6	1								Kirihara
	32					1		2		
	35					2	1	2		
	70			1				1		
	120			1						
zusammen	5	1		2		3	1	5		

Eltern: Vater *A*, Mutter *AB* (Fortsetzung).

	Nr.	Gruppen der Kinder								Verfasser
		O		*A*		*B*		*AB*		
		S	T	S	T	S	T	S	T	
	Les. Jakimerin				1					H. u. L. Hirszfeld und H. Brokman
				1		2		1	2	
zusammen	2			1	1	2		1	2	
	18			2	1					Mino
	26			1						
	33				2	1	2			
	74				1			2		
zusammen	4			3	4	1	2	2		
	52				1	3		2	1	Staquet
zusammen	1				1	3		2	1	
	88				1			1		T. Furuhata, K. Tchida und T. Kishi
	89			1		1	1	1	2	
	90				1				1	
	92			1				1		
zusammen	4			2	2	1	1	3	3	
	60				2			1	1	Laur. H. Snyder
zusammen	1				2			1	1	
	13			1	1					Heim
zusammen	1			1	1					
	16				2		1			Bais u. Verhoef
zusammen	1				2		1			
	58						1			F. Schiff
zusammen	1						1			
	99				2	1				H. u. L. Hirszfeld
	100				1	2				
	101			2			1		1	
	102								2	
zusammen	4			2	3	3	1		3	

Eltern: Vater *AB*, Mutter *B*.

	Nr.	O S	O T	A S	A T	B S	B T	AB S	AB T	Verfasser
	1							1		Ottenberg
zusammen	1							1		
	3							1		Kirihara
	65					1	1	1	1	
	67				1			1	1	
	104					1				
	126		1			2	3		1	
	135					1				
zusammen	6		1		1	5	4	3	3	

Eltern: Vater *AB*, Mutter *B* (Fortsetzung).

	Nr.	Gruppen der Kinder								Verfasser
		O		*A*		*B*		*AB*		
		S	T	S	T	S	T	S	T	
	93			1	3	1			1	T. Furuhata,
	95					2	1		2	K. Tchida und
	99			1	1			1		T. Kishi
	100							1		
zusammen	4			2	4	3	1	2	3	
	17				1		1	1		Bais u. Verhoeff
zusammen	1				1		1	1		
	22				1		1			F. Schiff
zusammen	1				1		1			

Eltern: Vater *B*, Mutter *AB*.

	Nr.	*O* S	*O* T	*A* S	*A* T	*B* S	*B* T	*AB* S	*AB* T	Verfasser
	88					1				Mino
zusammen	1					1				
	94			1		3			2	T. Furuhata,
	96							2		K. Tchida und
	97				1	2	1		1	T. Kishi
	98						1		1	
zusammen	4			1	1	5	2	2	4	
	101						1	1	1	Laur. H. Snyder
zusammen	1						1	1	1	
	5					1	1		1	Heim
zusammen	1					1	1		1	
	8				1		1			F. Schiff
	54						2			
	60					1				
zusammen	3				1	1	3			
	106			1			1	1	1	H. u. L. Hirszfeld
zusammen	1			1			1	1	1	

Eltern: Vater *AB*, Mutter *AB*.

	Nr.	*O* S	*O* T	*A* S	*A* T	*B* S	*B* T	*AB* S	*AB* T	Verfasser
	39b							2	2	Plüss
zusammen	1							2	2	
	W				2					Heim
zusammen	1				2					
	107								1	H. u. L. Hirsz-
	108							1	1	feld
	109						2	2		
	110					1		1		
zusammen	4					1	2	4	2	

Tabelle 16. Vererbung der isoagglutinablen Eigenschaften unter Berücksichtigung der Blutgruppe des Vaters und der Mutter und des Geschlechtes der Kinder nach Ottenberg, Learmonth, Kirihara, Plüss, Mino, H. und L. Hirszfeld und Brokman, Staquet, Furuhata, Tschida, Kishi, Laurence H. Snyder, Dossena, Heim, Bais und Verhoef, Schiff, H. und L. Hirszfeld, Klaften.

Elterngruppe		Zahl der Fam.	Gruppen der Kinder								Zahl der Kinder	Verfasser
			O		*A*		*B*		*AB*			
V	M		S	T	S	T	S	T	S	T		
		12	11	10							21	Ottenberg
		9	8	10		1					19	Learmonth
		6	11	9							20	Kirihara
		11	13	13							26	Plüss
		12	18	13		5					36	Mino
		10	16	18							34	H. u. Br.[1])
		9	16	19		1					36	Staquet
		6	10	1							11	Furuhata usw.
O	*O*	44	76	75							151	Snyder
		30	16	14							30	Dossena
		10	3	7							10	Klaften
		5	8	1							9	Heim
		2	4	7							11	Bais u. Verhoef
		11	12	7							19	F. Schiff
		13	14	26							40	H. u. L. Hirszfeld
zusammen		190	236	230		7					473	
		8	5	6	3	5					19	Ottenberg
		6	3	4	6	9					22	Learmonth
		8	7	5	6	3					21	Kirihara
		11	4	7	19	6					36	Plüss
		12	5	7	7	13		1		1	34	Mino
		11	5	3	7	16					31	H. u. Br.[1])
		12	6	13	19	25					63	Staquet
		10	4	4	1	9	1		1		20	Furuhata usw.
O	*A*	34	17	21	39	53					130	Snyder
		30	5	3	7	15					30	Dossena
		33	8	3	10	12					33	Klaften
		6	2	2	6	1					11	Heim
		5	3	4	4	5					16	Bais u. Verhoef
		11	7	7	7	9					30	F. Schiff
		12	7	8	9	14					38	H. u. L. Hirszfeld
zusammen		208	88	97	150	195	1	1	1	1	534	
		8	2	6	2	7					17	Ottenberg
		8		1	6	11					18	Learmonth
		14	13	9	12	4					38	Kirihara
		25	9	14	18	15	1				57	Plüss
A	*O*	23	12	14	19	14	1	1	1	2	64	Mino
		9	4	4	5	5					18	H. u. Br.[1])
		12	11	13	12	9					45	Staquet
		12	7	8	6	10					31	Furuhata usw.
		39	30	21	37	46					134	Snyder
Seite:		150	88	90	117	121	2	1	1	2	422	

[1]) H. und L. Hirszfeld und H. Brokman.

Tabelle 16 (Fortsetzung).

Elterngruppe V	Elterngruppe M	Zahl der Fam.	O S	O T	A S	A T	B S	B T	AB S	AB T	Zahl der Kinder	Verfasser
Übertrag		150	88	90	117	121	2	1	1	2	422	
		27	6	5	10	6					27	Dossena
		40	6	9	16	9					40	Klaften
		8	5	2	7	3					17	Heim
A	O	2	3	7	2						12	Bais u. Verhoef
		5	3	1	1	4					9	F. Schiff
		13	9	8	9	15					41	H. u. L. Hirszfeld
zusammen		245	120	122	162	158	2	1	1	2	568	
		9	3	1	7	5					16	Ottenberg
		7		1	8	4					13	Learmonth
		16		2	26	15					43	Kirihara
		12	2	6	14	12					34	Plüss
		12	4	2	11	18					35	Mino
		9	2	1	9	11					23	H. u. Br.
		10	5	6	12	19					42	Staquet
		10	4	2	9	9					24	Furuhata usw.
A	A	32	10	5	50	39					104	Snyder
		14		1	6	7					14	Dossena
		29	3	5	9	12					29	Klaften
		4	1	1	2	3					7	Heim
		2	1		7	1					9	Bais u. Verhoef
		5		3	6	10					19	F. Schiff
		23	7	9	28	32					76	H. u. L. Hirszfeld
zusammen		194	42	45	204	197					488	
		6	3	2			3	1			9	Ottenberg
		2		3				1			4	Learmonth
		17	9	6			18	13			46	Kirihara
		1					1				1	Plüss
		3	2	2			1	2			7	Mino
		9	2	9			5	2			18	H. u. Br.
		5	3	6			3	6			18	Staquet
		4	1	2			4	1		1	9	Furuhata usw.
O	B	13	7	6			9	13			35	Snyder
		6	2	1			2	1			6	Dossena
		9					6	3			9	Klaften
		3	2				1	2			5	Heim
		1	3	1			2	1			7	Bais u. Verhoef
		2	3				2				5	F. Schiff
		3	3				2	2			7	H. u. L. Hirszfeld
zusammen		85	40	38			59	48		1	186	
		6	3				4	3			10	Ottenberg
O	B	1					1	2			3	Learmonth
		12	4	5			14	6			29	Kirihara
Seite:		19	7	5			19	11			42	

Tabelle 16 (Fortsetzung).

Elterngruppe V	Elterngruppe M	Zahl der Fam.	Gruppen der Kinder *O* S	*O* T	*A* S	*A* T	*B* S	*B* T	*AB* S	*AB* T	Zahl der Kinder	Verfasser
Übertrag		19	7	5			19	11			42	
		6	4	8			4	4			20	Plüss
		4	4	5			1	3			13	Mino
		1		1			1		1		3	H. u. Br.
		2	3	2			1	3			9	Staquet
		2	2	2				2			6	Furuhata usw.
		9	8	4			10	9			31	Snyder
B	*O*	7		3			2	2			7	Dossena
		14	3	2			5	4			14	Klaften
		1	1								1	Heim
		1	1	3			1	3			8	Bais u. Verhoef
		3	2	3			2	2			9	H. u. L. Hirszfeld
zusammen		69	35	38			46	43	1		163	
		3	1				2	4			7	Ottenberg
		8	2	2			15	14			33	Kirihara
		1					1	2			3	Mino
		10		5			15	13			33	Furuhata usw.
B	*B*	3					5	7			12	Snyder
		4	1	7			3				4	Dossena
		8	1				5	1			8	Klaften
		1	1	1			3				4	Bais u. Verhoef
		1						2			2	F. Schiff
zusammen		39	6	8			49	43			106	
		1	1					1	1		3	Ottenberg
		1						1		2	3	Learmonth
		6	1		4	6		2	1	4	18	Kirihara
		4	1		1	5	5	2		1	15	Plüss
		4	1	3	3	1	2		1		11	Mino
		4			2	1	1		1	1	6	H. u. Br.
		10	3	1	4	3	3	1	2	2	19	Furuhata usw.
A	*B*	10		7	9	3	6	5	4	5	39	Snyder
		9			2	2	3	2			9	Dossena
		18	2		2	1		6	5	2	18	Klaften
		3			1	2	1	2		1	7	Heim
		1	1		1						2	Bais u. Verhoef
		3			4	1	1	1			7	F. Schiff
		6	1	2	3	2	4	1	3	3	19	H. u. L. Hirszfeld
zusammen		80	11	13	36	27	26	24	18	21	176	
		2	1				1	1			3	Ottenberg
B	*A*	11	1	2	5	1	2	4	9	3	27	Kirihara
		3			1	1		1		1	4	Plüss
		9	1	3	2	2	1	4	3	7	23	Mino
Seite:		25	3	5	8	4	4	10	12	11	57	

Tabelle 16 (Fortsetzung).

Elterngruppe V	Elterngruppe M	Zahl der Fam.	Gruppen der Kinder *O* S	*O* T	*A* S	*A* T	*B* S	*B* T	*AB* S	*AB* T	Zahl der Kinder	Verfasser
Übertrag		25	3	5	8	4	4	10	12	11	57	
		4	2		3	2	2		1	2	12	H. u. Br.
		9	3		4		5	1	2	3	18	Furuhata usw.
		7	2		1	2	3		6	8	22	Snyder
B	*A*	7	1		2	2	2				7	Dossena
		29	2	1	5	3	10	4	3	1	29	Klaften
		7	1	1	1	2	2	6	1	3	17	F. Schiff
		7	2	1	2	2	4	4	1	6	22	H. u. L. Hirszfeld
zusammen		95	16	8	26	17	32	25	26	34	184	
		1			1	2	1				4	Ottenberg
		3							5	7	12	Learmonth
		5			5	2	4	4	1		16	Kirihara
		5	1		2	3	1	6	1		14	Plüss
		3				3	1		2		6	Mino
		1	5	3	4	4			1		17	Staquet
O	*AB*	4			1	6	5	1			13	Furuhata usw.
		6	1	1	1	4	1	2		2	12	Furuihi
		3			3	3	5	1			12	Snyder
		4		1		1	1	1			4	Dossena
		1			1						1	Heim
		4		1	3	1	3	3	1	1	13	H. u. L. Hirszfeld
zusammen		40	7	6	21	29	22	18	11	10	124	
		1			2		3	1			6	Ottenberg
		1			1	1					2	Kirihara
		2	1		1	2		1			5	Plüss
		1				2	1	2			5	Mino
		2				2	1				3	H. u. Br.
AB	*O*	1			1		1	1			3	Staquet
		6			4	4		6			14	Furuhata usw.
		3			2	1	3				6	Furuihi
		2			2	2	3	4			11	Snyder
		3		1		1		1			3	Dossena
		1					1				1	H. u. L. Hirszfeld
zusammen		23	1	1	13	15	13	16			59	
		2				2					2	Ottenberg
		3	1		1	2			2	1	7	Learmonth
		5	1		2		3	1	5		12	Kirihara
		4			3	4	1	2	2		12	Mino
		1				1				1	2	Plüss
A	*AB*	2			1	1	2		1	2	7	H. u. Br.
		1				1	3		2	1	7	Staquet
		4			2	2	1	1	3	3	12	Furuhata usw.
		1				2			1	1	4	Snyder
		3			2			1			3	Dossena
		2							1	1	2	Klaften
Seite:		28	2		11	15	10	5	17	10	70	

Tabelle 16 (Fortsetzung).

Elterngruppe V	Elterngruppe M	Zahl der Fam.	Gruppen der Kinder								Zahl der Kinder	Verfasser
					A		*B*		*AB*			
			S	T	S	T	S	T	S	T		
Übertrag		28	2		11	15	10	5	17	10	70	
		1			1	1					2	Heim
		1				2		1			3	Bais u. Verhoef
A	*AB*	1						1			1	F. Schiff
		4			2	3	3	1		3	12	H. u. L. Hirszfeld
zusammen		35	2		14	21	13	8	17	13	88	
		2			1	1			1		3	Ottenberg
		3			3	1	2	1	2		9	Kirihara
		1				1					1	Plüss
		1				2					2	Mino
		1			2			2			4	H. u. Br.
		3			6	3	1		2	2	14	Staquet
AB	*A*	5			4	3		3	2	2	14	Furuhata usw.
		2			2	2	1	1	1	1	8	Snyder
		3			1	2				5	3	Dossena
		6	1		2	2		1			6	Klaften
		1					1				1	Heim
		2			2	1			1		4	F. Schiff
		2					2	1		1	4	H. u. L. Hirszfeld
zusammen		32	1		23	18	7	9	9	6	73	
		1							1		1	Ottenberg
		6		1		1	5	4	3	3	17	Kirihara
		4			2	4	3	1	2	3	15	Furuhata usw.
AB	*B*	1						1			1	Dossena
		1							1		1	Klaften
		1				1		1	1		3	Bais u. Verhoef
		1				1		1			2	F. Schiff
zusammen		15		1	2	7	8	8	8	6	40	
		1					1				1	Mino
		4			1	1	5	2	2	4	15	Furuhata usw.
		1						1	1	1	3	Snyder
		2					1	1			2	Dossena
B	*AB*	1						1			1	Klaften
		1					1	1		1	3	Heim
		3				1	1	3			5	F. Schiff
		1			1			1	1	1	4	H. u. L. Hirszfeld
zusammen		14			2	2	9	10	4	7	34	
		1							2	2	4	Plüss
AB	*AB*	1				2					2	Heim
		4					1	2	4	2	9	H. u. L. Hirszfeld
zusammen		6				2	1	2	6	4	15	

Tabelle 17. Vererbung isoagglutinabler Eigenschaften ohne Berücksichtigung des Geschlechtes der Kinder. Verfasser wie früher, außerdem Jervell, Dyke und Budge, Klaften, z. T. Thomsen.

Elterngruppe		Zahl der Familien	Gruppen der Kinder				Zahl der Kinder	Verfasser
V	M		*O*	*A*	*B*	*AB*		
O	*O*	190	466	7			473	Tabelle 16
		2	5				5	Jervell
		31	31				31	Dyke u. Budge
		1	2				2	Klaften
zusammen		224	504	7			511	
O	*A*	208	185	345	2	2	534	Tabelle 16
		4	1	8			9	Jervell
		14	9	5			14	Dyke u. Budge
		7	7	6			13	Klaften
zusammen		233	202	364	2	2	570	
A	*O*	245	242	320	3	3	568	Tabelle 16
		4	1	4			5	Jervell
		17	8	9			17	Dyke u. Budge
		9	6	10			16	Klaften
zusammen		275	257	343	3	3	606	
A	*A*	194	87	401			488	Tabelle 16
		6	3	15			18	Jervell
		16	4	12			16	Dyke u. Budge
		3	2	3			5	Klaften
zusammen		219	96	431			527	
O	*B*	85	78		107	1	186	Tabelle 16
		2	2		2		4	Jervell
		7	3		4		7	Dyke u. Budge
		3			6		6	Klaften
zusammen		97	83		119	1	203	
B	*O*	69	73		89	1	163	Tabelle 16
		1			1		1	Jervell
		6	3		3		6	Dyke u. Budge
		3	1		4		5	Klaften
zusammen		79	77		97	1	175	
B	*B*	39	14		92		106	Tabelle 16
A	*B*	80	24	63	50	39	176	Tabelle 16
		5	2		3	4	9	Jervell
		3	1		1	1	3	Dyke u. Budge
		5	1	3	3	3	10	Klaften
zusammen		93	28	66	57	47	198	
B	*A*	95	24	43	57	60	184	Tabelle 16
		2	1	1	3		5	Jervell
		2		1		1	2	Dyke u. Budge
		8	4	4	3	1	12	Klaften
zusammen		107	29	49	63	62	203	

Tabelle 17 (Fortsetzung).

Elterngruppe V	Elterngruppe M	Zahl der Familien	Gruppen der Kinder *O*	*A*	*B*	*AB*	Zahl der Kinder	Verfasser
O	*AB*	40	13	50	40	21	124	Tabelle 16
		3		5	2		7	Jervell
		1			1		1	Dyke u. Budge
		2	1	3			4	Klaften
		7		12	5		17	Thomsen
zusammen		53	14	70	48	21	153	
AB	*O*	23	2	28	29		59	Tabelle 16
		1	1				1	Klaften
		11		8	20		28	Thomsen
zusammen		35	3	36	49		88	
A	*AB*	35	2	35	21	30	88	Tabelle 16
		1		1		1	2	Jervell
		7		13	3	15	31	Thomsen
zusammen		43	2	49	24	46	121	
AB	*A*	32	1	41	16	15	73	Tabelle 16
		2		5	1	1	7	Jervell
		1	1				1	Dyke u. Budge
		3	1	2	2	1	6	Klaften
		5		7	2	7	16	Thomsen
zusammen		43	3	55	21	24	103	
B	*AB*	14		4	19	11	34	Tabelle 16
		3			6	5	11	Thomsen
zusammen		17		4	25	16	45	
AB	*B*	15	1	9	16	14	40	Tabelle 16
		1			4	2	6	Thomsen
zusammen		16	1	9	20	16	46	
AB	*AB*	6		2	3	10	15	Tabelle 16
		1		2	1	1	4	Thomsen
zusammen		7		4	4	11	19	

Die vorstehenden Angaben bestätigten demnach die von v. Dungern und Hirszfeld festgestellte Tatsache der Vererbung isoagglutinabler Eigenschaften des Menschenblutes. Die letzten Tabellen möchte ich in 2 Übersichtstabellen zusammenstellen. Ich bringe die Zahlen unter Berücksichtigung des Geschlechtes der Kinder sowie in einer Zusatztabelle prozentual berechnet.

Tabelle 18. Übersichtstabelle der Vererbung isoagglutinabler Substanzen unter Berücksichtigung der Gruppe des Vaters und der Mutter und des Geschlechtes der Kinder.

Gruppen der Eltern		Familienzahl	Gruppen der Kinder								Kinderzahl
			O		*A*		*B*		*AB*		
Vater	Mutter		S	T	S	T	S	T	S	T	
O	*O*	190	236	230		7					473
O	*A*	208	88	97	150	195	1	1	1	1	534
A	*O*	245	120	122	162	158	2	1	1	2	568
A	*A*	194	42	45	204	197					488
O	*B*	85	40	38			59	48		1	186
B	*O*	69	35	38			46	43	1		163
B	*B*	39	6	8			49	43			106
A	*B*	80	11	13	36	27	26	24	18	21	176
B	*A*	95	16	8	26	17	32	25	26	34	184
O	*AB*	40	7	6	21	29	22	18	11	10	124
AB	*O*	23	1	1	13	15	13	16			59
A	*AB*	35	2		14	21	13	8	17	13	88
AB	*A*	32	1		23	18	7	9	9	6	73
B	*AB*	14			2	2	9	10	4	7	34
AB	*B*	15		1	2	7	8	8	8	6	40
AB	*AB*	6				2	1	2	6	4	15
zusammen		1370	605	607	653	695	288	256	102	105	3011

Tabelle 19. Übersichtstabelle unter Berücksichtigung der Gruppe des Vaters und der Mutter ohne Angabe des Geschlechtes der Kinder, berechnet nach Prozenten.

Gruppen der Eltern		Familienzahl	Gruppen der Kinder								Kinderzahl
			O		*A*		*B*		*AB*		
Vater	Mutter		absolut	%	absolut	%	absolut	%	absolut	%	
O	*O*	224	504	98,6	7	1,4					511
O	*A*	233	202	35,4	364	63,8	2	0,3	2	0,3	570
A	*O*	275	257	42,4	343	56,6	3	0,5	3	0,5	606
A	*A*	219	96	18,2	431	81,8					527
O	*B*	97	83	40,5			119	58,6	1	0,5	203
B	*O*	79	77	44,0			97	56,0	1	0,4	175
B	*B*	39	14	13,2			92	86,8			106
A	*B*	93	28	14,1	66	33,3	57	28,8	47	23,7	198
B	*A*	107	29	14,2	49	24,1	63	31,0	62	30,5	203
O	*AB*	53	14	9,1	70	45,7	48	31,4	21	13,7	153
AB	*O*	35	3	3,4	36	40,9	49	55,6			88
A	*AB*	43	2	1,6	49	40,4	24	19,8	46	38,8	121
AB	*A*	43	3	2,9	55	53,4	21	20,3	24	23,3	103
B	*AB*	17			4	8,8	25	55,5	16	35,5	45
AB	*B*	16	1	2,1	9	19,5	20	43,4	16	34,8	46
AB	*AB*	7			4	21,0	4	21,0	11	57,9	19
zusammen		1580	1313	35,7	1487	40,4	624	17,0	250	6,8	3674

Betrachtet man die gesamten Untersuchungen ohne die Spezifikation der Gruppe des Vaters und der Mutter und des Geschlechtes der Kinder, so erhalten wir folgende Tabelle:

Tabelle 20. Zusammenstellung gesamter Untersuchungen über die Vererbung isoagglutinabler Eigenschaften.

Ehen	Familienzahl	Gruppen der Kinder								Kinderzahl
		O		*A*		*B*		*AB*		
		absolut	%	absolut	%	absolut	%	absolut	%	
O × *O*	339	826	99,0	8	0,9					834
O × *A*	702	671	39,8	1000	59,3	8	0,4	7	0,4	1686
A × *A*	307	150	18,7	654	81,3					804
O × *B*	250	253	41,6	2	0,3	354	58,0	2	0,3	611
B × *B*	56	20	13,6			127	86,0			147
A × *B*	299	106	16,0	193	29,2	185	28,0	176	26,6	660
O × *AB*	111	22	7,0	135	42,5	135	42,5	25	8,0	317
A × *AB*	101	5	1,7	121	41,9	72	24,9	91	31,5	289
B × *AB*	51	5	3,5	25	17,6	67	47,2	45	31,6	142
AB × *AB*	10			4	18,1	5	22,7	13	59,1	22
zusammen	2226	2058	37,3	2142	38,7	953	17,4	359	6,5	5512

Betrachtet man die Eltern und Kinder dieser Tabelle als eine Population, so erhalten wir folgende Werte:

Tabelle 21.

	O		*A*		*B*		*AB*		Zusammen
	absolut	%	absolut	%	absolut	%	absolut	%	
Eltern.	1741	39,1	1716	38,5	712	16	283	6,3	4452
Kinder	2058	37,3	2142	38,7	953	17,4	359	6,5	5512

Bemerkung: Diese Tabelle enthält noch nicht 234 Familien von Barski, 180 Familien von Csörsz in Ungarn und nach brieflicher Mitteilung weitere 500 Familien von Furuhata und 220 Familien von Haselhorst aus Hamburg, da mir hier keine genauen Daten zur Verfügung standen.

Anmerkung bei der Korrektur:

Inzwischen sind die Arbeiten von Csörsz, von Furuhata und eine kleine Untersuchungsreihe von Kliewe und Nagel erschienen.

Tabelle A. Untersuchungen von Csörsz.

Eltern		Familiennummer	Kinder								Zusammen
			O		*A*		*B*		*AB*		
V	M		S	T	S	T	S	T	S	T	
		1		1							
		2	4								
		3		1							
		4	1								
		5	1		1						
O	*O*	6	1	3							
		7	2								
		8	1								
		9		2							
	Seite:	9	10	7	1						

Tabelle A (Fortsetzung).

Eltern		Familien-nummer	Kinder								Zusammen
			O		*A*		*B*		*AB*		
V	M		S	T	S	T	S	T	S	T	
Übertrag:		9	10	7							
		10	2	2							
		11	1								
		12	2	1							
zusammen		12	15	10	1						26
		13		1		2					
		14			2						
		15			1						
		16				1					
		17				1					
		18			1	1					
		19			1	1					
		20			1						
O	*A*	21	1	1							
		22	1								
		23	3	2							
		24			2						
		25				1					
		26				1					
		27			3						
		28			1						
		29			5						
		30	1								
zusammen		18	6	4	17	8					35
		31		1		1					
		32	1	1							
		33	1								
		34	1	1							
		35			3	1					
		36			1						
A	*O*	37			1						
		38				1					
		39			1						
		40		1		2					
		41			1	1					
		42				1					
		43		1							
		44		1	1		1				
zusammen		14	3	6	8	7	1				25
		45	1					1			
		46		1			3	1			
		47		1			2	2			
		48	3	1				1			
		49					1				
O	*B*	50	1	1							
		51	1					1			
		52	1					3			
		53		1			1				
		54						2			
		55			1	1					
zusammen		11	7	5	1	1	7	11			32

Tabelle A (Fortsetzung).

Eltern		Familien-nummer	Kinder								Zusammen
			O		*A*		*B*		*AB*		
V	M		S	T	S	T	S	T	S	T	
		56	1				3	1			
		57					1				
		58						2			
		59						1			
		60					1				
		61	1	1				1			
		62	3					3			
		63	1	1							
		64					1				
B	*O*	65	2				1	1			
		66		1				1			
		67	1					1			
		68	1								
		69						1			
		70	1					1			
		71		2							
		72	1					1			
		73	1								
		74	1								
zusammen		19	14	5			7	14			40
		81				1					
		82			3						
		83	1		1						
		84	1	2	1	2					
		85			1						
		86			1						
		87			2						
		88		2	1						
		89		1	1						
		90				1					
		91			1	2					
		92				1					
		93				1					
A	*A*	94		1							
		95	1								
		96	1		1						
		97			1						
		98	1		1						
		99			1						
		100			1	1					
		101	2		2	1					
		102				2					
		103			1	3					
		104			1						
		105		2	1						
		106	1		4						
		107			1						
		108		1	2				1		
zusammen		28	8	9	29	15			1		62

Tabelle A (Fortsetzung).

Eltern		Familien-nummer	Kinder								Zusammen
			O		*A*		*B*		*AB*		
V	M		S	T	S	T	S	T	S	T	
		157						1			
		158		1				1			
		159	1	1				1			
		160					3	1			
		161	1								
B	*B*	162						1			
		163					2				
		164						1			
		165	2								
		166					1				
		167		1			1				
		168						2			
zusammen		12	4	3			7	8			22
		109			1		1				
		110		3							
		111					2				
		112						1		1	
		113	1	2	4	2					
		114					1				
		115						2		1	
		116								2	
		117		1		1					
		118			1					1	
A	*B*	119				2					
		120					1	1			
		121	1	1		1					
		122				1					
		123			1						
		124			1					1	
		125			1					1	
		126						1		1	
		127		1	1					1	
		128		1						1	
		129			2	1	1				
		130				1	2			1	
zusammen		22	2	9	12	9	8	5		11	56
		131					1		2		
		132								1	
		133						1			
		134			1	1				2	
		135				2					
		136				1					
B	*A*	137			1						
		138				1					
		139			1	1		1			
		140						2			
		141			2						
		142			1						
		143			1			1			
		144	1		1						
zusammen		14	1		8	6	1	5	2	3	26

Tabelle A (Fortsetzung).

Eltern		Familien-nummer	Kinder								Zusammen
			O		*A*		*B*		*AB*		
V	M		S	T	S	T	S	T	S	T	
O	*AB*	75				1	1				
		76			1						
		77			1	3		1			
		78			1						
zusammen		4			3	4	1	1			9
AB	*O*	79			1			3			
		80					2	1			
zusammen		2			1		2	4			7
A	*AB*	145			1	1	1				
		146					1				
		147			1	2					
		148				1					
		149					1				
zusammen		5			2	4	3				9
AB	*A*	150			2	1					
		151				1		1			
		152					2				
		153				1					
		154								1	
		155			1			1			
		156			2	3			1	1	
zusammen		7			5	6	2	2	1	2	18
B	*AB*	170				1					
		171			1			2			
		172			1						
		173			1						
zusammen		4			3	1		2			6
AB	*B*	174						1			
		175					1	1			
		176					1	2	1		
		177					1	1		1	
		178			1			3			
zusammen		5			1		3	8	1	1	14
AB	*AB*	179					1				
		180								2	
zusammen		2					1			2	3

Ich teile die Zusammenstellung der Arbeit von Furuhata, der größten, die bisher erschienen, die 958 Familien mit 2046 Kindern umfaßt, mit.

Tabelle B. Vererbung der Blutgruppen nach Furuhata.

Eltern		Zahl der Familien	Kinder							
			O		*A*		*B*		*AB*	
Vater	Mutter		S	T	S	T	S	T	S	T
O	*O*	105	126	90						
O	*A*	108	53	37	59	73		1		1
A	*O*	125	67	55	58	69				
A	*A*	143	24	31	134	107	1			
O	*B*	63	29	24		1	34	44		
B	*O*	59	36	29			42	37		
B	*B*	50	4	10			45	47		
A	*B*	84	23	13	36	23	42	16	22	18
B	*A*	79	18	16	30	20	22	17	18	11
O	*AB*	28			19	14	24	15		
AB	*O*	22		1	17	11	5	13		
A	*AB*	27			10	18	8	7	3	7
AB	*A*	23			18	11	3	7	7	5
B	*AB*	11			3	5	9	4	4	4
AB	*B*	23			6	10	16	13	10	8
AB	*AB*	8			1	3	3	1	2	2

Dieselbe Tabelle, ohne Berücksichtigung des Geschlechtes der Kinder berechnet nach Prozenten.

Eltern		Zahl der Kinder	*O*		*A*		*B*		*AB*	
Vater	Mutter		absolut	%	absolut	%	absolut	%	absolut	%
O	*O*	216	216	100						
O	*A*	224	90	40,1	132	59,0	1	0,4	1	0,4
A	*O*	249	122	49,0	127	51,0				
A	*A*	297	55	18,5	241	81,1	1	0,3		
A	*B*	198	41	20,2	59	29,7	58	29,3	40	20,2
B	*A*	152	34	22,4	50	32,9	39	25,6	29	19,0
O	*B*	132	53	40,1	1	0,7	78	59,0		
B	*O*	144	65	45,1			79	54,9		
B	*B*	106	14	13,2			92	86,8		
O	*AB*	72			33	46,0	39	54.0		
AB	*O*	47	1	2,1	28	59,5	18	38,4		
A	*AB*	53			28	52,8	15	28,3	10	18,8
AB	*A*	51			29	56,8	10	19,6	12	23,5
B	*AB*	29			8	27,6	13	44,8	8	27,5
AB	*B*	63			16	25,4	29	46,0	18	28,5
AB	*AB*	12			4	33,3	4	33,3	4	33,3

Schließlich publizierten Kliewe und Nagel mehrere Stammbäume aus Hessen (siehe umstehende Tabelle C).

Tabelle C. Nach Kliewe und Nagel.

Eltern		Familien-nummer	Kinder								Zusammen
			O		*A*		*B*		*AB*		
V	M		S	T	S	T	S	T	S	T	
O	*O*	351	1	2							
		473	2	2							
		460	1	1							
		481	1	1							
zusammen		4	5	6							11
O	*A*	47			1						
		112		1	1						
		326		1	1	1					
		345		1	1						
		751	2	1	1						
zusammen		5	2	4	5	1					12
A	*O*	609	1								1
A	*A*	108	1								
		451	2	2							
		573			2	1					
		736		1	2						
		403			1	1					
		433			3	1					
		353			1						
zusammen		7	3	3	9	3					18
O	*B*	380	1								
		660	1	1			1				
zusammen		2	2	1			1				4
B	*O*	329	1					2			
		423	3				1				
zusammen		2	4				1	2			7
A	*B*	412			1	1					
		438						2			
zusammen		2			1	1		2			4
B	*A*	487				1	1				2
O	*AB*	621	1	1							2
AB	*O*	509			1	2					
		514	1	1					1		
		542				1	1				
zusammen		3	1	1	1	3	1		1		8

Die mitgeteilte Statistik bestätigt demnach unsere Befunde, daß die isoagglutinablen Eigenschaften, die bei den Eltern nachweisbar waren, bei den meisten Kindern auftreten, manchmal aber auch fehlen können, daß sie aber nicht neu erscheinen, falls sie bei den Eltern abwesend waren. Es wurden nur wenige Fälle mitgeteilt, in welchen eine bei den Eltern fehlende isoagglutinable Eigenschaft bei den Kindern auftrat. Sämtliche Verfasser haben sich daher unsere Formulierung zu eigen gemacht, daß die isoagglutinablen Eigenschaften A und B sich als dominante Merkmale vererben, denen das Fehlen der Eigenschaft als recessiv gegenübersteht. Nur ein amerikanischer Forscher, Buchanan, trat gegen die Annahme der Dominanz der Eigenschaften A und B, seine theoretischen Überlegungen wurden von den amerikanischen Gelehrten (Ottenberg, Snyder) richtiggestellt. Die Objektivität verlangt, daß man alle nichtstimmende Fälle notiert. Folgende Tabelle orientiert über Familien, bei welchen Kinder A oder B haben, die bei den Eltern fehlten:[1])

Tabelle 22.

Verfasser	Eltern	Gruppe der Kinder [2])			
		O	A	B	AB
Buchanan	$O \times O$	4		**2**	
	$O \times O$	1	**1**		
	$O \times O$	1			**3**
	$O \times A$	1	**2**		**1**
Learmonth	$O \times O$	1	**1**		
Weszeczky	$O \times A$	1		**1**	
	$O \times B$		**1**		
Mino	$O \times O$	4	**2**		
	$O \times O$	2	**3**		
	$O \times A$	1		**2**	**1**
	$O \times A$				**1**
	$O \times A$		2	**1**	**1**
	$O \times A$	1			**1**
Avdejeva-Grizevicz	$O \times A$			**3**	
	$O \times A$				**1**
	$O \times B$		**2**		
Frl. Plüss	$O \times A$		1	**1**	
H. und L. Hirszfeld und Brokman	$O \times B$	1		1	**1**
Staquet	$O \times O$	4	**1**		
Furuhata, Tchida und Kishi	$O \times A$		1		**1**
	$O \times A$	1		**1**	
	$O \times B$			2	**1**

[1]) Anmerkung bei der Korrektur: Ich bringe keine Tabelle von Besedin über Tatarenfamilien, da hier die Anzahl der Ausnahmen so groß ist, daß offenbar eine ziemlich weitgehende sexuelle außereheliche Durchmischung der Bevölkerung vorliegt. Einige Ausnahmen finden sich außerdem bei Furuhata und Csörsz.

[2]) Die Zahlen bedeuten die Anzahl der Kinder. Nichtstimmende Fälle sind fett gedruckt.

Wir sehen demnach, daß in der Gesamtzahl von über 5000 Kindern nur 36, also ca 0,6% nicht stimmen, d. h. daß die Eigenschaften *A* und *B* bei Kindern aufgetreten sind, die bei den Eltern nicht nachgewiesen wurden. Inwieweit dies auf mangelhafte Technik[1]), Illegitimität oder auf Mutation zurückzuführen ist oder ob die Regel der einfachen Dominanz manchmal durchbrochen wird, läßt sich gegenwärtig nicht sagen.

b) Theoretische Betrachtungen über die Vererbung der Blutgruppen.

Die Berechnungen der zu erwartenden Kinder auf Grund der Annahme von zwei allelomorphen Paaren.

Von Dungern und Hirszfeld haben, wie erwähnt, angenommen, daß die isoagglutinablen Eigenschaften *A* und *B* unabhängige dominante Merkmale sind, denen das Fehlen dieser Eigenschaften also *a* und *b* gegenüberstehen und die als zwei unabhängige allelomorphen Paare nach dem Mendelschen Gesetz vererbt werden. Folgende Erbformel demonstriert unsere Annahme:

Tabelle 23. Erbformel der isoagglutinablen Substanzen nach v. Dungern und Hirszfeld.

Gruppe	Phänotypus	Genotypus			
I	*O*	*aabb*	—	—	—
II	*A*	*AAbb*	*Aabb*	—	—
III	*B*	*BBaa*	*Bbaa*	—	—
IV	*AB*	*AABB*	*AaBB*	*AABb*	*AaBb*

In unserer Betrachtungsweise, die die Eigenschaften *A* und *B* als unabhängige Merkmale auffaßt, kann man bei statistischen Überlegungen die Gruppe II und IV als mit der Eigenschaft *A* behaftet betrachten, die Gruppe I und III als *a*. Die Gruppe III und IV enthält die Eigenschaft *B*, die Gruppe I und II die Eigenschaft *b*. Die Gruppe I enthält nach dieser Annahme die beiden recessiven Eigenschaften *a* und *b*. Die Vertreter der Gruppe *A* wie diejenigen der Gruppe *B* können, wie auf der Tabelle ersichtlich, sowohl homozygot wie heterozygot sein. Die Anzahl der Homozygoten kann nun jetzt mit Leichtigkeit ausgerechnet werden. Von Dungern und Hirszfeld haben diese Berechnungen empirisch vorgenommen, eine andere Berechnung führte Ottenberg aus. Ich habe die beiden Berechnungsarten in meiner Monographie in den Ergebnissen wiedergegeben; sie haben jetzt nur ein historisches Interesse dank der sehr bequemen Formel, die Johannsen angegeben hat, sowie der Tabelle von Hultkrantz und Dahlberg, wo die Homozygoten ausgerechnet wurden.

Die folgende Tabelle erlaubt eine unmittelbare Ablesung der Häufigkeiten der Homozygoten auf Grund der Verbreitung eines monohybriden Merkmals.

[1]) Es wäre wichtig, wenn in Zukunft solche Fälle einer genauen serologischen Analyse unterworfen würden (Bindungsfähigkeit, Anwesenheit der Isoagglutinine u. dgl.). Die Tatsache, daß in sämtlichen Ehen mindestens ein Elter der *O*-Gruppe angehörte, läßt es möglich erscheinen, daß es sich um schwachentwickelte Blutstrukturen handelte, die daher dem Nachweis entgangen sind.

Tabelle 24. Die Verbreitung eines monohybriden Erbmerkmals in einer Population (Hultkrantz, V. und G. Dahlberg).

RR-Zygoten Rec-Mtr.	*RD*-Zygoten	*DD*-Zygoten	*RD-DD* Dom-Mtr. (Eigenschaft *A* oder *B*)	*RR*-Zygoten Rec-Mtr.	*RD*-Zygoten	*DD*-Zygoten	*RD-DD* Dom-Mtr. (Eigenschaft *A* oder *B*)
r^2	$2\,rd$	d^2	$1 - r^2$	r^2	2 rd	d^2	$1 - r^2$
1	18	81	99	51	40,83	8,17	49
2	24,28	73,72	98	52	40,22	7,78	48
3	28,64	68,36	97	53	39,60	7,40	47
4	32	64	96	54	38,97	7,03	46
5	34,72	60,28	95	55	38,32	6,68	45
6	36,99	57,01	94	56	37,67	6,33	44
7	38,92	54,08	93	57	37	6	43
8	40,57	51,43	92	58	36,32	5,68	42
9	42	49	91	59	35,62	5,38	41
10	43,25	46,75	90	60	34,92	5,08	40
11	44,33	44,67	89	61	34,21	4,79	39
12	45,28	42,72	88	62	33,48	4,52	38
13	46,11	40,89	87	63	32,75	4,25	37
14	46,83	39,17	86	64	32	4	36
15	47,46	37,54	85	65	31,25	3,75	35
16	48	36	84	66	30,48	3,52	34
17	48,46	34,54	83	67	29,71	3,29	33
18	48,85	33,15	82	68	28,92	3,08	32
19	49,18	31,82	81	69	28,13	2,87	31
20	49,44	30,56	80	70	27,33	2,67	30
21	49,65	29,35	79	71	26,52	2,48	29
22	49,81	28,19	78	72	25,71	2,29	28
23	49,92	27,08	77	73	24,88	2,12	27
24	49,98	26,02	76	74	24,05	1,95	26
25	50	25	75	75	23,21	1,79	25
26	49,98	24,02	74	76	22,36	1,64	24
27	49,92	23,08	73	77	21,5	1,5	23
28	49,83	22,17	72	78	20,64	1,36	22
29	49,70	21,30	71	79	19,75	1,25	21
30	49,54	20,46	70	80	18,89	1,11	20
31	49,36	19,64	69	81	18	1	19
32	49,14	18,86	68	82	17,11	0,89	18
33	48,82	18,18	67	83	16,21	0,79	17
34	48,62	17,38	66	84	15,30	0,70	16
35	48,32	16,68	65	85	14,39	0,61	15
36	48	16	64	86	13,47	0,53	14
37	47,66	15,34	63	87	12,55	0,45	13
38	47,29	14,71	62	88	11,62	0,38	12
39	46,90	14,10	61	89	10,68	0,32	11
40	46,49	13,51	60	90	9,74	0,26	10
41	46,06	12,94	59	91	8,79	0,21	9
42	45,61	12,39	58	92	7,83	0,17	8
43	45,15	11,85	57	93	6,88	0,12	7
44	44,66	11,34	56	94	5,91	0,09	6
45	44,16	10,84	55	95	4,94	0,06	5
46	43,65	10,35	54	96	3,96	0,04	4
47	43,11	9,89	53	97	2,98	0,02	3
48	42,56	9,44	52	98	1,99	0,01	2
49	42	9	51	99	1	0,000025	1
50	41,42	8,58	50	100	0	0	0

Die Tabelle läßt unmittelbar ablesen, wie oft ein monohybrides Erbmerkmal in einer Population homozygot ist. Zum Beispiel ergibt die Kinderpopulation der Übersichtstabelle 20

Gruppe *O*	37,3
„ *A*	38,7
„ *B*	17,4
„ *AB*	6,5

Nun suchen wir bei $RD + DD$ (dominanter Merkmalträger), also wo ein dominantes Merkmal sichtbar ist, die entsprechende Zahl für den Bestandteil *A* (Gruppe II und IV = 38,7 + 6,5 = 45,2). Bei dieser Rubrik 45 finden wir 6,68 *AA* und 38,32 *Aa*. Dies bedeutet in Prozenten, daß auf 100 gefundene *A* 15% rein ist und 85% unrein. In derselben Kinderpopulation finden wir den Bestandteil *B* (Gruppe III und Gruppe IV) 17,4 + 6,5 = 23,9, also 24%. Bei der Häufigkeit des dominanten Merkmalträgers 24 finden wir die Anzahl der homozygoten 1,64, also auf 100 *B* wäre es 7% homozygot und 93% heterozygot[1]).

Jetzt kann man bequem ausrechnen, wieviele Kinder mit dominanten oder recessiven Merkmalen erwartet werden können. Von Dungern und Hirszfeld haben, wie erwähnt, solche Berechnungen für die Gruppen mit dem Bestandteil *A* oder *B* durchgeführt (II + IV oder III + IV). Da aber, wie wir sehen werden, für die Gruppe *AB* auch eine andere Erbformel vorgeschlagen wurde, so werde ich die Ehen mit *AB* besonders besprechen.

In den Ehen $O \times A$ können wir mit der Wahrscheinlichkeit rechnen, daß 15% *A* rein sind und daher nach dem Mendelschen Gesetz nur *A*-Kinder zeugen. Von den übrigen 85% der Eltern von der Erbformel *Aa* erhalten wir die Hälfte *A*-Kinder (von der Erbformel *Aa*), also $^{85}/_{2} = 42{,}5 + 15$ Kinder (von den reinen Eltern), was zusammen 57,5 ergibt. Gefunden wurde bei 702 Familien mit 1686 Kindern = 59,3%.

In den Ehen $A \times A$ ist die Wahrscheinlichkeit, daß ein *A* unrein ist 85%, daß beide Eltern unrein sind $\frac{85}{100} \times \frac{85}{100}$.

Da in den Ehen $Aa \times Aa$ nach dem Mendelschen Gesetz ein Viertel der Kinder das recessive Merkmal aufweist, so erhalten wir

$$\frac{85}{100} \times \frac{85}{100} \times \frac{1}{4} = 18{,}06\,,$$

gefunden wurde bei 307 Ehen mit 804 Kindern = 18,7.

Wir sehen, daß die Übereinstimmung zwischen den errechneten und gefundenen Zahlen eine sehr nahe ist.

Die entsprechende Berechnung für die Ehen $O \times B$ ergibt: Wie ich früher auseinandersetzte, sind 7% der *B*-Eltern (Tab. 20) wahrscheinlich homozygot

[1]) Schiff, Oppenheim und Voigt legten sich die Frage vor, ob die Homozygotie sich nicht in erhöhter Agglutinabilität äußert. Die Versuche von Schiff erlaubten keine Schlußfolgerungen; Oppenheim und Voigt geben an, daß in China die Gruppe *B* — entsprechend der Häufigkeit — ebenso agglutinabel ist wie *A* (in Europa ist *B* schwächer). Direkte experimentelle Prüfungen bei Familien liegen hier noch nicht vor. Man könnte auch, wie dies unlängst Schiff getan hat, statt die wahrscheinlichen Heterozygoten zu berechnen, evtl. solche Familien wählen, wo *O*-Kinder auftreten, wo also *A* bzw. *B* sicher heterozygot sind (s. auch Furuhata).

und werden daher nur B-Kinder zeugen. Die übrigen 93% heterozygote Eltern werden die Hälfte, also 46,5% B-Kinder haben, zusammen (+ 7%) 53,5. Gefunden wurde 59% (250 Familien, 611 Kinder).

Für die Ehen $B \times B$ ist die Wahrscheinlichkeit, daß ein Elter unrein ist, 93%, daß beide Eltern unrein sind $\frac{93}{100} \times \frac{93}{100}$, und da nach dem Mendelschen Gesetz in solchen Ehen ein Viertel der Kinder die recessive Eigenschaft aufweist, so erhalten wir:

$$\frac{93}{100} \times \frac{93}{100} \times \frac{1}{4} = 21{,}62.$$

Gefunden wurde bei 56 Ehen mit 147 Kinder = 13,6%.

Die Differenzen sind hier größer, was vermutlich durch die ungleichmäßige genetische Zusammensetzung der einzelnen Völker zu erklären ist. Es wäre richtiger, diese Berechnungen für Populationen von verschiedener serologischer Zusammensetzung gesondert durchzuführen. Vorderhand ist dies kaum möglich, die Zahlen wären zu klein.

Wollen wir nun die Ehen ausrechnen, in welchen einer der Eltern die Gruppe AB hat. Die Verhältnisse sind hier komplizierter, da nach unserer Annahme vier Erbformeln für AB denkbar sind, indem sowohl A wie B in homozygoter sowie heterozygoter Form auftreten können. Wollen wir die Wahrscheinlichkeiten der einzelnen Erbformeln für die Kinderpopulation der Tab. 20 ausrechnen. Dieser Berechnung liegt die Voraussetzung zugrunde, daß hier keine Letalfaktoren, Selektionsunterschiede u. dgl. mitspielen. AA hat die Wahrscheinlichkeit 15%; BB = 7%; Aa = 85%; Bb = 93%; also:

$$AABB = \tfrac{15}{100} \times \tfrac{7}{100} = \tfrac{105}{10000} = \text{ca. } 1\%$$
$$AaBB = \tfrac{85}{100} \times \tfrac{7}{100} = \tfrac{595}{10000} = \text{ca. } 6\%$$
$$AABb = \tfrac{15}{100} \times \tfrac{93}{100} = \tfrac{1395}{10000} = \text{ca. } 14\%$$
$$AaBb = \tfrac{85}{100} \times \tfrac{93}{100} = \tfrac{7905}{10000} = \text{ca. } 79\%$$

zusammen 100%

Die obige Tabelle ergibt demnach die Wahrscheinlichkeiten der einzelnen Erbformeln für die AB-Eltern der Tab. 20. Wollen wir sehen, welche Kinder bei jeder einzelnen Kombination auftreten können.

Folgende Tabelle ergibt den Tatbestand:

Eltern Phänotypus	Phänotypus	AB	AB	AB	AB	
	Genotypus	$AABB$	$AaBB$	$AABb$	$AaBb$	
O	$aabb$	AB — 100	AB — 50	AB — 50	O — 25	Kinder
			B — 50	A — 50	A — 25	
					B — 25	
					AB — 25	

Jetzt können wir bequem ausrechnen, wie viele und welche Kinder resultieren werden, wenn ein O-Elter mit einem AB-Elter in unserer Population der

Tab. 20 gekreuzt werden unter der Annahme, daß aus jeder Ehe vier Kinder entspringen.

Eltern	Wahrscheinlichkeit	Kinder				Zusammen
		O	A	B	AB	
$Oaabb \times AABB$	$\frac{100}{100} \times \frac{1}{100} = 1\%$				4	4
$Oaabb \times AaBB$	$\frac{100}{100} \times \frac{6}{100} = 6\%$			12	12	24
$Oaabb \times AABb$	$\frac{100}{100} \times \frac{14}{100} = 14\%$		28		28	56
$Oaabb \times AaBb$	$\frac{100}{100} \times \frac{79}{100} = 79\%$	79	79	79	79	316
Zusammen	100	79	107	91	123	400
oder in Prozenten		19,7	26,7	22,7	30,7	

Diese Zahlen geben demnach die zu erwartenden Kinder in den Ehen O mit AB unserer hypotetischen Population unter der Annahme ganz unabhängiger Vererbung zwischen A und a einerseits, B und b andererseits.

Wollen wir jetzt dieselbe Ausrechnung vollführen für die Ehen $A \times AB$. Die Wahrscheinlichkeiten für die verschiedenen AB wurden bereits ausgerechnet, ebenso die Wahrscheinlichkeit, daß A rein ist (15%). Unter dieser Annahme können wir die zu erwartenden Kinder auf Grund folgender Formel ausrechnen:

Eltern Phänotypus	Phänotypus	AB	AB	AB	AB	
	Genotypus	$AABB$	$AaBB$	$AABb$	$AaBb$	
A	$AAbb$	AB — 100	AB — 100	A — 50 AB — 50	A — 50 AB — 50	Kinder
A	$Aabb$	AB — 100	B — 25 AB — 75	A — 50 AB — 50	O — 12,5 A — 37,5 B — 12,5 AB — 37,5	

Wir wollen jetzt die zu erwartenden Kinder der Tab. 20 in den Ehen $A \times AB$ ausrechnen wieder unter der Voraussetzung, daß aus jeder Ehe vier Kinder entspringen:

Eltern	Wahrscheinlichkeit	Kinder				Zusammen
		O	A	B	AB	
$AABB \times AA$	$\frac{1}{100} \times \frac{15}{100} = 0,15$				0,6	0,6
$AABB \times Aa$	$\frac{1}{100} \times \frac{85}{100} = 0,85$				3,4	3,4
$AaBB \times AA$	$\frac{6}{100} \times \frac{15}{100} = 0,9$				3,6	3,6
$AaBB \times Aa$	$\frac{6}{100} \times \frac{85}{100} = 5,1$			5,1	15,3	20,4
$AABb \times AA$	$\frac{14}{100} \times \frac{15}{100} = 2,1$		4,2		4,2	8,4
$AABb \times Aa$	$\frac{14}{100} \times \frac{85}{100} = 11,9$		23,8		23,8	47,6
$AaBb \times AA$	$\frac{79}{100} \times \frac{15}{100} = 11,85$		23,7		23,7	47,4
$AaBb \times Aa$	$\frac{79}{100} \times \frac{85}{100} = 67,15$	33,575	100,725	33,575	100,725	268,600
zusammen	100	33,575	152,425	38,675	175,325	400
oder in Proz.		8,4	38,1	9,6	43,8	

Die gleiche Berechnung läßt sich für die Ehen $B \times AB$ ausführen, nur, daß die Anzahl der reinen B-Typen in der Population der Tab. 20 7% beträgt. Die zu erwartenden Kinder ergibt folgende Tabelle:

Eltern Phänotypus	Phänotypus	AB	AB	AB	AB	
	Genotypus	$AABB$	$AaBB$	$AABb$	$AaBb$	
B	$aaBB$	AB — 100	B — 50 AB — 50	AB — 100	B — 50 AB — 50	Kinder
B	$aaBb$	AB — 100	B — 50 AB — 50	A — 25 AB — 75	O — 12,5 A — 12,5 B — 37,5 AB — 37,5	Kinder

Wir haben früher auseinandergesetzt, daß für die Population der Tab. 20 folgende Wahrscheinlichkeiten gelten:

$$AABB = 1\%$$
$$AaBB = 6\%$$
$$AABb = 14\%$$
$$AaBb = 79\%$$

und

$$BB = 7\%$$
$$Bb = 93\% .$$

Wir erhalten dann für die Ehen $B \times AB$:

Eltern	Wahrscheinlichkeit	Kinder O	Kinder A	Kinder B	Kinder AB	Zusammen
$AABB \times BB$	$\frac{1}{100} \times \frac{7}{100} = 0{,}07$				0,28	0,28
$AABB \times Bb$	$\frac{1}{100} \times \frac{93}{100} = 0{,}93$				3,72	3,72
$AaBB \times BB$	$\frac{6}{100} \times \frac{7}{100} = 0{,}42$			0,84	0,84	1,68
$AaBB \times Bb$	$\frac{6}{100} \times \frac{93}{100} = 5{,}58$			11,16	11,16	22,32
$AABb \times BB$	$\frac{14}{100} \times \frac{7}{100} = 0{,}98$				3,92	3,92
$AABb \times Bb$	$\frac{14}{100} \times \frac{93}{100} = 13{,}02$		13,02		39,06	52,08
$AaBb \times BB$	$\frac{79}{100} \times \frac{7}{100} = 5{,}53$			11,06	11,06	22,12
$AaBb \times Bb$	$\frac{79}{100} \times \frac{93}{100} = 73{,}47$	36,735	36,735	110,205	110,205	293,880
zusammen	100	36,735	49,755	133,265	180,245	400
oder in Proz.		9,1	12,4	33,3	45,0	

Der Vergleich der errechneten Zahlen mit der Realität s. später.

Die Berechnung auf Grundlage von drei Allelomorphen nach Bernstein.

Die angeführten Berechnungen gehen von der Voraussetzung zweier unabhängiger, allelomorphen Paare aus, wie dies aus der Erbformel auf der S. 60 sichtbar ist. Nun hat der bekannte Mathematiker Bernstein in einer äußerst interessanten Arbeit die Hypothese der multiplen Allelomorphe herangezogen. Bei der Hypothese der multiplen Allelomorphe handelt es sich nicht, wie bei der Annahme unabhängig mendelnder Genpaare, um Erbfaktoren, die in verschiedenen Chromosomen oder an entfernt liegenden Stellen eines und desselben Chromosoms lokalisiert sind, sondern um Erbfaktoren, die an genau korrespondierenden Stellen eines Chromosoms bzw. seines Partners ihren Platz finden. Gehen wir von einem Individuum AA aus, dann ist der gewöhnliche Fall der Entstehung multipler Allelomorphe der, daß durch Mutationen neue Gene B, C usw. an derselben Stelle entstehen. Im vorliegenden Falle würden wir uns also vorstellen müssen, daß es 3 multiple Allelomorphe A, B und R gibt, von denen A und B über R dominieren. Wir erhalten dann nebenstehende Erbformel.

Tabelle 25. Erbformel der isoagglutinablen Eigenschaften nach Bernstein.

Gruppe	Phänotypus	Genotypus	
I	O	RR	—
II	A	AA	AR
III	B	BB	BR
IV	AB	AB	—

Bernstein hat seine Erbformel statistisch am anthropologischen Material geprüft, da, wie wir sehen werden, die Anzahl der AB- und O-Fälle, die man auf Grund der Wahrscheinlichkeitsrechnung erhält, bei den meisten Völkern eine andere ist als in der Realität. Die mathematischen Überlegungen des Verfassers sind schwer zu referieren, es sei mir daher erlaubt, das zweite Kapitel Bernsteins über „Die zu erwartenden Gruppenverhältniszahlen nach den beiden Genhypothesen" mit seinen eigenen Worten wiederzugeben.

„Die beiden Genhypothesen ergeben verschiedene Erwartungen hinsichtlich der Gruppenverhältniszahlen in Populationen, und die Differenzen sind schon bei nicht sehr großer Beobachtungszahl merklich. Nach der Hypothese der unabhängigen Genpaare, die auch schon den Berechnungen von Hirschfeld zugrunde liegt, besteht die Gleichung

$$(\overline{A}+\overline{AB})\cdot(\overline{B}+\overline{AB})=\overline{AB}, \tag{1}$$

welche folgendermaßen bewiesen wird:

Bezeichnen wir mit p die Häufigkeit des Gens A in einer abgeschlossenen Bevölkerung, also mit $(1-p)=\bar{p}$ die Häufigkeit von a, mit q die Häufigkeit von B, also mit $(1-q)=\bar{q}$ die Häufigkeit von b, und sind die Gene A und B voneinander unabhängig, so ergeben sich die Wahrscheinlichkeiten für die gesamten Gruppen dieser Hypothese nach folgendem Schema:

Klasse	Typ	Wahrscheinlichkeit	
O	aa bb	$(1-p)^2(1-q)^2=\bar{p}^2\cdot\bar{q}^2)$	
B	aa BB	$(1-p)^2 q^2$	$=p^2\cdot(1-\bar{q}^2)$
	aa Bb	$2(1-p)^2 q(1-q)$	
A	AA bb	$p^2(1-q)^2$	$=(1-\bar{p}^2)\bar{q}^2$
	Aa bb	$2p(1-p)(1-q)^2$	
AB	AA BB	$p^2\cdot q^2$	$=(1-\bar{p}^2)(1-\bar{q}^2)$
	Aa BB	$2\cdot p(1-p)q^2$	
	AA Bb	$2p^2 q(1-q)$	
	Aa Bb	$2p(1-p)\cdot 2q(1-q)$	

Hieraus ergeben sich folgende Relationen:

$$\overline{O} \cdot \overline{AB} = \overline{A} \cdot \overline{B}$$

und ferner infolge von

$$\overline{A} + \overline{AB} = 1 - \overline{p}^2$$

$$\overline{B} + \overline{AB} = 1 - \overline{q}^2.$$

Die Gleichung (1) oben

$$(\overline{A} + \overline{AB}) \cdot (\overline{B} + \overline{AB}) = \overline{AB}\,.$$

Nach den gesamten Beobachtungen wird jedoch durchweg $(\overline{A} + \overline{AB}) \cdot (\overline{B} + \overline{AB}) > \overline{AB}$ oder $\overline{O} \cdot \overline{AB} < \overline{A} \cdot \overline{B}$. Bei der großen Zahl der Beobachtungen ist ein zufälliges Eintreffen dieser Unstimmigkeiten ausgeschlossen. Eine Erklärung für diesen Umstand habe ich zunächst darin gesucht, daß die beobachteten Bevölkerungsmengen eine nicht homogene Mischung darstellen, und in der Tat ergibt sich, wenn wir annehmen, daß in der Bevölkerung eines Landes die Größen $\overline{p}$ und $\overline{q}$ nur Mittelwerte sind, eine Abweichung in dem gewünschten Sinne. Diese Erklärungsmöglichkeit wird jedoch durch die Untersuchungen von Fr. Verzàr und O. Weszeczky an den deutschen Kolonisten in Ungarn vollständig widerlegt. Diese Kolonisten, die in wenigen Dörfern eine zusammenhängende Bevölkerung bilden, zeigen dieselben Gruppenprozentsätze wie die Bevölkerung in ihrer deutschen Urheimat, aus der sie vor 200 Jahren ausgewandert sind. Eine Inhomogeneität der Verteilung, wie man sie bei der Bevölkerung eines ganzen ausgedehnten Landes voraussetzen kann, kann hier bei der Kleinheit und dem Zusammenhang der Bevölkerung nicht zur Erklärung herangezogen werden. In gleichem Sinne sprechen, wenn auch weniger scharf beweisend, die Resultate über die Zigeunerkolonien, welche nach derselben Untersuchung sich als völlig identisch mit dem von Hirschfeld bei den Indiern erhaltenen Ergebnissen erweisen.

Noch weniger befriedigend ist die Gleichung bei den ostasiatischen Bevölkerungen erfüllt, welche sorgfältig und in großen Zahlen untersucht sind. Z. B. ergibt sich nach Kirihara für Japaner in Korea (502 Personen):

$$\overline{A} + \overline{AB} = 50\% = 0{,}500,\ \overline{B} + \overline{AB} = 28{,}4\% = 0{,}284$$

$$(\overline{A} + \overline{AB}) \cdot (\overline{B} + \overline{AB}) = 0{,}142,\ \text{wogegen}\ \overline{AB} = 7{,}8\% = 0{,}078\ \text{ist.}$$

Sucht man hier die Population als eine Mischung aufzufassen, mit verschiedenen Werten von $\overline{p}$ und $\overline{q}$, so ergeben sich bei der Annahme zweier Komponenten extreme Unterschiede zwischen ihnen, die nach den geographischen Gesamtresultaten unmöglich sind. Die Erklärung der Abweichung der Beobachtungen von der geforderten Gleichung aus Gründen der Mischung von Populationen fällt also vollkommen hin.

Aus diesen Beobachtungen geht mit Sicherheit hervor, daß die Hypothese zweier unabhängiger Genpaare unhaltbar ist. Eine Annahme der Abhängigkeit beider Genpaare, d. h. der Koppelung miteinander, führt nicht zu einer Erklärung, da auf die Verteilung in Populationen die Koppelung einflußlos bleibt, falls es sich nicht um absolute Koppelung, d. h. Identität, handelt. Daß dem so ist, werden wir an anderer Stelle exakt zeigen und hier nur durch einen Vergleich plausibel machen[1]). Während also die Hypothese zweier an verschieden Stellen des Chromosoms sitzender Gene nicht zur Übereinstimmung mit der I obachtung führt, ergibt nun die speziellere Hypothese der Annahme von zwei mutierten Genen A und B und einem restlichen Gen R, die wir genau an der gleichen Stelle eines bestimmten Chromosomenpaares lokalisiert denken, eine Relation zwischen den Beobachtungsklassen, die mit der zu erwartenden Schärfe erfüllt ist. Bezeichnen wir wieder mit p die Wahrscheinlichkeit des Gens A, mit q die Wahrscheinlichkeit des Gens B und mit r die Wahrscheinlichkeit des Gens R in einem gleichmäßig durchgemischten Bevölkerungsteil, wobei

$$p + q + r = 1,$$

so ergeben sich für die sechs Mendelschen Typen:

	RR	BR	BB	AR	AA	AB
die Wahrscheinlichkeiten	r^2	$2qr$	q^2	$2pr$	p^2	$2pq$,

also für die vier Klassen:

	$\bar{O} = RR$	$\bar{B} = BR + BB$	$\bar{A} = AR + AA$	$\overline{AB} = AB$
die Wahrscheinlichkeiten	r^2	$2qr + q^2$	$2pr + p^2$	$2pq$

Hiernach ist:

$$\bar{O} + \bar{A} = (r + p)^2$$

$$\bar{O} + \bar{B} = (r + q)^2,$$

also

$$q = 1 - \sqrt{\bar{O} + \bar{A}}$$

$$p = 1 - \sqrt{\bar{O} + \bar{B}}$$

$$r = \sqrt{\bar{O}}$$

und damit die Relation:

$$1 = p + q + r = 1 - \sqrt{\bar{O} + \bar{B}} + 1 - \sqrt{\bar{O} + \bar{A}} + \sqrt{\bar{O}}$$

gegeben. Diese Relation ist die nicht triviale Beziehung zwischen den Beobachtungsklassen, welche stattfinden muß, da drei voneinander unabhängige Prozentzahlen durch nur zwei voneinander unabhängige Häufigkeitszahlen p und q ausgedrückt werden.

[1]) Man denke sich in einem Ballsaal eine Anzahl von Damen und Herren, die vollkommen gleiche Anziehungskraft aufeinander besitzen. Es sei nun die Besonderheit, die der Koppelungshypothese entspricht, die, daß ein Herr, solange er mit einer Dame tanzt, eine größere Neigung hat, mit ihr den nächsten Tanz zu tanzen, als mit einer anderen Dame. Andererseits ist die Eigenschaft der Damen, daß sie ihren jeweiligen Partner vollkommen vergessen machen, mit welchen er früher getanzt hat, so daß er zwar die augenblickliche bevorzugt, aber allen anderen stets in gleicher Weise gegenübersteht. In diesem Falle wird, wenn auch dieses Anziehungsphänomen noch so groß, aber nicht unendlich groß ist — vorausgesetzt, daß der Ball hinreichend lange dauert —, dennoch jeder Herr mit jeder Dame gleich oft zusammenkommen, wie es der Fall sein würde, wenn nicht jeweilig die augenblickliche Partnerin eine ausgezeichnete Anziehungskraft hätte. Der einzige Unterschied besteht in der erforderlichen Zeit. Da nun im vorliegenden Falle Jahrhunderte zur Verfügung stehen, so spielt die Zeit keine Rolle.

Die berechneten Zahlen p, q und r besitzen vom Mendelschen Standpunkt folgende tiefgehende Bedeutung. Denkt man sich die Bevölkerung an jeder Stelle entstanden als Mischung von reinen Rassen, so haben wir es hier von vornherein mit drei reinen Rassen zu tun, deren Mendelformeln

$$AA \qquad BB \qquad RR$$

sind. Diesen drei Rassen kommen die Häufigkeiten p, q und r zu. Es sind das also diejenigen Häufigkeiten, in denen man zur Zeit die reinen Rassen annehmen müßte, wenn man durch eine vollkommene Mischung derselben an irgendeiner Stelle die gegenwärtige Verteilung herstellen wollte. Wir wollen sie als die gegenwärtigen Mischungsverhältnisse der serologischen Rassen bezeichnen. Entwicklungsgeschichtlich sind im vorliegenden Falle die Rassen als Dauermutationen aufzufassen, die wegen der überwiegenden Größe von r vermutlich aus RR hervorgegangen sind. Während bei den Drosophila-Mutationen von Morgan die Dauerhaftigkeit noch fraglich erscheinen kann, ist hier mit Sicherheit festgestellt, daß Mutationen von Erbanlagen, die irgendeinmal entstanden sind, durch viele Jahrhunderte auch in Mischungen und Rückkreuzungen sich konstant erhalten.

Wir geben nun die Zahlen p, q und r für sämtliche bisher untersuchten Völkerschaften mit Angabe der Beobachter und Bestätigung der Relation: $p + q + r = 1$ in der Tabelle Seite 92.

Die Tabelle zeigt, daß die Restrasse überall etwa 60% beträgt mit Ausnahme der Ureinwohner des amerikanischen Erdteils und der Philippinen, bei denen sie bis zu etwa 80—90% ansteigt. Die B-Rasse kulminiert, wie schon Hirschfeld bemerkt hat, in Indien und nimmt von dort aus anscheinend nach allen Richtungen ab, und zwar etwa entsprechend der Entfernung, wenn auch nach Nordosten zu vielleicht etwas langsamer. Als sichergestellt hat schon Hirschfeld mit Recht den Zusammenhang der Indier mit den europäischen Völkern betrachtet. Nach unserer Feststellung handelt es sich sowohl um eine indogermanische, wie um eine germano-indische Wanderung, deren erste in der Verbreitung der A-Rasse, deren zweite in der Verbreitung der B-Rasse den sichtlichen Niederschlag gefunden hat.“

Während Bernstein vor allem auf Grund einer biostatischen Analyse feststellte, daß die Annahme zweier unabhängig-mendelnder Paare zahlenmäßig für die Gruppenverteilung unzureichende Resultate gibt, ist Furuhata[1]) ein Jahr später auf Grund mit Tchida und Kishi ausgeführten Untersuchungen zu der Überzeugung gekommen, daß die Blutgruppen sich wie drei Allelomorphe vererben. Die Erbformel von Bernstein und Furuhata kann daher gleichzeitig besprochen werden.

Furuhata zieht jetzt auch die Isoagglutinine zur Grundlage der Erbformel heran. Nun werden wir sehen, daß bei Tieren Isoagglutinine nicht immer vorhanden sind, selbst wo sie nach der Landsteinerschen Regel anwesend sein sollten, und es scheint, daß in solchen Fällen die Isoagglutinine sich als ein besonderes Merkmal vererben, wobei ihre Anwesenheit dominant ist. Es spielen hier also anscheinend nicht nur die Blutstrukturen eine Rolle, sondern auch eine spezifische Funktionstüchtigkeit derjenigen Zellen, die normale Anti-

[1]) Die vorläufige Mitteilung von Bernstein erschien im August 1924, Furuhata begann seine Studien im April 1925 (Jap. Med. World 1924, V. VII, Nr. 1). Ich werde daher diese Erbformel als die Bernsteinsche bezeichnen.

körper produzieren (wahrscheinlich das Retikuloendothel). Es handelt sich demnach um Eigenschaften verschiedener Organsysteme, deren Vererbung keiner einheitlichen Betrachtung unterzogen werden darf. Jedenfalls scheint es, daß die Anwesenheit der Isoagglutinine noch von anderen Faktoren abhängig ist als ihr Mangel und daher möchte ich nur denjenigen Teil der Anschauung von Furuhata besprechen, der sich auf die Vererbung der isoagglutinablen Eigenschaften selbst bezieht und zu der Bernsteinschen Auffassung in Analogie zu setzen ist.

Ich möchte in einer schematischen Zeichnung die Differenzen zwischen der Annahme von zwei allelomorphen Paaren und drei multiplen Allelomorphen erläutern.

In dieser Abbildung enthält die unreife Geschlechtszelle schematisch nur zwei Chromosomen, wobei *A* und *B* in einem Chromosom, aber an entfernt liegenden Stellen eingezeichnet wurden, so daß ihre Vererbung unabhängig ist. (Bei der Annahme einer absoluten Unabhängigkeit müßte man eher die beiden Gene *A* und *B* in verschiedenen Chromosomen lokalisieren.) Nun wissen wir, daß bei der Zellreifung die beiden Chromosome sich nähern und ihre Gene austauschen können. Zwei Gene, die an gegenüberliegenden Stellen der Chromosome liegen, können nach dem Austausch sich nicht in einem Chromosom vorfinden; dies sind eben die Allelomorphen und wenn die beiden Chromosome dann auseinandergehen, so enthält die eine Geschlechtszelle den einen Allelomorphen, die andere den anderen. Denkt man sich nach Bernstein die Gene für *A*, *B* und *R* an gleicher Stelle des Chromosoms, so sieht man deutlich, daß für *R* kein Platz in der Zelle *AB* mehr ist, was ich schematisch dadurch ausdrücke, daß das Chromosom mit *R* sich außerhalb der Zelle befindet. Nach der Synapse der Chromosome unter Voraussetzung zweier mendelnder Paare erhalten wir dagegen alle möglichen Kombinationen mit Ausnahme natürlich der Allelomorphen: also die Geschlechtszellen können sein *aa*, *aB*, *Ab*, *AB*. Wenn nun ein Elter *AB* enthält, so können wir nach der Annahme zweier Paare Geschlechtszellen aller vier Gruppen erwarten und dementsprechend können Kinder allen vier Gruppen angehören. Nach der Erbformel von Bernstein und Furuhata hat dagegen ein Elter *AB* nur die Geschlechtszellen *A* oder *B*. Kommen diese Geschlechtszellen mit recessiven Genen *R* zusammen, so können daraus Kinder der Gruppe *A* oder *B* von der Erbformel *AR* und *BR*, nicht aber *O* oder *AB* resultieren. In den Ehen $AB \times A$ und $AB \times B$ können wir aus demselben Grunde keine *O*-Kinder erwarten.

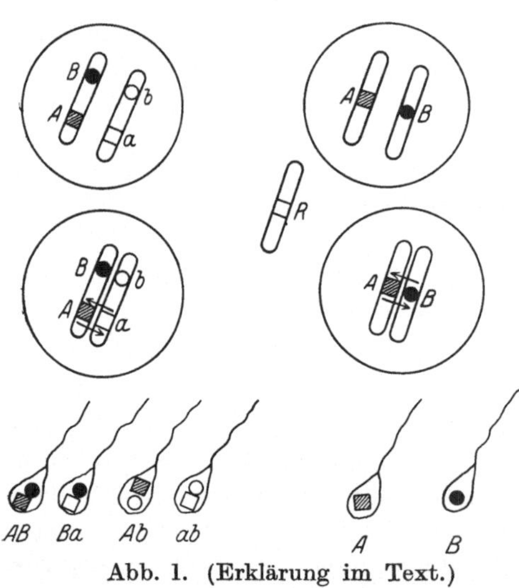

Abb. 1. (Erklärung im Text.)

Auch quantitativ erhalten wir zwischen den zu erwartenden Kinderhäufigkeiten Differenzen nach den beiden Erbformeln, wie folgende Ausrechnung zeigt.

Eltern Phänotypus	Phänotypus Genotypus	$\frac{AB}{AB}$		Eltern Phänotypus	Phänotypus Genotypus	$\frac{AB}{AB}$	
O	RR	A — 50 B — 50	Kinder	B	BB	B — 50 AB — 50	Kinder
A	AA	A — 50 AB — 50		B	BR	A — 25 B — 50 AB — 25	
A	AR	A — 50 B — 25 AB — 25		AB	AB	A — 25 B — 25 AB — 50	

Die Population der Tabelle 20, S. 52, ergibt: $O = 37{,}3$; $A = 38{,}7$; $B = 17{,}4$; $AB = 6{,}5$. Die Werte für p, q, r sind demnach (s. Abb. 2, S. 73): $p = 26$; $q = 13$; $r = 61$. Daraus können wir die Häufigkeiten von reinen und unreinen A und B nach Bernstein einfach berechnen:

$AA = p^2 = 676$	oder 17,6%,	abgerundet 18% aller A	wären rein,
$AR = 2pr = 3172$	82,4%	„ 82% „ A	„ unrein,
3848	100%		
$BB = q^2 = 169$	oder 9,6%,	abgerundet 10% aller B	wären rein,
$BR = 2qr = 1586$	90,4%	„ 90% „ B	„ unrein.
1755	100%		

Die Ehen $O \times A$, $O \times B$, $A \times A$ und $B \times B$ können auf dieselbe Weise berechnet werden, wie die Seite 62 ergibt. Die Wahrscheinlichkeit, daß A bzw. B rein sind, ist 18% bzw. 10%. In solchen Ehen werden alle Kinder A bzw. B haben; von den übrigen 82% bzw. 90%, falls sie mit O zusammenkommen, nur die Hälfte. In den Ehen $A \times O$ erhalten wir dann: $18 + \frac{82}{2} = 59\%$ A, in den Ehen $B \times O$ $10 + \frac{90}{2} = 55\%$ B. In den Ehen $A \times A$ erhalten wir 16,8 O-Kinder, in den Ehen $B \times B$ 20,2 O-Kinder (Wahrscheinlichkeit $\frac{82}{100} \times \frac{82}{100} \times \frac{1}{4}$ und $\frac{90}{100} \times \frac{90}{100} \times \frac{1}{4}$). Die Differenzen gegenüber der ersten Erbformel betragen somit höchstens 1,5% und fallen praktisch innerhalb der Fehlerquelle.

In den Ehen $O \times AB$ erwarten wir nach Bernstein 50% A und 50% B. Diese Zahlen brauchen nicht auf die Population der Tabelle 20 umgerechnet zu werden, da nach dieser Erbformel alle Eltern O und AB die Erbformel RR und AB haben. Bei den Ehen $A \times AB$ und $B \times AB$ werden wieder die Häufigkeiten davon abhängig sein, wie oft die Gruppen A und B unrein sind. Die obenstehende Tabelle muß demnach umgerechnet werden.

Eltern	Wahrscheinlichkeit	Kinder O	Kinder A	Kinder B	Kinder AB	Zusammen
$AB \times AA$	$\frac{100}{100} \times \frac{18}{100} = 18\%$		36		36	72
$AB \times AR$	$\frac{100}{100} \times \frac{82}{100} = 82\%$		164	82	82	328
zusammen	100%		200	82	118	400
oder in Proz.			50	20,5	29,5	100

Für Ehen $B \times AB$ erhalten wir:

Eltern	Wahrscheinlichkeit	Kinder O	Kinder A	Kinder B	Kinder AB	Zusammen
$AB \times BB$	$\frac{100}{100} \times \frac{10}{100} = 10\%$			20	20	40
$AB \times BR$	$\frac{100}{100} \times \frac{90}{100} = 90\%$		90	180	90	360
zusammen	100%		90	200	110	400
oder in Proz.			22,5	50	27,5	100

Auf die quantitativen Differenzen haben bereits Bernstein und Furuhata aufmerksam gemacht, dann Snyder, Schiff, Thomsen usw. Eine Berechnung unter Berücksichtigung der wahrscheinlichen Homozygotien unternahmen auf etwas andere Weise Streng und Ryti, ihre Zahlen stimmen mit den meinigen weitgehend überein. Vergleich mit der Realität siehe später.

Die Erbformel von Kolzow.

Kolzow hat in einer 1921 publizierten Arbeit ebenfalls darauf aufmerksam gemacht, daß die Gruppenverteilung und namentlich das häufigere Vorkommen der recessiven *O*-Gruppe eine Korrektur in der angenommenen Erbformel verlangt. Kolzow hat daher eine andere Erbformel vorgeschlagen, in der er 3 allelomorphe Paare *A* — *a*, *B* — *b* und *C* — *c* annimmt. Es gelang mir nicht, die Arbeit von Kolzow im Original nachzulesen und ich entnehme die Darstellung der Theorie einem Referat von Popow. Das Gen *A* soll das gleichzeitige Auftreten beider Isoagglutinine hemmen; das Gen *B* ruft die Sekretion des Anti-*B*-Agglutinins hervor, das Gen *C* in Anwesenheit der Gene *A* und *B* bestimmt die Anwesenheit der Anti-*A*-Agglutinine, die Kombinationen mit den Genen *A* und *C*, aber ohne das Gen *B* sind nicht lebensfähig. Auf diese Weise erhalten wir 64 Kombinationen, die in 5 Gruppen eingeteilt werden können, von denen eine nicht lebensfähig ist. Wir erhalten dann folgende Erbformel:

Tabelle 26. Erbformel nach Kolzow, zitiert nach Popow.

Gruppe	Erbformel	Resultierender Prozentsatz
I	*aBC, abC, aBc, abc,*	29,1
II	*ABC*	49,1
III	*ABc*	16,4
IV	*Abc*	5,4
—	*AbC* (letal)	—

Die Differenzen in der Verteilung der Blutgruppen erklärt Kolzow durch die Labilität des Gens *C* bei den Ostvölkern.

Nach dieser Theorie ist demnach die Gruppe *AB* eigentlich recessiv, so daß die Kinder in den Ehen *AB* × *AB* nur der IV. Gruppe angehören dürfen. Die Tabelle 20 zeigt, daß dies nicht der Fall ist und daß daher in dieser Form die Erbformel der Realität nicht entspricht. So interessant an sich der Versuch ist, die zahlenmäßigen Differenzen in der Blutgruppenverteilung durch eine verschiedene Erbformel zu erklären, widerspricht sie der Erfahrung und hat auch nicht die Vorzüge der großen Übersichtlichkeit und Verständlichkeit wie die beiden anderen Erbformeln [1]).

Bemerkungen zu den vorgeschlagenen Erbformeln.

Die statistische Analyse ergibt demnach, daß die isoagglutinablen Substanzen sich nach dem Mendelschen Gesetz vererben, wobei ihr Mangel recessiv ist. Die Diskussionen bewegen sich auf einer Höhe, auf welcher man die tiefsten Fragen der Konstitutionslehre, und zwar eine bestimmte Genverteilung, ins Auge faßt. Die Beweisführung kann auf doppelte Weise geschehen: entweder durch die biostatische Methode nach Bernstein, oder durch die Betrachtungen einzelner Familien, wie dies auch Bernstein diskutierte und dann vor allem Furuhata, dann Snyder, Thomsen u. a. mit größerem Material belegten. Man muß von vornherein zugeben, daß die Ergebnisse der biostatischen Analyse, in so glänzender Weise von Bernstein inauguriert, allgemein bestätigt worden sind. Um daher weitere Arbeit auf diesem Gebiete unter Zugrundelegung der Bernsteinschen

[1]) Anmerkung bei der Korrektur. In einer unlängst erschienenen interessanten Arbeit stellt sich Wellisch auf den Boden von zwei allelomorphen Paaren, zeigt aber die Geltung einer Bedingungsgleichung I + IV = II + III, die bei manchen Gruppenaufnahmen realisiert wird, bei anderen muß sie vorerst durch proportionale Aufteilung ausgeglichen werden. Bei dieser Umrechnung wird selbst „bei dem augenscheinlichen Widerstreit der Häufigkeitszahlen der vier Blutgruppen mit dem Schema der dihybriden Spaltung ... den Gleichungen stets Genüge geleistet und kein Grund vorliegen, die Annahme des Spieles zweifacher Heterozygotie zu bestreiten, wozu sich Kolzow und Bernstein veranlaßt gesehen haben“.

Erbformel zu erleichtern, gebe ich eine nomographische Darstellung der Beziehungen zwischen p, q, r, die Herr Ingenieur Konorski, Verfasser eines bekannten Buches über Nomographie (Verlag Julius Springer), entworfen hat (Abb. 2). Vereinigt man mit einem durchsichtigen Lineal oder einem Bindfaden die entsprechenden Werte der Linien A oder B (linke Linie) mit O (rechte

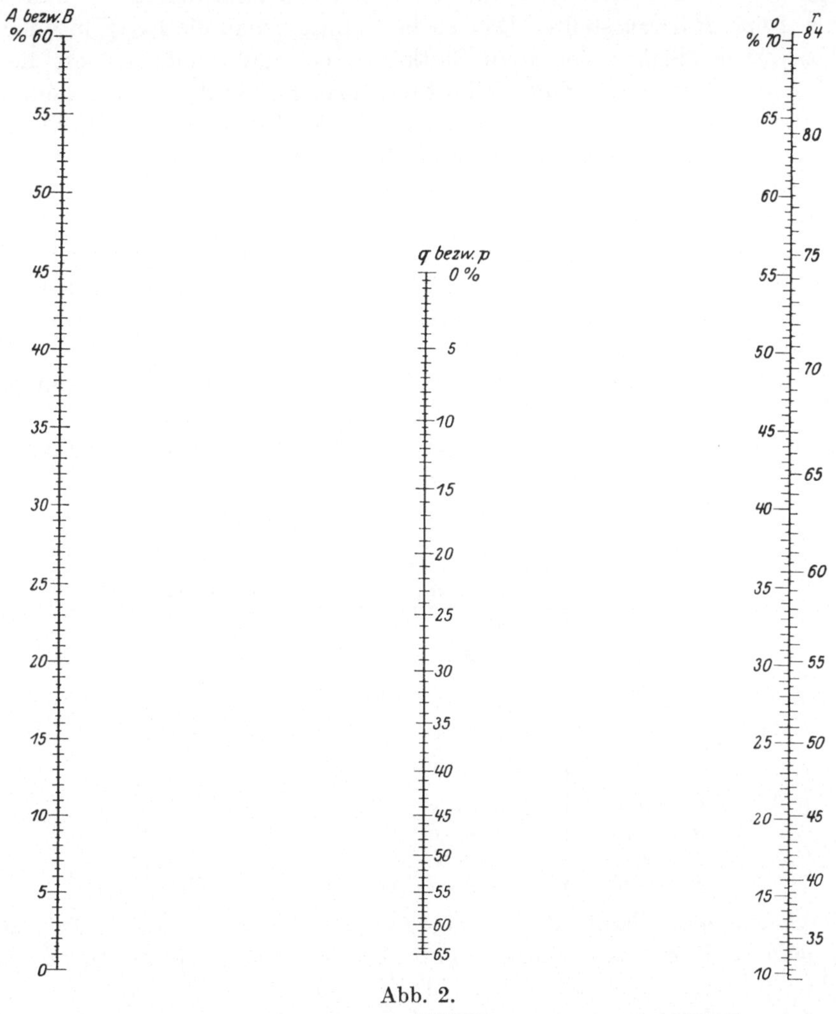

Abb. 2.

Darstellung der Beziehungen $p = 100 - 10\sqrt{O + B}$, $q = 100 - 10\sqrt{O + A}$, $r = 10\sqrt{O}$.

Bemerkung. Die Genauigkeit nimmt mit der Vergrößerung zu. Will man Dezimalbrüche berücksichtigen, so würde sich eine etwa 2—4fache Vergrößerung empfehlen.

Linie), so kreuzt das Lineal die mittlere Linie in einem Punkt, welcher die Werte für p und q unmittelbar anzeigt (für p vereinigt man Werte O und B, für q O und A). Der Wert von r kann an den Zahlen rechts von der O-Linie abgelesen werden. Die Summe der Werte q, p und r ergibt entsprechend der Feststellung von Bernstein meistens die Summe 100. Es kommen zwar manchmal Abweichungen vor, die vielleicht auf technischen Ungenauigkeiten beruhen, da, wie es scheint, namentlich bei der Bestimmung der AB-Gruppe häufig

Fehlerquellen vorkommen können. So bestimmte Rubaschkin und Dörman die Anzahl der Individuen mittels der Agglutination auf dem Objektträger bei kurzer Betrachtung, wie man sie leider oft übt, und in feuchter Kammer bei längerer Beobachtung und fand namentlich bei der *AB*-Gruppe Differenzen bis zu 100%, während für die Gruppen *A* und *B* die Unterschiede dadurch ausgeglichen wurden, daß eine Anzahl fälschlich diagnostizierter *O*-Individuen sich als *A* und *B* herausstellte. Dycke bestimmte genau die Isoagglutinine und die Absorptionsfähigkeit der roten Blutkörperchen und fand, daß oft die *AB*-Fälle infolge schwacher Agglutinabilität des einen Bestandteiles entgehen. Auch die merkwürdige übertragbare Agglutinabilität der Erythrocyten, die Thomsen beschrieben hat und die auch ich einmal beobachtet habe (worüber ich in dem Kapitel über die Pathologie Genaueres berichten werde), kann die Zahlenverhältnisse bis zu einem gewissen Grad ändern. Es ist auch die Möglichkeit zu erwägen, daß Unterschiede im Selektionswert der Gruppen vorhanden sind, die bestimmte Abweichungen von theoretisch erwarteten Zahlen bedingen könnten. Daher ist es notwendig, wie dies auch Bernstein getan hat, außer der biostatischen Analyse auch das genetische Material einer eingehenden Betrachtung zu unterziehen, zwecks Prüfung, welche Erbformel eher der Realität entspricht.

Auf S. 70 wurde auseinandergesetzt, worauf die Differenzen beruhen, und ich gebe hiermit eine Tabelle, die die qualitativen Verhältnisse illustriert.

Tabelle 27.

Ehen	Zu erwartende Nachkommenschaft	
	nach v. Dungern u. Hirszfeld 2 allelomorphe Paare	nach Bernstein 3 multiple Allelomorphe
$O \times O$	O	O
$O \times A$	O, A	O, A
$O \times B$	O, B	O, B
$A \times A$	O, A	O, A
$B \times B$	O, B	O, B
$A \times B$	O, A, B, AB	O, A, B, AB
$O \times AB$	O, A, B, AB	A, B
$A \times AB$	O, A, B, AB	A, B, AB
$B \times AB$	O, A, B, AB	A, B, AB
$AB \times AB$	O, A, B, AB	A, B, AB

Vergleicht man damit die qualitativen Befunde aus der Tab. 20, so sieht man, daß sie zunächst gegen die Annahme der multiplen Allelomorphe sprechen. Wir sehen bei 111 Familien $O \times AB$, mit 388 Kindern, 6,9% Kinder der Gruppe *O* und 8,1% Kinder *AB*. In diesen Zahlen sind zwar Neugeborene *O* berücksichtigt, die vielleicht weniger beweisend sind und 12 Kinder von Learmonth, der bei 3 untersuchten Familien nur *AB*-Kinder fand, was sehr unwahrscheinlich ist und durch besondere Hilfshypothesen (s. später) erklärt werden müßte. Andererseits ist das geburtshilfliche Material nicht inbegriffen, aus welchem hervorgeht, daß, wenn auch selten, *O*-Mütter *AB*-Kinder, und *AB*-Mütter *O*-Kinder zeugen können[1]). Der Prozentsatz nicht-

[1]) Anmerkung bei der Korrektur. In einer unlängst unter Leitung von Schiff erschienenen Abhandlung nimmt Preger dagegen Stellung, da in seinem Material solche Fälle nicht vorgekommen sind.

stimmender Fälle beträgt demnach ca. 15%. Nun muß ich allerdings betonen, daß gerade das zuletzt untersuchte Material, welches bewußt auf die Fragestellung hin bearbeitet wurde, nur wenige nach Bernstein abweichende Fälle zeigt. Snyder und Thomsen fanden keine Ausnahme, Furuhata nur ein *O*-Kind. Bei Klaften finden wir allerdings eine solche Familie beschrieben, und auch ich fand bei einer Arbeiterfamilie Vater *O*, Mutter *AB* — 2 Kinder *AB*, 1 Kind *O*[1]).

Ich habe die Familie genauer untersucht, als man sonst dies zu tun pflegt: Das Blut wurde zweimal untersucht, und zwar mit 14 verschiedenen Seren, davon 3 *AB*, um die unspezifische Agglutinabilität auszuschließen. Der Bestandteil *A* war bei den Kindern typisch, *B* schwach, so daß er mit guten Anti-*B*-Seren makroskopisch, bei schwachen mikroskopisch festgestellt werden konnte. Eine Prüfung auf Absorptionsfähigkeit und Isoagglutinine konnte ich leider nicht vornehmen.

Betrachtet man daher das Material ganz objektiv und vorsichtig und ohne daß man bestimmte Feststellungen a priori disqualifiziert, so kommt man zu der Überzeugung, daß es qualitativ eher der ersten Erbformel entspricht. Zu anderen Schlüssen kommen wir aber, wenn wir das Material quantitativ betrachten. Ich habe auf S. 64 und 71 die Wahrscheinlichkeiten berechnet, wie viele Kinder nach den beiden Erbformeln erwartet werden dürfen. Folgende Tabelle ergibt die Zusammenstellung der beiden Berechnungen im Vergleich mit der Realität:

Tabelle 28.

	Ehen	Gruppen der Kinder in Proz.				Kinderzahl
		O	*A*	*B*	*AB*	
v. Dungern-Hirszfeld	*O* × *AB*	19,7	26,7	22,7	30,7	
Bernstein		—	50	50	—	
Gefunden		6,9	42,4	42,4	8,1	318
v. Dungern-Hirszfeld	*A* × *AB*	8,4	38,1	9,6	43,8	
Bernstein		—	50	20,5	29,5	
Gefunden		1,7	41,9	24,9	31,5	289
v. Dungern-Hirszfeld	*B* × *AB*	9,1	12,4	33,3	45,0	
Bernstein		—	22,5	50	27,5	
Gefunden		3,5	17,6	47,2	31,6	142

Die Tab. 28 ergibt, daß Differenzen zwischen den nach beiden Erbformeln berechneten und gefundenen Zahlen vorhanden sind, daß aber quantitativ die neue Erbformel mehr der Realität entspricht. Die Differenzen gegenüber der ersten Erbformel sind zwar nicht so groß, wie frühere Verfasser teilweise angenommen haben, die auf die verschiedene Homozygotie keine Rücksicht nahmen, ja manchmal sind die Unterschiede gegenüber der Bernsteinschen Erbformel eben so groß, oder sogar größer, als gegenüber der unsrigen (Kinder *A* in den Ehen *A* × *AB* oder *B* × *AB*). Trotzdem sieht man, daß die Differenzen meistens größer sind unter der Annahme einer unabhängigen Kreuzung zweier mendelnden Paare, als bei der Hypothese von 3 multiplen Allelomorphen.

In Anbetracht solcher zahlenmäßigen Abweichungen müssen wir analysieren, ob nicht neben der freien ungestörten Kreuzung auch andere Vorgänge eine Rolle

[1]) Anmerkung bei der Korrektur. In dem riesigen Material von Furuhata sowie bei Csörsz finden wir keine Ausnahme (bis auf einen *O*-Fall); dagegen enthält das kleine Material von Klieve und Nagel 5 Ausnahmen in 2 Familien (4 *O*-Kinder und 1 *AB*-Kind), Kolb ein *O*-Kind bei einem *AB*-Vater und *O*-Mutter, Koller 2 mal *AB*-Kinder bei *O*-Müttern.

spielen, die bei quantitativen Betrachtungen zu berücksichtigen sind. Ich habe in meinen früheren Arbeiten auf die Notwendigkeit der Berücksichtigung solcher biologischen Faktoren aufmerksam gemacht und aus diesem Grunde vorgezogen, von einer quantitativen Analyse zunächst Abstand zu nehmen, bis wenigstens die nächstliegenden Momente analysiert worden sind. Auch jetzt sind wir weit entfernt von einer genügenden Kenntnis dieser Faktoren und daher bedeuten die Gesichtspunkte und Einschränkungen, die ich machen werde, immer noch mehr Fragestellungen und Denkmöglichkeiten, die weit mehr vertieft werden müssen, bis sie zu Tatsachen heranreifen.

Zunächst müssen wir analysieren, inwieweit bei der Befruchtung oder bei der Entwicklung der Früchte ein Einfluß der Gruppenfremdheit angenommen werden kann. Was nun zunächst die Befruchtung selbst anbelangt, so wissen wir, daß das Sperma gruppenspezifisch differenziert ist. Dies läßt sich, wie zuerst Jamakami, und unabhängig von ihm Landsteiner und Levine fanden, dadurch feststellen, daß das Sperma die Isoagglutination der Erythrocyten gruppenspezifisch hemmt. Es liegt eine Reihe von Arbeiten vor, daß eine Transplantation nur innerhalb der gleichen Gruppen gelingt, was auch verständlich ist, da nach neuen Angaben von Witebski und Kritschewski und Schwarzman die Organe ähnlich wie die Blutkörperchen gruppenspezifische Eigenschaften zu enthalten scheinen. Nun ist die Befruchtung mit einer Transplantation zu vergleichen und es wäre daher denkbar, daß die Beweglichkeit oder das Haftenbleiben der Spermatozoen durch die Gruppenverschiedenheit des Mannes und der Frau beeinflußt werden kann. Für mich ist jedenfalls die gruppenfremde Befruchtung ein Problem, für welches eine Erklärung gesucht werden muß. Es ist von Interesse, daß nicht nur die Spermatozoen, sondern auch die Spermaflüssigkeit dieselbe gruppenspezifische Hemmung zeigt. Man könnte nun vermuten, daß diese letzte Eigenschaft vielleicht für eine gruppenfremde Befruchtung von Bedeutung ist, indem die Spermatozoen, gleichsam mit einer hemmenden Substanz umhüllt, gegen die Isoagglutinine der Frau geschützt sind. Man könnte daran denken, daß Schwierigkeiten bei gruppenfremder Befruchtung vorhanden sind, die durch solche Schutzmechanismen meist, aber nicht immer, überwunden werden.

Die Entwicklung der Frucht muß oft in einem gruppenfremden Milieu verlaufen. Wir wissen, daß die Bluttransfusion nur innerhalb der gleichen Gruppe ganz ungefährlich ist. Hier müssen wir mit der Möglichkeit rechnen, daß das mütterliche Serum, einmal eingedrungen in die gruppenfremde Frucht, sie töten oder wenigstens schädigen kann, und umgekehrt müßten die gruppenfremden Substanzen der Frucht im Organismus der Mutter pathologische Erscheinungen bewirken. Ich ging diesem Problem mit Zborowski nach und wir stellten einige Tatsachen fest, die für den Ablauf der gruppenfremden Schwangerschaft von Bedeutung sein könnten. So fanden wir, daß die Placenta die Isoantikörper meistens nicht durchläßt, wobei in bezug auf die Durchlässigkeit zwischen Individuen verschiedener Gruppen bemerkenswerte Unterschiede vorhanden waren. Auffallend war, daß diejenigen Isoantikörper, die gegen das Blut der gruppenfremden Frucht gerichtet waren, im retroplacentaren Blut häufig fehlten oder vermindert waren. Der Mechanismus dieser letzten Erscheinung ist unbekannt, vielleicht haben wir mit einer gruppenspezifischen Hemmung durch irgendwelche gruppenspezifische gelöste Substanzen zu tun, die von der Frucht ausgehen. Man könnte sich vorstellen, daß die Entwicklung einer gruppenfremden Frucht durch solche Mechanismen meistens, wenn auch nicht immer, ermöglicht ist. Die ungünstigen Momente bei einer gruppenfremden Schwangerschaft brauchen auch schließlich nicht nur auf Isoantikörpern zu beruhen, es ist doch möglich, daß eine bestimmte serologische Harmonie im Organismus auch unabhängig von den Isoantikörpern für das Wohlbefinden oder die Lebensfähigkeit des Individuums notwendig ist. Falls die Vermutung richtig ist, daß die Gruppenfremdheit für die Befruchtung oder Entwicklung einen ungünstigen Faktor darstellt, müssen wir erwarten, daß die Gruppe der Mutter einen größeren Einfluß auf die Blutgruppe des Kindes hat, als die Gruppe des Vaters, da ein Teil gruppenfremder Kinder evtl. nicht zur Entwicklung kommen kann.

Ich habe mir daher Mühe gegeben, das Familienmaterial unter Berücksichtigung der väterlichen und mütterlichen Gruppe zusammenzustellen, was mir durch die Liebenswürdigkeit der meisten Autoren möglich geworden ist. Die Tab. 18 und 19 ergibt den Tatbestand. Die Zurückführung etwaiger Differenzen auf einen evtl. Einfluß der Gruppenfremdheit auf die Befruchtung oder intrauterine Entwicklung der Frucht hat zur Voraussetzung, daß sich die Gruppen nicht geschlechtsgebunden vererben, daß also nicht einmal eine teilweise Koppelung zwischen den Geschlechtschromosomen und den Genen für A und B besteht. Ich habe daher das Material so zusammengestellt, wie dies Tab. 18 und 19 zeigt, wo also die Gruppe des Vaters und der Mutter, sowie das Geschlecht und die Gruppe der Kinder angegeben sind. Diese Tabelle bezieht sich auf über 3000 Kinder. Ich hoffe, daß in wenigen Jahren das Material umfassender sein wird; die Schlüsse, die ich ziehen werde, gebe ich daher unter dem Vorbehalt an, daß sie am weiteren Material Bestätigung finden werden.

Die Tab. 18 zeigt, daß bei den Ehen $O \times A$ die Mütter A etwas mehr Töchter, namentlich der Gruppe A, haben. Dossena fiel diese Tatsache teilweise bereits auf, nur daß er sein Material nicht genau nach den Gruppen geordnet hat und lediglich die Gruppenfremdheit zwischen Mutter und Frucht notierte.

Tabelle 29. Gruppenfremdheit zwischen Mutter und Frucht und Geschlecht des Kindes nach Dossena.

46	Söhne	hatten die Gruppe des Vaters,
38	„	„ „ „ der Mutter,
41	„	„ „ „ des Vaters und der Mutter,
6	„	„ von den Eltern verschiedene Gruppen.
131	Söhne.	
26	Töchter	hatten die Gruppe des Vaters,
49	„	„ „ „ der Mutter,
35	„	„ „ „ des Vaters und der Mutter,
9	„	„ von den Eltern verschiedene Gruppen.
119	Töchter.	

Das von mir gesammelte genetische Material ergibt bei den Ehen Vater O, Mutter A 195 Töchter A und 150 Söhne A. Bei Vater A, Mutter O 162 Söhne A und 158 Töchter A. Eine einfache Geschlechtsgebundenheit isoagglutinabler Eigenschaften, d. h. die Anwesenheit der Gene für A in dem Geschlechtschromosom ist unwahrscheinlich, da bei den Ehen Vater A bzw. B, Mutter O die Söhne auch die Blutgruppe des Vaters erben können, was bei einer Geschlechtsgebundenheit der Gruppenanlage unmöglich wäre, da die Söhne nur das eine

Geschlechtschromosom der Mutter erben. Dieser Befund, falls er sich weiter bestätigt, würde eine andere Erklärung benötigen. Weitere Beobachtungen auf diesem Gebiet wären dringend erwünscht. Es scheint, daß zwischen den Geschlechtern keine Differenzen in der Gruppenverteilung bestehen (v. Dungern und Hirszfeld, Schiff und Ziegler, Schütz, Wagner usw.). Die geringen Unterschiede mancher Autoren liegen nach Schiff innerhalb der Fehlergrenzen. Es ist immerhin auffallend, daß nach Oppenheim und Voigt ein Prävalieren der *AB*-Gruppe beim weiblichen Geschlecht besteht. (14 weibliche *AB*, 4 männliche auf 500 Untersuchte.)[1])

Die gesamten Untersuchungen, die die Gruppe des Vaters und der Mutter berücksichtigen, gibt die Tab. 19 auf S. 51 wieder. Hier möchte ich für einige Zahlen den wahrscheinlichen Fehler angeben (s. nicht veröffentlichte Arbeit von Mydlarski).

Tabelle 30.

Vater	Mutter	Gruppen der Kinder			
		O	*A*	*B*	*AB*
O	*A*	35,44 ± 1,35	63,86 ± 1,36		
A	*O*	42,41 ± 1,35	56,60 ± 1,36		
	Differenz	6,97 ± 1,91	7,26 ± 1,92		
A	*B*		33,33 ± 2,26		23,74 ± 2,04
B	*A*		24,14 ± 2,03		30,54 ± 2,18
	Differenz		9,19 ± 3,04		6,80 ± 2,99
O	*AB*	9,09 ± 1,56		31,37 ± 2,52	13,72 ± 1,92
AB	*O*	3,41 ± 1,31		55,68 ± 3,57	
	Differenz	5,68 ± 2,04		24,31 ± 4,37	13,72 ± 1,92

Wir sehen in der Tat, daß bei manchen Gruppenkombinationen Differenzen vorhanden sind, die den dreifachen wahrscheinlichen Fehler übersteigen. So finden wir z. B. in den Ehen Vater *O*, Mutter *A* 63,8 *A*-Kinder, dagegen Vater *A*, Mutter *O* 56,6 *A*-Kinder. Die Differenz beträgt somit 7%. Berechnet man dies auf die absolute Häufigkeit der Übertragung, so würden diese Zahlen beweisen, daß die Mutter *A* um ca. $^1/_8$ größere Wahrscheinlichkeit hat, dem Kinde ihre Gruppe zu übertragen, als der Vater *A*. Die Differenzen in der Anzahl der *A*-Kinder in solchen Fällen sind manchmal so groß, daß sie bereits den einzelnen Forschern bei der Betrachtung ihres eigenen — also relativ beschränkten Materials aufgefallen sind. (Staquet[2]), teilweise auch Dossena.) Ich übergehe die anderen Zahlen

[1]) Anmerkung bei der Korrektur. In Fortsetzung der Arbeit von Staquet gibt Collon folgende Werte an:

V. M.	*A*-Kinder S.	T.
O × *A*	31	40
A × *O*	21	13

also ähnlich, wie dies aus den großen Tabellen hervorgeht.

[2]) Anmerkung bei der Korrektur. In Fortsetzung der Untersuchungen von Staquet gibt Collon an:

V. M.	*A*-Kinder abs.	%
O × *A*	105	67,6
A × *O*	73	46,6

Dasselbe ergibt das große Material von Furuhata sowie Csörsz (s. 53 und 57). Bei Furuhata beträgt die Differenz in der Häufigkeit der *A*-Kinder, je nachdem ob der Vater oder die Mutter *A* hat, 8%!

Um Mißverständnissen vorzubeugen, sei bemerkt: der größere Einfluß der mütterlichen Gruppe bei diesen Kombinationen ist eine Tatsache, die mir ziemlich sicher erscheint. Ihre Zurückführung auf Befruchtungs- oder Entwicklungsstörungen ist eine Erklärung, die ich zur Diskussion stelle.

der Tab. 19, bei denen ich das weitere Material abwarten möchte. Es fällt auf, daß **die meisten Ausnahmen gegen die Bernsteinsche Regel bei Müttern *AB* auftreten.** Im ganzen von uns zusammengestellten Material sind nur 4 Fälle bekannt, wo die Mutter *O AB*-Kinder hatte. 3 Fälle stammen von Mino, 1 Fall von H. und L. Hirszfeld und H. Brokman, und in all diesen 4 Fällen trat eine Bluteigenschaft bei den Kindern auf, die bei den Eltern fehlte, so daß man mit der Möglichkeit einer falschen Gruppenbestimmung bei der Mutter rechnen muß. Von geburtshilflichem Material haben wir an über 700 Kindern einmal 1 Kind *AB* bei der Mutter *O* beobachtet, es handelte sich um eine Frühgeburt. Schneider gibt 7 Fälle an, bei welchen er Eklampsie feststellte, davon waren 4mal Mutter *O*, Kinder *AB*. Ohnesorge gibt auf 250 Fälle einen Fall, Rech und Wöhlisch 2 Fälle ohne nähere klinische Angaben, zuletzt finden wir noch 2 Fälle bei Klaften[1]).

Ich bringe objektiv die Zahlen, die auf der Zusammenstellung der Befunde anderer Autoren basieren. Solche Beobachtungen verdienen tiefer analysiert zu werden. So z. B. bringe ich in einer Tabelle die Differenzen zwischen den errechneten Werten nach den beiden Erbformeln in Vergleich zur Realität, je nachdem, ob der Vater oder die Mutter im Besitze der *AB*-Gruppe sind.

Tabelle 31.

	Vater	Mutter	*O*	*A*	*B*	*AB*	Kinder
Diff. v. Dungern-Hirszfeld.	*O*	*AB*	+ 10,7	— 18,7	— 8,4	+ 15,4	154
„ Bernstein			— 9	+ 4,6	+ 18,9	— 14,3	154
Diff. v. Dungern-Hirszfeld.	*AB*	*O*	+ 16,3	— 14,2	— 22,2	+ 30,7	88
„ Bernstein.			— 3,4	+ 9,1	— 5,6		88
Diff. v. Dungern-Hirszfeld.	*A*	*AB*	+ 6,8	— 2,3	— 10,2	+ 5	121
„ Bernstein.			— 1,6	+ 9,6	+ 0,7	— 9,3	121
Diff. v. Dungern-Hirszfeld.	*AB*	*A*	+ 5,5	— 15,3	— 10,7	+ 20,5	103
„ Bernstein.			— 2,9	— 3,4	+ 0,2	+ 6,2	103
Diff. v. Dungern-Hirszfeld.	*B*	*AB*	+ 9,1	+ 3,6	— 22,2	+ 9,5	45
„ Bernstein.			—	+ 13,7	— 5,5	— 8,0	45
Diff. v. Dungern-Hirszfeld.	*AB*	*B*	+ 7,0	— 7,1	— 10,1	+ 10,2	46
„ Bernstein.			— 2,1	+ 3,0	+ 6,6	— 7,3	46

Die Tab. 31 zeigt das überraschende Ergebnis, daß für die Mutter *AB* keine der angegebenen Erbformeln quantitativ zutrifft, ja die Differenzen zwischen den Berechnungen und der Realität sind bei den beiden Erbformeln quantitativ nicht wesentlich verschieden. Die Differenzen zwischen den beobachteten und den berechneten Werten, je nachdem, ob der Vater oder die Mutter im Besitze der Gruppe sind, haben oft dieselbe Größenordnung, wie die Differenz zwischen der Realität und der Berechnung nach der Erbformel von v. Dungern und mir. Solche Differenzen waren für manche Forscher genügend, um diese Erbformel abzulehnen! Wir sehen dagegen, daß in den Ehen mit den Vätern *AB* die Annahme multipler Allelomorphie eher der Realität entspricht. Eine Zurückführung der Unterschiede auf fehlerhafte Bestimmung ist zwar bei der Kleinheit des Materials möglich: es wäre allerdings auffallend, daß sich dies bei der Gruppenbestimmung der Väter nicht geäußert hätte. Dieses Protokoll zeigt, daß wir

[1]) Anmerkung bei der Korrektur. Inzwischen kam noch 1 Fall von Klieve und Nagel und 2 Fälle von Koller.

wahrscheinlich mit sehr subtilen und noch unbekannten Momenten bei der Vererbung der Blutstrukturen zu tun haben. Ob dies auf irgendwelchen Letalfaktoren oder auf gewissen, durch die Gruppenfremdheit bewirkten Störungen bei der Befruchtung oder Entwicklung, oder auf unbekannten Geschlechtskoppelungen beruht u. dgl., läßt sich nicht sagen. Dieses Protokoll zeigt jedenfalls, daß man sich nicht mehr mit der Feststellung der Dominanz isoagglutinabler Substanzen begnügen darf — diese Entdeckung darf als gesichert betrachtet werden —, sondern man muß durch Sammlung genauer Stammbäume und eine exakte statistische Analyse die Probleme weiter zu vertiefen suchen.

Wollen wir nun weitere Momente besprechen, die auf einen differenten Selektionswert der einzelnen Gruppen hinweisen könnten. Ich bespreche diese Möglichkeiten, ohne zu behaupten, daß sie auf die Häufigkeit verschiedener Gruppen einen Einfluß haben. So fanden z. B. Oppenheim und Voigt, daß von 18 gestorbenen Säuglingen der Gruppe AB 14 weiblichen Geschlechtes waren, von den 4 männlichen starben 2 drei Monate nach der Geburt. Man könnte hier an geschlechtsgebundene Letalfaktoren denken. Streng und Ryti zeigten, daß der Prozentsatz kranker AB-Individuen in bezug auf die Gesamtzahl der Untersuchten größer ist, als der Individuen anderer Gruppen. Man könnte entweder an eine größere Empfänglichkeit der Individuen dieser Gruppe oder an eine durch Erkrankung bewirkte erhöhte Agglutinabilität der Erythrocyten denken. In meinem Institut haben Frl. Amsel und Frl. Halber sowie Straszyński gezeigt, daß die Wassermannsche Reaktion bei Individuen der Gruppe O am leichtesten, bei Individuen der Gruppe AB am schwersten verschwindet, was von mehreren Autoren bereits bestätigt wurde. Es wäre nicht ausgeschlossen, daß auch die Heilbarkeit der Lues dadurch in Zusammenhang mit der Gruppenzugehörigkeit steht. Gundel machte auf die Labilität des Nervensystems bei der Gruppe B und AB aufmerksam. Vielleicht bestehen auch im Zusammenhange mit der Blutgruppe Differenzen im Krankheitsverlauf der Tuberkulose (Kolzoff, Alperin, Swider und Kon). Da die passive Immunität, die durch ein artgleiches Serum bewirkt wird, länger anhält, so wäre es denkbar, daß ähnliche Beziehungen auch für die Gruppen Bedeutung haben und daß daher ein Kind, welches mit der Mutter gruppengleich ist oder von einer gruppengleichen Frau gestillt ist, länger die Antikörper behält, oder sie besser ausnützt als ein Kind, welches eine „gruppenfremde" Milch erhält usw.

Alle diese Überlegungen zeigen somit, daß gewisse quantitative Abweichungen von berechneten Werten möglich wären. Wir könnten somit die relativ gute, zahlenmäßige Übereinstimmung zwischen der Realität und der neuen Erbformel als für die absolute Gültigkeit beweisend ansehen und die Differenzen auf solche o. e. Momente zurückführen, dagegen die „Ausnahmen", d. h. das Auftreten von O und AB-Kindern in den Ehen $O \times AB$ u. dgl. auf fehlerhafte Bestimmung oder Illegitimität zurückzuführen suchen. In der Tat herrscht gegenwärtig eine solche Tendenz. Schiff und Lattes betonen, daß nur das neue Material Berücksichtigung verdient, welches gesammelt wurde, nachdem man sich des Problems bereits bewußt geworden ist. Wenn dem wirklich so wäre, daß eine Gruppenbestimmung nur dann vertrauenswürdig ist, wenn man die Lösung im voraus kennt oder vermutet, so möchte man an der ganzen Gruppenforschung verzweifeln. Daher widerstrebt es mir, mich über solche Fälle hinwegzusetzen und die ausnahmslose Gültigkeit der neuen Erbformel schon jetzt auf Grund des Materials von Furuhata, Snyder und Thomsen anzunehmen. Gewiß ist eine eingehendere serologische Analyse und Anamnese notwendig. Ich möchte aber vorderhand einige Hilfshypothesen erörtern, die die Tatsache erklären könnten, warum bei quantitativer Betrachtung die Annahme multipler Allelomorphie eher der Realität entspricht, trotzdem Ausnahmen anscheinend beobachtet wurden. Johannsen stellt sich in seinen „Elementen" auf den Boden der neuen Erbformel, rechnet aber dabei mit der Möglichkeit, daß gelegentlich Komplikationen auftreten und zitiert entsprechende Beispiele aus der Vererbung anatomischer Merkmale. Man könnte aber andererseits denken, daß es sich um einen „falschen" Allelomorphismus handelt, indem die Gene für A und B an den gegenseitigen Allelomorphen gekoppelt sind, also A an b und B an a. Es wäre dann ohne weiteres verständlich, daß die Geschlechtszellen eines AB-Individuums Ab oder Ba enthalten und dann müßten wir Kombinationen und Zahlen erwarten, die der Bernsteinschen Erbformel entsprechen. Man könnte aber auch mit der Möglichkeit rechnen, daß manchmal crossing over stattfindet, so daß die beiden Bestandteile A und B aneinander kommen und miteinander vererbt werden. In solchen Fällen müßten eher Keimzellen mit O und AB, als mit A und B erwartet werden, Die Erfahrung zeigte in der Tat einige solche Familien, wie Tabelle 32 ergibt: Familie 72 von v. Dungern und Hirszfeld, Familie 92 von H. und L. Hirszfeld, Familien 514 und 621 von Klieve und Nagel, 26 von Furuihi, vielleicht die Familien von Awdejewa-Grisewitsch und Learmonth.

Tabelle 32. Familien $O \times AB$ mit Kindern O oder AB[1]).

Verfasser	Nummer der Familie	Gruppen der Kinder				Kinderzahl
		O	A	B	AB	
v. Dungern-Hirszfeld	39	1	1			2
v. Dungern-Hirszfeld	72	1			3	4
Awdejewa-Grisewitsch	2 Fam.	2			1	3
Learmonth	23				2	2
Learmonth	29				6	6
Learmonth	38				4	4
Plüss	39b 1				1	1
Plüss	38a 2	1		1		2
Plüss	34a	1	1			2
Kirihara.	117		1	3	1	5
Mino.	1		1		2	3
Staquet	51	8	8		1	17
Furuihi	26				2	2
H. u. L. Hirszfeld . .	92	1			2	3
Klaften	3	1	1			2
Klaften	11	1				1
Furuihi	56	1	1			2
Klieve u. Nagel . .	514	2			1	3
Klieve u. Nagel . .	621	2				2
zusammen	20	22	14	4	26	66

Wir erhalten also 20 Familien mit 66 Kindern, bei welchen die Anzahl der AB-Kinder größer ist, als A und B-Kinder zusammen, was mit keiner Erbformel

[1]) Anmerkung bei der Korrektur: Zuletzt noch ein O-Kind bei Kolb.

übereinstimmt. Zieht man die Fälle von Learmonth ab, wo die Häufung v AB so groß ist, daß es wahrscheinlich auf Irrtum beruht, sowie die Familie v Staquet mit 17 Kindern, wo der Kinderreichtum in einer Familie mit einem allzusehr die Zahlenverhältnisse ändert, so erhalten wir immerhin $O = 14$, $A =$ [illegible], $B = 4$, $AB = 13$ Fälle. Also noch immer zu viel AB. Will man daher nicht auf technische Irrtümer zurückgreifen, und sowohl die Bestimmung von O- wie AB-Gruppen disqualifizieren[1]), so muß man annehmen, daß die AB-Gruppe häufiger auftrat, als unter der Annahme der freien Kreuzung von 3 Allelomorphen A, B und R, und es drängt sich dann der Verdacht auf, ob nicht in den einzelnen Familien eine Koppelung von A und B stattfindet. Die Seltenheit einer solchen Kombination müßte natürlich durch Hilfsannahmen erklärt werden. Vielleicht sind solche Geschlechtszellen nicht entwicklungsfähig. — (Dycke vermutete bereits, daß „reine“ AB-Fälle einen Letalfaktor enthalten.) Oder werden solche Individuen mit AB-Geschlechtszellen von der Vermehrung teilweise dadurch ausgeschaltet, daß sie die Frauen O nicht befruchten können, oder können sich AB-Früchte in O-Müttern schlechter oder überhaupt nicht entwickeln usw.

Ich gebe diese Hypothesen unter dem Vorbehalt zur Diskussion, daß ganz genaue serologische Untersuchungen die Möglichkeit solcher Fälle sicherstellen. Man müßte nämlich, um ganz sicher zu sein, sowohl die Absorptionsfähigkeit der Blutkörperchen sowie die Isoagglutinine bestimmen; die Illegitimität des Kindes müßte natürlich ausgeschlossen werden. Wenn ich somit die Frage, welche Erbformel die richtige ist, als noch nicht abgeschlossen betrachte, so glaube ich, daß für die gerichtliche Medizin die Anwendung der früheren Erbformel als der umfassenderen, angezeigt ist. Schiff, der sich um die Einführung der Isoagglutination in die gerichtliche Medizin große Verdienste erworben hat, ist zwar Anhänger der neuen Erbformel, er tut das aber in einer so kritischen und durchdachten Art, daß sich ein jeder Sachverständige über die Gründe und Tragweite der Entschließung orientieren kann. Ich halte, wie erwähnt, auch in Rücksicht auf die in neuerer Zeit auftretenden Ausnahmen es für vorsichtiger, wenigstens vorderhand die erste Erbformel in der gerichtlichen Medizin anzuwenden. Das Problem ist von einer solchen theoretischen und praktischen Wichtigkeit, daß es angezeigt wäre, wenn die Vererbungsinstitute, denen das Menschenmaterial zur Verfügung steht, sich mit diesen Fragen systematisch befassen würden.

4. Die serologischen Rassen bei Menschen.

a) Betrachtungen über die phylogenetische Entstehung der isoagglutinablen Eigenschaften.

Im vorigen Kapitel wurde auseinandergesetzt, daß wir innerhalb der Art durch serologische Methoden gruppenspezifische konstitutionelle Eigenschaften unterscheiden können. Es frägt sich, ob wir daraus den Begriff einer serologischen Rasse postulieren können. Fischer und Mollison[2]) schreiben über die Definition der Rasse: „Es ist willkürlich, wie viele Merkmale man fordert,

---

[1]) Man könnte sich vorstellen, daß manchmal das Gen A oder B phönotypisch nicht zur Entwicklung gelangt.

[2]) Anthropologie. Herausgegeben von Schwalbe und E. Fischer, Verlag von Teubner, 1923. 122 S.

um die Grenze ‚Rasse' zu ziehen... So haben praktische Erfahrungen entschieden, wieviele und wie schwerwiegende Merkmale da sein müssen, daß man eine Gruppe Rasse nenne... Welche Merkmale man zur Abgrenzung wählt, kann nur die Erfahrung entscheiden... Was sich biologisch in dauerndem, einheitlichem Zeugungskreis ersetzen kann, hat eben gewisse, gemeinsame, erbliche Merkmale und fällt damit unter die Definition Rasse..." Verfasser schreiben allerdings: „ein einzelnes, erbliches Merkmal stellt in der Anthropologie keine Rasse dar. Wohl aber benutzen die modernen Vererbungsexperimentatoren das Wort derart — und es ist konsequent, — aber es wäre besser, hier einen neuen Terminus zu prägen..."

Man sucht also die anthropologischen Rassen durch mehrere Merkmale zu umschreiben. Es scheint mir in diesem Falle gleichgültig zu sein, ob wir ein einzelnes Merkmal oder einen Komplex von gekoppelten oder sonst zusammengehaltenen Eigenschaften ins Auge fassen. Die Annahme von zufälligen, an verschiedenen Orten in ungleicher Häufigkeit auftretenden Mutationen ist zwar bei einem Merkmal schwerer zu widerlegen, als bei mehreren Merkmalen, die den Begriff einer anthropologischen Rasse ausmachen. Die Kontinuität der Abnahme bzw. Zunahme der Eigenschaften A und B, die Ähnlichkeit der Gruppenzusammensetzung bei den gleichen Volksstämmen, die in verschiedenen Gegenden leben (s. später), sprechen für ihre Bedeutung als Rassenmerkmal. Für die Definition anthropologischer Merkmale müssen wir daher vor allem die theoretische Zweckmäßigkeit und den heuristischen Wert berücksichtigen. Welche Eigenschaften nur Varianten und welche anthropologische Rassen charakterisieren, d. h. die biologische Dignität der Merkmale, hängt vor allem von ihrer Verwendbarkeit ab, naturwissenschaftliche Systeme zu konstruieren. Der Biologe nennt Gruppen von Individuen, die sich in bezug auf einzelne vererbbare Merkmale unterscheiden, Rassen, und in diesem Sinne möchte ich zunächst das Wort für die serologischen Rassen verwenden. Für uns liegt kein Grund vor, diese Definition, die nicht das Selektive, sondern das Vererbbare in den Vordergrund stellt, auf unsere Probleme nicht anzuwenden, falls dieses Kriterium die Weiterforschung fördert. Eine systematische Prüfung der Verteilung von solchen einzelnen Merkmalen kann zweckmäßig sein, bevor man zu einer Gruppierung einzelner Merkmale schreitet. Der geistvolle Versuch Bernsteins einer mendelistischen Anthropologie, ist wohl der Ausdruck eines solchen Bestrebens, zunächst einzelne Merkmale ins Auge zu fassen. Unsere Untersuchungen, die gegenwärtig von so vielen Seiten eine Bestätigung und Vertiefung erfahren haben, zeigten, daß der Begriff einer serologischen Rasse einen heuristischen Wert hat. Trotzdem somit einzelne Forscher sich anfangs über die Berechtigung des Begriffes einer serologischen Rasse ablehnend äußerten, hat sich dieser Begriff schnell eingebürgert[1]). Bevor ich die anthropologische Bedeutung dieser Merkmale bespreche, möchte ich über ihren phylogenetischen Werdegang, soweit dies bekannt ist, berichten.

[1]) Anmerkung bei der Korrektur. In einer eben erschienenen Monographie nimmt Scheidt zu der Gruppenforschung Stellung; er erkennt ihre Bedeutung als Rassenmerkmal an. Seine Definition der Rasse ist, daß „die innerhalb der Art ausgelesenen Eigenschaftskomplexe Rassen darstellen." Dementsprechend spricht Verf. von „Auslesewertigkeit der Bluteigenschaften" und von „unterschiedlichen überindividuellen Erhaltungswahrscheinlichkeiten" als Kern der Rassenlehre u. dgl. Mir ist die ganze Beweisführung

Von Dungern und Hirszfeld und Brokmann zeigten, daß die isoaggluti nablen Eigenschaften, die bei den Menschen auftreten, auch bei Säugetieren angetroffen werden. Die eigentümlichen Beziehungen konnten auf zweifache Weise demonstriert werden. Es zeigte sich, daß normale Sera mancher Tiere die Menschenblutsorten A und B gruppenspezifisch agglutinieren können. Es ist auffallend, daß hier bereits individuelle Verschiedenheiten zum Ausdruck kommen, indem z. B. das eine tierische Serum die Menschenblutkörperchen A, das andere die Blutkörperchen A und B agglutiniert usw. In manchen Seren sind die gruppenspezifischen Agglutinine durch eine Artkomponente verdeckt. Ein solches Serum agglutiniert zunächst die Blutkörperchen aller Menschen, absorbiert man es aber mit dem Menschenblut der Gruppe O, so agglutiniert es nicht mehr die zur Absorption benutzten Blutkörperchen, häufig aber die Erythrocyten A und B. Es gibt aber, wenn auch selten, Sera, die das O-Blut stärker agglutinieren.

Nach neueren, noch nicht publizierten Untersuchungen v. Dungerns kommt das gruppenspezifische Agglutinin α auch manchmal im Blutplasma von Maja squinado, eines kurzschwänzigen Krebses, vor. Die meisten Exemplare dieser Krebsart beeinflussen menschliches Blut überhaupt nicht, einzelne alle menschlichen Blutkörper und andere nur die menschlichen Blutkörper, welche den Bestandteil A enthalten. Der Bestandteil A konnte in den Blutkörperchen der Krebse nicht aufgefunden werden (auch nicht durch Bindung nachzuweisen), auch wenn diese im Blutplasma das Agglutinin α nicht enthielten. Bei anderen Seetieren (Octopus vulgaris, Sipunculus nudus, Scyllium, Arbacia Strongylocent. lividus) wurden gruppenspezifische Substanzen der menschlichen Blutkörper nicht gefunden und ebenso auch nicht die gruppenspezifischen Agglutinine.

Scheidts unverständlich, da der Sektionswert der Gruppen wie auch der meisten anthropologischen Merkmale unbekannt ist. Die Immunitätsforschung hat aber Merkmale definiert und experimentell gefaßt, die zweifellos einen Selektionswert haben: dies ist die normale Immunität für manche Krankheiten. Es wäre aber durchaus nicht richtig, daraus das Kriterium eines Rassenmerkmales ableiten zu wollen und anderen vererbbaren Merkmalen diese Dignität abzuerkennen. Ich kann auf Einzelheiten nicht mehr eingehen und möchte mir daher nur folgende Bemerkungen erlauben. Wenn eine Wissenschaft einen Einbruch in ein neues Gebiet tut, überschätzt sie gewöhnlich die eigenen Kräfte. Dies ist eine physiologische Überwertung, ohne welche kein Schaffen möglich ist und es ist gewiß notwendig, daß man dann mit kühler Kritik herantritt, um die neuen Probleme schärfer zu umgrenzen. Dies darf aber nicht dadurch geschehen, daß man die neuen Möglichkeiten an dem Maßstab bisheriger Fragestellungen mißt. Es ist das Recht und die Pflicht der Immunitätsforschung, nach der phylogenetischen Entstehung der Gruppendifferenzierung zu fragen; solche Probleme, ob serologische Differenzierungen innerhalb der Species nicht bei solchen Arten auftreten, die durch Kreuzung zweier serologisch differenten Arten entstanden sind, müssen gestellt werden. Es ist unrichtig, solche Probleme als vom „rassenkundlichen" Standpunkte aus gleichgültig abzulehnen. Es wäre gewiß nachteilig, wenn die Vertreter der Wissenschaft, welcher von der Serologie neue konstitutionelle Merkmale geboten werden, sich über die Probleme und das bis jetzt Erreichte so einfach hinwegsetzen. Das Blut ist zwar kein besonderer Saft, wohl aber greifen die Immunitätsreaktionen viel tiefer in das Wohl und Wehe des Individuums und der Rasse ein als die anatomischen Merkmale. Der Begriff des Selektionswertes einer Eigenschaft kann in der Immunitätsforschung einen reellen Inhalt haben; aber gerade deswegen kann der Immunitätsforscher ihn als Rassenkriterum nicht akzeptieren.

Dölter gab noch ein elegantes Mittel an, die gruppenspezifische Komponente tierischer Sera zu demonstrieren. Wie ich mit Białosuknia feststellen konnte, wirken verschiedene Antikörper bei verschiedenen Temperaturen; übersteigt man eine gewisse Temperatur, so geht die Agglutination, wie dies Landsteiner zuerst zeigte, auseinander. Ich habe die Temperaturen, innerhalb welcher die betreffenden Antikörper wirken, ihre Wärmeamplitude genannt. Dölter zeigte nun, daß die Wärmeamplitude der artspezifischen normalen Antikörper für Menschenblut häufig geringer ist als diejenige der gruppenspezifischen Antikörper, so daß es manchmal gelingt, wenn man die Reaktion im Brutschrank ansetzt, schon ohne Absorption die gruppenspezifischen Agglutinine für das Menschenblut in den tierischen Seren nachzuweisen. Es wäre möglich, daß die Existenz solcher gruppenspezifischen Antikörper bei Tieren durch ähnliche Gesetze, wie die Landsteinersche Isoagglutininregel, bedingt ist und daß in den Blutkörperchen oder anderen Zellen der Tiere ähnliche Bestandteile wie das Menschen-A und -B vorhanden wären. Der Nachweis der Bestandteile A und B bei Tieren ist teilweise gelungen.

Von Dungern und Hirszfeld zeigten, daß sehr viele Säugetierblutsorten das menschliche Anti-B aus Menschenserum absorbieren. Eine vollkommene Identität ist hier nicht anzunehmen, da daß tierische B mit dem Anti-B der tierischen Sera nicht reagiert. Diese Befunde wurden von Landsteiner, Schiff und Adelsberger und Dölter bestätigt. Białosuknia und Kaczkowski, Amsel, Halber und Hirszfeld konnten wiederum nachweisen, daß das Blut mancher Hammel (Gruppe „A“) das Menschenisoagglutinin Anti-A absorbiert, und schließlich stellten dasselbe Szymanowski, Stetkiewicz und Frl. H. Wachler für das Schweineblut fest. Diese letzten Befunde wurden von Witebsky bestätigt und erweitert[1]). Inwieweit wir bei den Eigenschaften A der Hammel und Schweine mit Menschen-A identischen Strukturen zu tun haben, kann ich noch nicht sicher sagen, die Arbeiten mit der von Landsteiner eingeführten Technik sind im Gange. In diesem Zusammenhang ist von besonderem Interesse, wie sich die Bluteigenschaften der Affen verhalten. Mit v. Dungern hatte ich die Gelegenheit, das Blut zweier Schimpansen zu untersuchen, und in beiden Fällen konnten wir die Gruppe A nachweisen. Wir haben schon damals die Vermutung geäußert, daß Untersuchungen anthropoider Affen in bezug auf die Anwesenheit der Eigenschaften A und B von allergrößter Bedeutung sein würden, und daß die Befunde unter Umständen eine polyphyletische Entstehung der Menschheit wahrscheinlich machen könnten[2]). Wir vermochten damals aus äußeren Gründen diese Arbeit nicht fortzusetzen, Landsteiner und Miller publizierten unlängst diesbezüglich wichtige und bedeutsame Beobachtungen.

---

[1]) Anmerkung bei der Korrektur. Inzwischen fand Witebski den Bestandteil A auch im Rinderblut.

[2]) Wir schrieben (Zeitschr. f. Immunitätsforsch. u. exp. Therapie, Orig. Bd. 11, S. 548. 1911): „Es wäre wichtig, die anthropoiden Affen in ausgedehntem Maße zu untersuchen und mit verschiedenen Menschenrassen zu vergleichen, zumal die neuesten anthropologischen Untersuchungen, die durch Melchers und Klatsch angebahnt wurden, darauf hinweisen, daß das Menschengeschlecht aus verschiedenen Rassen zusammengesetzt sein kann, von denen eine jede einem anderen Anthropoiden nähersteht“.

Bekanntlich lassen sich durch Präzipitationsreaktionen die Sera der Menschen und der anthropoiden Affen nicht mit Sicherheit unterscheiden. Den Verfassern gelang der Nachweis, daß die Blutkörperchen bei anthropoiden Affen und bei Menschen verschieden sind; die Absorption mit dem einen Blut hinterläßt Agglutinine für das andere. Absorptionsversuche und quantitative Bestimmungen der Titerhöhe erwiesen, daß die Differenz zwischen dem Blut der anthropoiden Affen und der Menschen geringer ist, als zwischen dem Blut der anthropoiden und niederen Affen. Die serologische Betrachtung bestätigt demnach die Annahme der Zoologen, daß der Homo sapiens nicht von den Anthropoiden unmittelbar stammt, sondern mit ihnen aus einer gemeinsamen Wurzel hervorgeht.

Entsprechend den Beobachtungen von v. Dungern und Hirszfeld konnten Landsteiner und Miller nachweisen, daß in der Tat viele Affenblutsorten das Menschenisoagglutinin binden. Verff. führten aber eine verfeinerte Technik ein, indem sie Kaninchenimmunsera gegen das Blut von Menschen und Affen herstellten und sie dann mit dem Menschenblut der Gruppe O absorbierten, anderseits die Isoagglutinine an die Blutkörperchen zuerst binden ließen, um sie dann bei 56° wieder zurückzugewinnen. Sie erhielten dadurch Immunsera bzw. „gereinigte" Agglutininlösungen, die spezifischer eingestellt waren, als die Normalsera. Mit Hilfe dieser verfeinerten Technik stellten Verff. fest, daß lediglich das Blut der anthropoiden Affen mit dem Menschenblut identische, gruppenspezifische Bestandteile aufweist. Von 18 untersuchten Schimpansen gehörten 3 der Gruppe O und 12 der Gruppe A an. Von 6 untersuchten Orangutangs gehörten 2 der Gruppe A, 3 der Gruppe B, 1 der Gruppe AB, 1 untersuchter Gibbon gehörte der Gruppe A an. Weiter untersuchten Verff. niedere Affen. 76 Individuen, die 36 verschiedenen Spezies angehörten, und zwar: 46 Individuen, die 18 Spezies der Familie Cercopithecidae (Affen der alten Welt) angehörten, agglutinierten weder mit Menschen Anti-A, noch mit Anti-B-Seren. 22 Individuen, die verschiedenen Spezies der Familie Platyrrhinen angehörten, reagierten mit Anti-A-Seren. 8 Individuen von 6 Spezies der Familie Lemuroiden reagierten positiv mit Anti-A-Seren. Durch Untersuchungen der absorbierten Immunsera sowie mit gereinigten Isoagglutininlösungen konnte jedoch festgestellt werden, daß diese Bestandteile zwar den gruppenspezifischen Eigenschaften des Menschenblutes ähnlich, aber mit ihnen nicht identisch sind. Es ist bemerkenswert, daß ganze Familien durch bestimmte serologische Faktoren charakterisiert sind. Eine B-ähnliche Eigenschaft wurde, wie erwähnt, bei allen Affen der Familie Platyrrhinen gefunden (Genera Cebus, Lagothrix, Ateles, Mycetes, Chrysothris, Nyctipithecus), in der Familie der Marmosets (Hapalidae) und Lemuren (Lemuridae), dagegen wurde keine gruppenspezifische Differenzierung bei Cercopitheciden (Genera Papio, Cercopithecus, Cercicelus, Macacus) festgestellt.

Oppenheim hat 1922 in Manila 14 Makaken untersucht. Es ergaben sich zunächst keine Anhaltspunkte für die Existenz von Blutgruppen. Als er nun das Serum mit Menschenblut zusammenbrachte, so fand er überall Agglutinine für das A-Blut. Das Makakenserum enthält demnach das Agglutinin Anti-A-, nicht aber Anti-B- und Anti-O.

Die Beobachtungen ergeben demnach, daß A- und B-ähnliche Strukturen auch bei Tieren nachgewiesen werden können, daß aber mit B identische

Bestandteile nur bei anthropoiden Affen vorzukommen scheinen[1]). Diese Befunde zeigen, daß es unrichtig ist, a priori die Rasse *O* als die primäre aufzufassen und die Entstehung der Rassen *A* und *B* als innerhalb des Menschengeschlechtes aus der Gruppe *O* durch Mutation erschienen anzunehmen. Nimmt man an, daß ein Teil des Menschengeschlechtes *AAbb*, der andere Teil *BBaa* besaß, so müßte infolge der Kreuzung auf Grund des Mendelschen Gesetzes *ab* (Gruppe *O*) entstehen. Falls dieser Gruppe aber ein Selektionswert zukommt (evtl. auch im intrauterinen Leben), so könnte sie ein zahlenmäßiges Übergewicht gewinnen[2]). Angenommen, daß die Gruppen innerhalb des Menschengeschlechts durch Mutation entstanden sind, so könnten trotzdem *A* und *B* primär sein, aus welchen die *O*-Gruppe als Verlustmutande entstanden ist. Bernstein und in Anschluß an ihn Snyder, nahmen an, daß die Gruppe *O* bei Menschen primär vorhanden sein mußte, und daß aus ihr durch Mutation die Gruppe *A* bzw. *B* entstanden ist. Dies kann, dies braucht aber nicht zu sein. Die Tatsache der Allelomorphie isoagglutinabler Substanzen besagt noch nichts über die Richtung und das Alter der in Frage kommenden Mutationen. Wir würden die gleichen quantitativen Werte finden, unabhängig davon, ob es sich um progressive oder regressive Mutationen handelt. Solche Probleme können nur auf Grund allgemeiner Überlegungen hypothetisch diskutiert werden, zu deren Lösung unsere gegenwärtigen Kenntnisse nicht ausreichen. Wir müssen bedenken, daß die Gruppe *O* nur durch den Mangel von *A* und *B* definiert wird, was sie ist, wissen wir nicht und wir können vorderhand nicht sicher behaupten, daß die *O*-Gruppe in Europa oder bei den primitiven Völkern dasselbe ist. Ich möchte auch betonen, daß die Gruppe *O* keineswegs die Spezies zu charakterisieren braucht. Sie enthält eben recessive Eigenschaften (*ab* oder *R*), die von dem Artmerkmal unabhängig phylogenetisch dem Vorhandensein der dominanten Eigenschaften *A* oder *B* nicht voranzugehen braucht. Der Mangel der dominanten Eigenschaften, wie z. B. die Pigmentlosigkeit oder die angeborene Taubstummheit, sind ja recessiv gegenüber dem Vorhandensein des Pigmentes oder des Gehörs, ähnlich wie die Eigenschaft *O* recessiv zu *A* oder *B* ist. Wir betrachten aber den Albinismus oder die Taubstummheit nicht als den primären Zustand der Menschheit, aus welchem durch Mutation die pigmentierten oder hörenden Rassen entstanden sind. Das Vorhandensein von Strukturen *A* und *B* bei Tieren, die v. Dungern und Hirszfeld schon bei ihren ersten Untersuchungen fanden, spricht eher für das Alter der gruppenspezifischen Differenzen. Wir müssen demnach entweder annehmen, daß die gruppenspezifische Differenzierung der Entstehung der Menschen und Anthropoide vorausging, oder daß gleichsinnige Mutationen, sowohl bei Anthropoiden wie bei Menschen stattgefunden haben oder schließlich, daß verschiedene Anthropoiden und Menschen bestimmter Gruppen aus gemeinsamen Wurzeln stammen, die wir serologisch verfolgen und festlegen können. Die Zeichnung aus der Arbeit von Landsteiner und Miller stellt schematisch das Gesagte dar (die eingeklammerten Zahlen bedeuten *B*-ähnliche Bestandteile).

[1]) Für *A* steht, wie erwähnt, eine genaue Analyse bei Hammeln und Schweinen noch aus.

[2]) Schiff stellte auch die Hypothese zur Diskussion, daß die *O*-Gruppe, die ja immer homozygot ist, dadurch eine Vermehrung erfahren dürfte, daß durch Inzucht die Homozygoten zunehmen.

Es sei noch erwähnt, daß Landsteiner und Miller sich die Frage vorlegten, ob eine serologische Differenzierung innerhalb der Spezies nicht bei solchen Arten auftritt, die durch Kreuzung zweier serologisch differenten Arten entstanden sind und die dann bei F_2 zurückschlägt. Die gruppenspezifische Differenzierung innerhalb einer Spezies wäre dann der Beweis polyphyletischen Ursprungs, wie wir dies mit v. Dungern für das Menschengeschlecht zur Diskussion stellten.

Wie wir sehen, ist die Lösung der Frage noch nicht reif. Es wäre von größter Wichtigkeit, daß man Massenuntersuchungen bei anthropoiden Affen vornimmt, um zu sehen, ob die Gruppenverteilung bei Anthropoiden nicht in verschiedenen Gegenden verschieden ist, ähnlich wie wir dies für Menschenrassen nachgewiesen haben, namentlich, ob nicht eine gewisse Koinzidenz zwischen der Gruppen

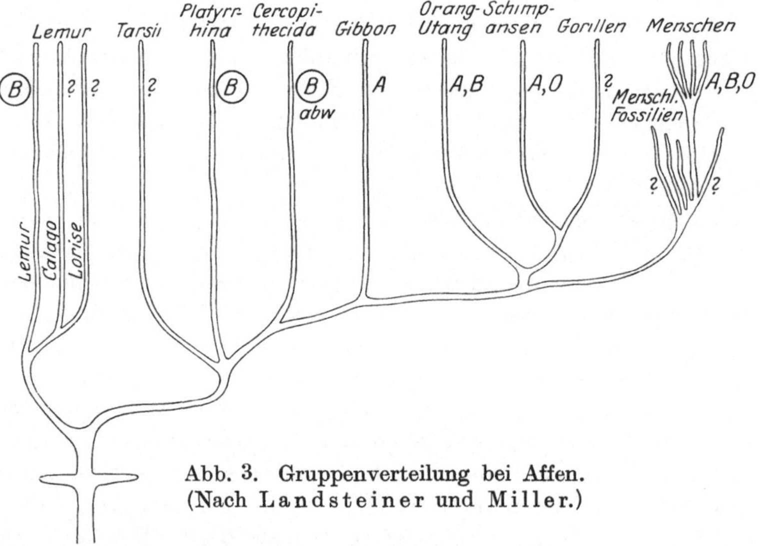

Abb. 3. Gruppenverteilung bei Affen. (Nach Landsteiner und Miller.)

häufigkeit bei Menschen und bei Tieren vorhanden ist. Man sieht, daß dieses Problem noch große Arbeit und Geldmittel verlangt. Die Immunitätsforschung kann aber das stolze Bewußtsein haben, daß ihre Methodik bei den tiefsten biologischen Problemen, wie die Eruierung des Werdeganges der Menschheit und der phylogenetischen Stellung von Homo sapiens, Anwendung finden kann.

Das Ergebnis dieses Kapitels möchte ich folgendermaßen zusammenfassen. Mittels der Isoagglutinine können wir serologische Rassen bei Menschen unterscheiden. A- und B-ähnliche Eigenschaften kommen bei Tieren vor, B-identische Bestandteile anscheinend nur bei anthropoiden Affen. Auf welche Weise die Bluteigenschaften entstanden sind, ob innerhalb des Menschengeschlechtes oder ob A-Menschen und A-Affen aus einer gemeinsamen serologischen Wurzel stammen, sowie welche Eigenschaften primär waren, läßt sich noch nicht entscheiden.

b) Die Blutgruppen in der Anthropologie.

Die Tatsache der Konstanz der Blutgruppen und ihrer gesetzmäßigen Vererbung legte den Gedanken nahe, die serologische Forschung für die Anthropologie nutzbar zu machen. Durch einen Zufall des Krieges war ich in der Lage, an der mazedonischen Front bei vielen Völkern solche Untersuchungen anzustellen. Die Versuche, die ich gemeinsam mit meiner Frau, Dr. Hanna Hirszfeld, ausführte, wurden bereits 1918, während des Krieges, abgeschlossen, begegneten aber anfangs einem solchen Mißtrauen, daß eine angesehene Zeitschrift, nachdem sie das Manuskript 9 Monate behalten hat, uns es zurückschickte mit der Motivierung, daß das Thema die Ärzte nicht interessiert! — Das führende englische Blatt Lancet war liberaler und brachte unsere Arbeit innerhalb weniger Wochen zum Druck, trotzdem die Redaktion zur Vorsicht bei der Bewertung der Resultate mahnte. Zweifellos wären die Ergebnisse der serologisch-anthropologischen Aufnahmen jetzt viel weiter vorgeschritten, wenn man noch die Anwesenheit der farbigen Truppen in Europa ausgenutzt hätte; unsere Mitteilung in Lancet, sowie die ausführliche Arbeit in der ,,Anthropologie" erschienen erst nach dem Abschluß des Friedens. Das Material an der mazedonischen Front war ganz besonders günstig, da es sich um Soldaten handelte, die in dem gleichen Klima lebten, mit Ausnahme der Indier, die Vegetarianer waren, die gleiche Nahrung erhielten, denselben Krankheiten ausgesetzt waren und bei welchen die zufällige Häufung der Gruppen durch Familienzugehörigkeit keine Rolle spielte.

Zum Verständnis der von uns erhobenen Befunde möchte ich in Erinnerung zurückrufen, daß die Gruppe IV von Jansky (AB), wie man leicht durch Absorptionsversuche feststellen kann, auf gemeinsamem Vorkommen von A und B beruht. Wir dürfen die Gruppe IV nicht als eine besondere Individualität betrachten und, falls wir die Häufigkeit von A und B berechnen wollen, so müssen wir die Gruppe AB zu A und B hinzuaddieren. Falls also die Gruppe A in 40%, B in 10% und AB in 4% vorgefunden wird, so können wir in Wirklichkeit die Eigenschaft A als 44, die Eigenschaft B als 14 protokollieren.

Wie wir sehen werden, nimmt die Häufigkeit der Gruppe A von Westen nach Osten ab und die der Gruppe B im Gegenteil — zu. Um für diese Migrationen eine einheitliche Zahl zu finden, haben wir den Begriff des ,,biochemischen Rassenindex" vorgeschlagen, worunter wir das Verhältnis von absoluten A zu absoluten B verstehen. Also $\frac{A + AB}{B + AB}$. Ob wir den Index als Hämoagglutinationsindex oder serologischen Index bezeichnen, ist natürlich irrelevant, es ist nur nicht zweckmäßig, wenn ein jeder Verfasser einen anderen Namen einführt. Dieser Begriff hat sich eingebürgert und die Arbeit auf diesem Gebiet erleichtert[1]).

Ein jeder Index hat den Nachteil, daß er eine Verhältniszahl angibt, die bei gleichsinniger Änderung beider Komponenten dieselbe bleibt. Trotzdem kann ein solcher Begriff manchmal nützlich sein. Natürlich kann man ihn nicht immer anwenden: Der Index ist ungeeignet, eine Population gleichsam mit einem absoluten Merkmal zu charakterisieren, er erleichtert vorderhand durch Bezeichnung des Mischungsgrades das Einschreiben verschiedener Populationen auf Grund serologischer Befunde. Wo wir isolierte Migrationen von A und B verfolgen wollen, ist natürlich dieser Begriff unverwendbar. Durch Umrechnung der 4 Gruppen auf 3 Eigenschaften und Aufstellen einer Korrelationstafel

[1]) Anmerkung bei der Korrektur. Wie ich aus dem Referat von Rubaschkin entnehme, hat Wischniewski einen anderen Index $\frac{O + 2A + AB}{O + 2B + AB}$ und Melkich $\frac{A + O}{AB + B}$ vorgeschlagen.

oder einer Karte nach Streng (s. später), kann man auch die O-Gruppe berücksichtigen.

Ich bringe daher die Gruppenzahlen auf dreifache Weise. Die Tabellen auf S. 92 enthalten erstens die genauen Angaben über die prozentuelle Zusammensetzung eines jeden Volkes. Zweitens bringe ich die Berechnung von p, q und r nach Bernstein. Diese letzte Berechnung wurde auch aus dem Grunde von vielen Forschern willkommen geheißen, weil sie nicht mit 4 Gruppen, sondern nur mit 3 Bestandteilen operierte, deren Summe konstant war, so daß man die Verschiebung serologischer Rassen auch als Funktion zweier Variablen darstellen konnte.

Was nun die Ausrechnung der Bernsteinschen Zahlen anbelangt, so bringe ich zur Erleichterung der Berechnung die nomographische Darstellung von Ing. B. Konorski. Diese Tabelle erleichtert außerordentlich ihre Berechnung. Es genügt, die Werte für O (rechte Linie) mit den Werten für A oder B (linke Linie) mit einem durchsichtigen Lineal oder einem Bindfaden zu verbinden. Das Lineal kreuzt die mittlere Linie in einem Punkt, der ohne weiteres die Werte für q oder p anzeigt. Der Wert $r = \sqrt{O}$ kann ohne weiteres aus den Zahlen rechts von der O-Linie abgelesen werden (s. S. 73).

Um nur mit 3 bzw. 2 Variablen bei den Gruppen zu tun zu haben, braucht man allerdings nicht die serologischen Aufnahmen erst auf die Gene umzurechnen. Die Gruppe AB ist in Wirklichkeit nur das Zusammenvorkommen der Eigenschaften A und B. Wenn wir daher uns nicht die Frage vorlegen, wieviele Individuen die eine oder die andere Gruppe haben, sondern wie oft die Eigenschaft angetroffen wird, so können wir die Gruppe AB zu der Gruppe A und B hinzurechnen. Statt z. B. 40% O, 40 A, 15 B und 5 AB erhalten wir 40 O, 45 A, 20 B. Die Summe beträgt dann zusammen 105 Individuen. Wir können aber dies einfach auf 100 umrechnen und erhalten dann folgende Werte: $38{,}1 = O$, $42{,}8 = A$, $19{,}0 = B$, zusammen 99,9. Wie wir sehen, können wir die Gruppenverteilung auf dieselbe Weise darstellen wie die Bernsteinschen Genzahlen, d. h. als drei Elemente, deren Summe 100 beträgt. Es schien mir aber von Wert, daß diese Zahlen in meiner Monographie ausgerechnet werden, da man die Gruppenverteilung in einer Korrelationstafel oder auf der Strengschen Karte zur Darstellung bringen kann, unabhängig von einer bestimmten Vererbungstheorie.

Man kann die Gruppenverteilung graphisch darstellen, nach einem ansprechenden Vorschlag von Streng.

In jedem gleichseitigen Dreieck ist die Summe der Senkrechten von jedem beliebigen Punkt Z aus gezogenen Linien konstant und gleicht der Höhe des Dreiecks. Man kann also einfach den ein Volk charakterisierenden Punkt auf die Weise bestimmen, daß man in einem gleichseitigen Dreieck, dessen Höhe 100 ist, parallel mit jeder der drei Seiten je eine Linie im Abstand p von der einen, q von der zweiten und r von der dritten Seite zieht. Die 3 Linien kreuzen sich in dem Punkte Z, wenn $p + q + r = 100$. Ist die Summe nicht 100, so erhält man je nach der Differenz ein größeres oder kleineres Dreieck, dessen Größe die Differenz zu 100 direkt anzeigt.

Ich benutze für die Darstellung einen zweiten sich daran anschließenden Vorschlag Strengs. Die Feststellung der Z-Punkte kann noch sehr praktisch auf folgende Weise erreicht werden: durch einen beliebigen Punkt Z werden 3 Linien so gezogen, daß sie einen Winkel von 60 Grad miteinander bilden. Wir erhalten dann Verhältnisse wie bei dem gleichseitigen Dreieck, dessen Winkel 60 Grad betragen. Die Zahlen an den Linien werden so gewählt, daß die Darstellung der gewünschten Ergebnisse eine bequeme Form hat. Nehmen wir z. B. an, daß die Linie B im Punkt 20 die Linie A Punkt 40 und die Linie O in 40 gezogen wird ($20 + 40 + 40 = 100$), so erhalten wir eine bestimmte Verteilung der Völker, indem die europäischen Rassen links, die asiatischen rechts verteilt werden. Für die Darstellung eines Volkes müssen wir die Zahlen für O, A oder B bzw. p, q oder r an den Linien abmessen und unter rechtem Winkel senkrechte Linien gegen die Achsen ziehen. Der Kreuzungspunkt gibt die Lage des betreffenden Volkes an.

Streng hat, wie erwähnt, seine Karte unter Berücksichtigung der Genzahlen von p, q und r dargestellt. Ein Überblick zeigte, daß hier kein regelloser Wirrwarr, sondern etwas Übersichtliches entstanden ist. Man sieht bestimmte Unterschiede zwischen den Völkern Europas: die Skandinavier haben auf der Karte eine andere Stellung als die Deutschen, die Slawen weichen von den Germanen ab, die finnisch-ugrischen Völker heben sich von den germanischen und slawischen ab u. dgl. Man bemerkt auch, daß die asiatischen Völker, wie Indianer usw., sich auf einer anderen Stelle der Karte befinden. Ich betrachte daher die kartographische Darstellung nach Streng für einen methodologischen Fortschritt. Natürlich kann die Karte nicht unmittelbar zur Feststellung verwandtschaftlicher Beziehungen herangezogen werden, denn die gleiche serologische Zusammensetzung kann die Folge verschiedenartiger Kreuzungen sein. Man sieht ja, daß die Chinesen neben den Polen stehen können u. dgl. Nur sagt die Karte nichts über den Wert einer bestimmten Vererbungstheorie aus: sie ist nur der Ausdruck dessen, daß $p + q + r = 100$ ist und nichts mehr. Ich habe zur Grundlage der Darstellung die Werte für O, A und B benutzt, nach der beiliegenden Berechnung; man erhält dadurch eine vollkommen identische Karte, die zunächst von allen Erbformeln abstrahiert und nur die phänotypische Verteilung zum Ausdruck bringt. Die Werte der Kreuzungspunkte $O = 40$, $A = 40$, $B = 20$, sind so gewählt, daß die Beziehungen der einzelnen Völker auf dieser Karte dieselben sind, wie auf der Originalkarte von Streng. Die Karte gibt einen umfassenderen Ausdruck für die serologische Verteilung als der Index, da sie eine gleichzeitige Abnahme von A und B wiedergibt. Es wäre vielleicht von Vorteil, die Strengsche Karte etwa in kleinere Quadrate einzuteilen und sie zur Charakterisierung eines Volkes zu verwenden.

Ich fühle mich nicht berufen, eine Synthese der anthropologischen Befunde zu machen. Der von uns erhobene Befund, daß B von Westen nach Osten zunimmt und A abnimmt, legte den Gedanken nahe, daß wir in der Verteilung der Gruppen den Ausdruck für Völkermigrationen besitzen und daß A und B verschiedene Entstehungsorte haben[1]). Diese Annahme schien meiner Frau und mir eine logische Notwendigkeit, unabhängig von irgendwelchen anthropologischen Voraussetzungen. Ich glaube der Sache am besten zu dienen, wenn ich das zerstreute Material in einer Tabelle zusammenstelle und gleichzeitig die genauen Tabellen und Zusammenstellungen, Berechnungen von Korrelationen und dergleichen verschiedener Autoren bringe. Am Schluß des Kapitels werde ich die Überlegungen und kartographische Aufnahmen von Ottenberg, Steffan, Bernstein, Mydlarski, Streng u. a. vorlegen. Auf diese Weise hoffe ich, die weitere Arbeit auf diesem Gebiete den Spezialforschern zu erleichtern.

[1]) Wir haben übrigens nicht gesagt, daß der Homo Sapiens aus 2 Wurzeln stammt, sondern daß dieses Problem auf Grund serologischer Feststellungen diskutiert werden muß.

Tabelle 33

Verfasser	Volksgruppe	Zahl der Unter-suchten	Gruppen in Prozenten				Umgerechnet (ohne AB)			Index	p	q	r	$p+q+r$
			O	A	B	AB	O	A	B					
Ritz (1)[1]	Schweden	251	50,0	41,0	7,0	2,0	49,0	42,1	8,8	4,7	24,5	4,6	70,7	99,8
Hesser (2)	,,	533	36,9	46,9	9,7	6,4	34,8	50,0	15,2	3,3	31,0	8,5	60,7	101,0
Lindberger (3)	,,	500	33,5	51,0	10,0	5,5	34,7	53,5	14,7	3,6	34,1	8,1	57,9	100,1
Jervell	Norweger	436	35,6	49,8	10,3	4,3	34,1	51,9	14,0	3,7	32,3	7,6	59,7	99,6
Buchan u. Higley	Skandinavier	138	33,4	48,6	13,7	4,3	32,0	50,7	17,3	2,9	38,4	9,5	57,8	98,7
Johannsen (5)	Dänen	512	43,0	42,0	12,0	3,0	41,7	43,7	14,5	3,0	25,9	7,8	65,6	99,3
Snyder	Holländer	200	42,0	44,0	9,0	5,0	41,9	45,7	13,4	3,5	28,6	7,3	64,8	100,7
L. u. H. Hirszfeld (6)	Engländer	500	46,4	43,4	7,2	3,1	45,0	45,0	10,0	4,5	26,8	5,2	68,1	100,1
Buchanan u. Higley	Engländer	218	60,6	28,0	9,6	1,8	59,5	29,3	11,2	2,6	26,1	5,9	77,8	99,8
Jones u. Glynn	Engländer in Liverpool	1600	46,0	30,0	17,0	7,0	43,0	34,6	22,4	1,5	20,5	12,8	67,7	101,1
Tebbutt (7)	Engländer in Australien	1176	52,6	36,8	7,4	3,0	51,0	38,7	10,1	3,8	22,5	5,5	72,6	100,6
Tebbutt u. Mac. Connel	Engländer in Australien	405	51,4	36,0	7,9	4,7	49,1	38,9	12,0	4,6	23,0	6,5	71,8	101,2
Dyke	Schotten	72	42,7	40,0	10,7	6,6	40,0	43,8	16,2	2,7	26,9	9,1	65,3	101,3
Alexander	Schotten	225	43,6	33,9	16,8	5,7	41,2	37,5	21,3	1,8	22,3	12,0	66,0	100,3
Sandford (8)	Nordamerikaner	3000	44,5	42,3	8,7	4,5	42,6	44,8	12,6	3,5	27,1	6,9	66,7	100,7
Culpepper u. Ableson (9)	,,	5000	44,4	36,0	14,2	5,1	42,3	39,1	18,5	3,9	23,3	10,2	66,7	100,2
Karsner	,,	—	46,2	42,4	8,3	3,1	44,8	44,1	11,1	2,9	26,2	5,9	68,0	100,1
Moss	,,	80	43,2	40,0	7,0	10,0	39,2	45,4	15,4	3,1	29,3	8,9	65,6	103,8
Buchanan u. Higley	,,	1536	46,9	40,8	8,5	3,6	45,4	42,9	11,7	3,7	25,5	6,4	68,5	100,4
Ottenberg	,,	286	44,0	42,0	12,0	2,0	43,1	43,1	13,8	3,1	25,2	7,3	66,3	98,7
Jones	,,	197	47,2	35,5	13,7	3,5	45,7	37,7	16,6	2,0	22,0	9,2	68,7	99,8
Hektoen	,,	—	47,0	34,0	10,0	9,0	43,1	39,5	17,4	2,2	24,5	10,1	68,6	103,2
Snyder	,,	1000	45,0	42,0	10,0	3,0	43,7	43,7	12,6	3,0	25,9	6,8	67,0	99,7
Staquet (10)	Belgier	1072	47,9	41,8	7,1	3,2	46,4	43 6	10,0	4,4	25,8	5,3	69,2	100,3

[1]) Die eingeklammerten Zahlen bedeuten Nummern auf der Strengschen Karte S. 125.

Verfasser	Volksgruppe	Zahl der Untersuchten	Gruppen in Prozenten				Umgerechnet (ohne *AB*)			Index	*p*	*q*	*r*	*p*+*q*+*r*
			O	*A*	*B*	*AB*	*O*	*A*	*B*					
L. u. H. Hirszfeld	Franzosen	500	43,2	42,6	11,2	3,0	42,0	44,2	13,8	3,2	26,2	7,4	65,7	99,3
Weil	"	—	43,0	45,0	10,0	2,0	42,1	46,1	11,8	3,9	27,2	6,2	65,6	99,0
L. und H. Hirszfeld (12)	Italiener	500	47,2	38,0	11,0	3,8	45,5	40,2	14,2	2,8	23,7	7,7	68,7	100,1
Cavalieri	Italiener Pavia	139	35,9	51,0	8,6	4,1	34,9	52,9	12,2	4,3	33,3	6,8	59,9	100,0
Mino	" Turin	734	38,9	44,2	10,4	6,5	36,5	47,6	16,0	3,0	29,4	10,4	62,5	101,3
Rizatti	" "	555	46,3	45,0	6,0	2,7	45,1	46,4	8,5	5,4	27,7	4,5	68,0	100,2
Romanese (13)	" Sardinien	947	49,8	31,3	11,9	6,7	46,8	35,7	17,5	2,1	21,4	9,9	70,6	101,9
Dossena	" "	450	44,9	37,8	14,0	3,3	43,5	39,8	16,7	2,4	23,1	9,1	67,1	99,3
Goldstein (14)	" Triest	1548	39,5	37,6	15,5	7,4	36,8	41,9	21,2	1,9	26,5	12,8	62,2	101,5
Mino	" "	1391	36,1	51,1	8,6	4,2	34,6	53,1	12,3	4,3	33,3	6,9	59,9	100,1
Snyder	" Malta	150	46,0	44,0	6,0	4,0	44,3	46,2	9,5	4,8	27,9	5,2	67,8	100,9
Popoviciu (15)	Rumänen	3650	35,0	41,0	16,8	7,2	32,6	45,0	22,4	2,0	27,4	12,3	60,0	99,7
"	Rumänen Transylvanien	2376	36,6	40,9	14,5	8,0	33,9	45,3	20,8	2,2	28,5	12,0	60,5	101,0
"	" Alt-Rumänien	1278	33,5	41,2	19,0	6,3	31,5	44,7	23,8	1,9	27,5	13,6	57,9	99,0
Manuila		1521	33,7	43,3	15,6	7,4	31,4	47,2	21,4	2,2	29,8	12,3	58,1	100,2
Schütz und Wöhlisch	Deutsche Schleswig-Holstein	1679	42,7	42,7	11,7	2,9	41,5	44,3	14,2	3,1	26,3	7,6	65,3	99,2
Gundel (16)	" Schleswig-Holstein	1117	39,2	43,6	12,1	4,9	37,3	46,4	16,3	2,8	28,3	9,1	62,6	100,0
"	" "	3156	40,7	41,3	12,5	5,3	38,7	44,3	17,0	2,6	27,6	9,5	63,8	100,9
Schütz-Steffan	" Angeln	253	39,5	50,6	7,5	2,4	38,6	51,7	9,7	5,3	31,4	5,1	62,9	99,4
v. Wasielewski u. Kruse	" Rostock	500	37,8	39,6	13,0	9,4	34,7	44,8	20,5	2,1	27,7	5,1	62,9	99,4
" " "	" "	1200	40,7	40,1	12,0	7,2	38,0	44,1	17,9	2,4	27,4	10,1	63,7	101,2
Steffan	" Kiel-Marine	1353	37,4	45,7	12,3	4,5	35,8	48,1	16,1	3,0	29,5	9,0	61,3	99,8
Kruse	" Greifswald	1300	34,9	49,4	13,1	2,5	34,2	50,6	15,2	3,3	30,8	8,3	59,2	98,3
Wichmann und Paal (17)	" Köln	1100	42,0	44,5	11,0	2,5	41,0	45,8	13,2	3,5	27,2	7,0	64,8	98,0
" " "	" Prüm	500	51,0	47,6	1,4	—	51,0	47,6	1,4	—	27,5	0,7	71,4	99,6
" " "	" Delbrück	500	48,4	42,2	9,0	0,4	48,4	42,5	9,3	5,2	24,2	4,9	69,6	98,7
Klein und Osthoff	" Westfalen	1229	38,9	42,9	13,6	4,6	37,2	45,4	17,4	2,6	27,4	9,5	62,4	99,3
Leweringhans	" Münster	1000	40,7	43,1	12,8	3,4	39,4	45,0	15,6	2,7	26,9	8,5	63,8	99,2
"	" Essen	2000	38,1	45,7	11,7	4,5	36,5	48,0	15,5	3,1	29,5	8,5	61,7	99,7
v. Dungern u. Hirszfeld	" Heidelberg	348	36,0	47,3	11,3	5,7	34,0	50,0	16,0	3,1	30,6	8,9	60,0	99,5

Tabelle 33 (Fortsetzung).

Verfasser	Volksgruppe	Zahl der Unter-suchten	Gruppen in Prozenten				Umgerechnet (ohne *AB*)			Index	*p*	*q*	*r*	*p+q+r*
			O	*A*	*B*	*AB*	*O*	*A*	*B*					
Kruse	Deutsche Heidelberg	1000	42,3	45,5	9,1	3,1	41,0	47,1	11,9	4,0	28,2	6,2	65,1	99,5
Steffan-Ketterer	„ Peterstal	52	31,8	56,0	7,8	4,4	30,5	57,9	11,6	4,9	37,1	6,4	43,6	87,1!
Kruse	„ Freiburg	1200	38,1	48,1	10,9	2,9	37,0	49,6	13,4	3,7	30,0	7,0	61,8	98,8
Schneider	„ Frankfurt a. M.	1006	44,7	40,0	10,2	5,1	42,5	42,9	14,6	3,0	25,9	8,0	66,9	100,8
„	„ „	2006	41,5	43,3	10,8	4,0	40,1	45,6	14,3	3,2	27,6	8,0	64,4	100,0
Mayer	„ Württemberg	407	41,7	44,3	8,6	5,4	39,6	47,1	13.3	3,5	29,2	7,3	64,6	101,1
Kruse	„ Tübingen	700	37,7	46,5	10,7	5,1	35,9	49,1	15,0	3,2	30,2	8,2	61,6	100,0
„	„ Halle I	683	35,3	45,0	14,9	4,8	33,7	47,5	18,8	2,5	29,0	10,4	59,5	98,9
„	„ Halle II	1895	38,3	45,7	12,6	3,4	37,0	47,5	15,5	3,0	28,0	8,4	61,9	98,9
„	„ Erlangen	1600	40,5	45,9	10,6	3,0	39,3	47,5	13,2	3,6	28,5	7,0	63,7	99,2
Spiedhof und Kruse	„ Jena	361	36,6	46,6	11,6	5,3	34,7	49,3	16,0	3,0	30,5	8,7	60,5	99,7
Bürgers	„ Düsseldorf	700	35,25	48,0	10,25	6,5	33,1	51,1	15,7	3,2	32,5	9,0	59,4	100,9
Schiff und Ziegler	„ Berlin	750	37,8	39,4	16,4	6,4	35,5	43,0	21,5	2,1	26,5	12,4	61,3	100,2
„ „ „ (19)	„ „	2500	35,0	44,6	15,0	6,0	33,0	47,0	20,0	2,9	29,3	11,1	59,2	99,6
Otto	„ Potsdam	500	33,8	41,8	16,8	7,6	31,4	45,9	22,7	2,0	28,9	13,1	58,1	100,1
Mayer und Kruse	„ Stettin	756	30,5	42,8	16,5	5,2	30,4	47,9	21,7	2,2	31,5	14,7	55,2	101,4
Kruse (20)	„ Königsberg	2400	34,4	42,0	17,3	6,3	32,3	45,4	22,2	2,2	28,8	12,8	58,7	100,3
Wagner und Kruse	„ Danzig	400	29,5	44,7	17,0	8,5	27,5	49,0	23,5	2,0	32,0	14,3	54,3	100,6
Kruse	„ Breslau I	600	40,8	44,1	11,0	4,2	39,1	46,3	14,6	3,1	27,0	7,8	63,9	98,7
„	„ Breslau II	763	39,3	41,0	14,3	5,4	37,0	44,0	19,0	2,3	26,6	10,4	62,8	99,8
Sucker, Zili, Arnold	„ Leipzig	6000	37,1	42,9	15,5	4,5	35,5	45,2	19,1	2.3	27,7	10,7	61,2	99,6
„ „ „	„ „ (Klinik)	701	40,0	40,0	14,8	5,1	38,2	42,9	18,9	2,2	25,9	10,6	63,4	99,9
„ „ „	„ „ (Geisteskranke)	1048	40,4	42,4	12,9	4,4	38,6	44,8	16,6	2,7	27,0	9,0	63,6	99,6
v. Krumbiegel	„ Dresden	3006	38,9	41,8	13,6	5,6	36,9	44,9	18,2	2,4	27,5	10,2	62,4	100,1
Fürst	„ München	660	42,7	41,1	11,7	4,5	40,8	43,6	15,5	2,6	26,1	8,4	65,9	100,4
Rimpau und Kruse	„ „	765	40,0	46,0	9,2	4,8	38,2	48,5	13,3	3,6	29,8	7,5	63,3	100,6
Kruse (22)	„ „	1300	42,5	43,0	9,6	4,9	40,5	45,6	13,8	3,2	26,9	7,6	65,3	99,8
„	„ Innsbruck	500	45,8	32,7	16,0	5,5	43,4	36,2	20,4	1,7	22,6	11,5	67,7	101,8
Decastello und Stürli	„ Wien	155	42,6	37,4	17,4	2,6	41,5	39,0	19,5	2,0	22,6	10,5	63,3	98,4
Hoche und Moritsch (23)	„ „	1000	33,1	39,9	20,1	6,9	30,9	43,7	25,2	1,7	27,1	14,8	57,6	99,5
Grötschel (24)	„ Oberschlesien	1600	35,1	39,7	18,1	7,0	33,0	42,7	23,4	1,8	27,0	16,2	59,3	102,5
Plüss (25)	„ Schweizer	543	42,6	43,1	8,8	5,5	40,4	46,1	13,5	4,0	28,3	7,3	65,3	101,1

Verfasser	Volksgruppe	Zahl der Unter-suchten	Gruppen in Prozenten				Umgerechnet (ohne AB)			Index	p	q	r	$p+q+r$
			O	A	B	AB	O	A	B					
Clearmonth	Deutsche-Zürich	2500	38,2	45,8	12,3	3,7	36,8	47,7	15,4	3,6	28,9	8,4	61,8	99,1
Verzar und Veszeczky . .	Deutsche-Ungarn	466	40,8	43,5	12,6	3,1	39,6	45,2	15,2	2,9	26,9	8,2	63,9	99
Manuila	Sachsen-Transsylvanien	301	33,5	50,5	12,0	4,0	32,2	52,4	15,4	3,4	32,5	8,3	57,9	98,7
,,	Schwaben-Banat	414	40,0	42,1	14,0	3,9	38,5	44,2	17,3	2,6	26,5	9,2	63,2	98,9
Halber und Mydlarski (26)	Polen (Sold.) zusammen	11488	32,5	37,6	20,9	9,0	29,8	42,7	27,4	1,5	28,2	11,1	62,6	101,9
,, ,, ,,	,, Warschau	1518	32,9	34,9	22,9	9,2	30,1	40,5	29,4	1,4	25,3	17,6	57,3	100
,, ,, ,,	,, Lodz	1962	32,4	39,1	20,2	8,3	29,9	43,8	26,3	1,5	27,4	15,4	56,9	99,8
,, ,, ,,	,, Kielz	1490	30,3	39,6	20,1	10,0	27,5	45,1	27,4	1,6	29,0	16,4	55,0	100,4
,, ,, ,,	,, Lublin	463	33,5	32,2	25,5	8,9	30,7	37,7	31 6	1,2	23,19	18,99	57,88	100,01
,, ,, ,,	,, Nawogrodelsk	1305	37,4	37,3	16,9	8,4	34,5	42,2	23,3	1,8	26,31	13,57	61,16	101,04
,, ,, ,,	,, Polesie	3389	30,6	36,2	23,6	9,5	28,1	41,7	30,2	1,4	26,83	18,27	55,32	99,97
,, ,, ,,	,, Posen	765	31,2	37,8	23,0	8,0	28,9	42,4	28,7	1,4	26,38	16,93	55,86	99,17
,, ,, ,,	,, Wolyn	85	27,1	37,6	22,3	12,9	24,1	44,7	31,2	1,4	29,71	19,56	52,06	101,32
,, ,, ,,	,, Pommern	850	30,1	41,1	19,2	9,6	27,5	46,3	26,2	1,7	29,79	15,62	54,86	100,27
,, ,, ,,	,, Krakau	345	27,3	40,0	23,7	9,0	25,0	45,0	30,0	1,5	28,59	17,96	52,25	98,80
,, ,, ,,	,, Lemberg Stanisl. Tarnopol	285	35,4	37,5	17,2	9,8	32,3	43,1	24,6	1,7	27,47	14,62	59,5	101,50
,, ,, ,,	,, Wilno	249	33,3	39,5	19,1	8,0	30,9	44,0	25,1	1,7	27,61	14,68	57,71	100,0
Halber und Kaczynski .	,, Warschau (Soldat)	1150	32,6	40,5	20,3	6,5	30,7	44,1	25.2	1,7	27,2	14,5	57,2	98,9
,, ,, ,,	,, ,, (Schulkind.)	1174	34,5	38,1	19,9	7,4	32,2	42,4	25,4	1,6	26,4	14,8	58,7	99,9
Amsel und Halber	,, ,, (Luet. Kr.)	2928	33,7	38,4	19,4	8,5	31,1	43,2	25,7	1,6	26,9	15,3	57,9	101,1
Hirszfeld und Zborowski	,, ,, (geb. Frauen)	720	34,7	37,6	18,8	8,9	31,9	42,7	25,4	1,6	26,9	15,2	58,8	100,9
L. und H. Hirszfeld (28) .	Russen gem.	1000	40,7	31,2	21,8	6,3	38,5	35,3	26,4	1,3	21,0	15,2	63,8	100,0
Rubaschkin und Derman	,, Charkov	808	28,4	40,2	23,9	7,4	26,5	44,3	29,2	1,5	27,7	17,3	53,4	98,4
Avdejeva und Gricevitsch (29)	,, Moskau	2200	32,0	38,5	23,0	6,5	30,0	42,3	27,7	1.5	25,9	16,1	56,6	98,6
Lachovecki	,, Moskau	300	32,8	39,6	19,6	8,0	30,4	44,1	25,5	1,7	27,5	15,0	57,4	99,9
Schamow und Jelanski .	,, Leningrad	212	35,4	38,2	20,3	6,1	33,4	41,7	24,9	1,7	25,3	14,2	59,5	99,0
Gruzdew	,, ,,	510	32,0	34,0	26,0	8,0	29,6	38,9	31,5	1,2	24,8	18,8	56,6	100,2
Feldman u. Elmanovicz .	,, Charkov	397	28,0	34,8	19,9	17,3	23,9	44,4	31,7	1,4	30,9	20.8	53,9	100,0

Tabelle 33 (Fortsetzung).

Verfasser	Volksgruppe	Zahl der Untersuchten	Gruppen in Prozenten				Umgerechnet (ohne *AB*)			Index	*p*	*q*	*r*	*p+q+r*
			O	*A*	*B*	*AB*	*O*	*A*	*B*					
Dychno	Russen Smolensk		26,8	39,4	24,3	9,5	24,5	44,6	30,8	1,5	22,0	18,6	51,8	92,4
Barinstein	Odessa	295	36,3	38,6	20,7	4,4	34,8	41,2	24,0	1,7	24,5	13,5	60,2	98,2
Moldawskaja u. Pauli	Marinpol	521	23,7	34,3	22,0	20,0	19,8	45,2	35,0	1,3	32,5	24,0	48,7	105,2
Zabezinsky (30)	Pensa	442	34,7	36,8	20,9	7,6	30,2	41,2	26,5	1,6	23,5	16,2	61,4	101,1
Wagner (31)	Tomsk	1000	36,7	32,7	22,9	7,7	34,1	37,5	28,4	1,3	22,7	16,7	60,7	100,1
„	Ural (Ufa)	350	35,7	31,3	23,6	9,4	32,6	37,2	30,2	1,2	23,0	18,1	59,7	100,8
Konikov (32)	Tula	1135	33,5	34,5	22,6	9,4	30,6	40,1	29,2	1,3	25,1	17,7	57,8	100,6
Schusterov	Omsk	1412	32,5	34,5	25	8	30,0	39,4	30,6	1,2	24,2	18,4	57,0	99,6
Prussky und Kosych	Omsk	1200	31	40,5	22,5	6	29,2	43,9	26,9	1,6	26,8	15,6	55,7	98,1
Karnauchow u. Firjukowa	Perm	1340	26,3	36,7	29,3	7,7	24,4	41,2	34,3	1,2	24,7	20,0	52,3	97,0
Schwarz u. Nemzowicka	Kasan	510	33,7	32	26,3	8,0	31,2	37,0	31,8	1,2	22,5	19,2	58,0	99,7
Barsky	Kasan	484	41,9	27,3	23,3	7,5	39,0	32,2	28,8	1,1	19,4	16,9	64,8	101,1
Wisniewski	Russen d. Tchuwaschengeb.	228	37,3	32,9	22,8	7,0	34,9	37,3	27,8	1,7	22,5	16,3	61,1	99,9
Melkich und Grüngot	Irkutsk	1430	33,7	36,0	22,8	7,5	31,3	40,5	28,2	1,4	25,5	17,4	57,2	100,1
„ „ „	Russen geb. Sibirier	1356	35,7	32,4	22,2	9,2	32,5	38,4	29,1	1,3	23,8	17,5	59,8	101,1
Kossovitsch (27)	Tschechen	218	39,2	40,0	12,4	7,8	36,5	44,4	19,1	2,4	28,2	11,1	62,6	101,9
Manuila	Slowaken	461	44,7	31,3	15,8	8,2	41,3	36,5	22,2	1,7	22,3	12,8	66,9	101,9
Manuila (33)	Kleinrussen	400	18,0	39,2	22,5	20,3	14,9	49,3	35,6	1,4	36,4	24,4	42,4	103,2
Feldman u. Elmanovitsch	Kleinrussen Ukraine	279	29,0	38,7	20,1	12,2	25,8	45,4	28,8	1,4	30,0	17,9	53,8	101,7
Rubaschkin u. Derman (34)	Kleinrussen	340	27,3	40,0	24,1	8,6	25,1	44,8	30,1	1,4	28,4	18,0	52,3	98,7
Bunak	Kleinrussen	156	44,2	35,9	16,0	3,9	42,5	38,3	19,2	2,0	22,3	10,6	66,4	99,3
L. und H. Hirszfeld (35)	Serben	500	38,0	41,8	15,6	4,6	36,3	44,3	19,3	2,5	26,8	10,7	51,6	99,1
L. und H. Hirszfeld (36)	Bulgaren	500	39,0	40,6	14,2	6,2	36,7	44,1	19,2	2,6	27,1	10,8	62,4	100,3
Manuila	Bulgaren	372	31,5	45,4	14,8	8,3	29,1	49,6	21,3	2,3	32,8	12,5	56,2	101,5
L. und H. Hirszfeld (37)	Griechen	500	38,2	41,6	16,2	4,0	36,8	43,8	19,4	2,5	26,2	10,7	61,8	98,7
L. und H. Hirszfeld (39)	Araber	500	43,6	32,4	19,0	5,0	41,4	35,6	23	1,5	20,9	12,9	66	99,8

Verfasser	Volksgruppe	Zahl der Untersuchten	Gruppen in Prozenten				Umgerechnet (ohne *AB*)			Index	*p*	*q*	*r*	*p+q+r*
			O	*A*	*B*	*AB*	*O*	*A*	*B*					
L. u. H. Hirszfeld (39)	Spanische Juden	500	38,8	33,0	23,2	5,0	37,0	36,2	26,7	1,0	21,3	15,3	62,3	98,9
Halber-Mydlarski (40)	Polnische Juden	813	33,1	41,5	17,4	8,0	30,7	45,8	23,5	1,9	28,9	13,6	58,0	100,5
Schiff-Ziegler (41)	Deutsche Juden	230	42,1	41,1	11,9	4,9	40,1	43,8	16,0	2,7	26,6	8,8	64,9	100,3
Manuila	Rumänische Juden	211	26,1	38,8	19,8	15,3	22,6	46,9	30,5	1,6	32,4	19,5	51,0	102,9
Avdejeva-Grizevicz (42)	Juden (Keschan)	350	33,1	42,0	19,6	5,3	31,4	44,9	23,6	1,9	27,5	13,5	57,5	98,5
Dychno	Russische Juden (Smolensk)	—	29,1	41,4	22,0	7,5	27,1	45,5	27,4	1,7	28,5	16,3	53,9	98,7
Rubaschkin-Dermann	„ „ (Charkow)	383	28,0	42,3	23,5	6,2	26,3	45,7	28,0	1,6	28,3	16,4	52,9	97,6
Feldmann-Elmanovitsch	„ „ „	108	31,2	33,0	17,4	18,4	26,4	43,4	30,2	1,4	30,4	19,8	55,8	106,0
Bunak	„ „ (Mohilev)	116	28,4	37,9	25,9	7,8	26,4	42,4	31,2	1,4	26,3	18,7	53,3	98,3
Pewsner	„ „ (Homel)	297	32,3	42,0	17,0	7,0	29,7	46,6	23,6	1,9	30,0	14,4	56,6	101,0
Melkich-Grüngot	„ „ (Irkutsk)	217	31,7	41,0	19,0	8,3	29,3	45,5	25,2	1,8	29,0	15,2	56,3	100,5
Streng und Ryti (43)	Finnen zusammen	5134	32,8	43,5	17,0	6,7	30,7	47,0	22,2	2,1	29,4	12,6	57,2	99,3
„ „ „	„ im Westen	2950	33,8	42,9	16,7	6,6	31,7	46,4	21,9	2,1	28,9	12,4	58,1	99,4
„ „ „	„ im Osten	724	26,2	44,5	19,9	9,4	23,9	49,3	26,8	1,8	32,1	15,9	51,2	99,2
„ „ „	„ im Norden	378	31,7	41,3	19,0	7,9	29,5	45,6	24,9	1,8	28,8	14,6	56,4	99,8
Siewers	„ in Vörä	1963	34,4	43,1	17,7	4,8	32,8	45,7	21,5	2,1	28,0	12,1	58,4	98,5
„	„ auf Narpäs	568	33,8	46,6	14,5	4,9	32,4	49,1	18,5	2,6	30,5	10,4	58,1	99,0
„	„ auf Allan	868	37,8	42,0	15,9	4,3	36,2	44,4	19,4	2,2	26,7	10,7	61,5	98,8
Verzar-Weszeczky (44)	Ungarn	1500	31,0	38,0	18,8	12,2	27,6	44,7	27,6	1,6	29,4	17,0	55,7	102,1
Manuila	Ungarn (Transsylvanien)	688	27,8	40,8	20,2	11,2	25,0	46,8	28,2	1,6	30,7	17,2	52,7	100,6
Weszeczky	„ „	550	27,5	37,3	18,3	16,9	23,5	46,4	30,1	1,5	32,4	19,6	52,4	104,4
Jenay	„ (Juden)	1172	22,3	31,7	27,4	18,7	18,7	42,5	38,8	1,1	29,6	25,9	47,4	102,9
Ritz (45)	Lappen (in Schweden)	199	51,0	42,0	3,0	4,0	49,0	44,2	6,7	6,5	26,7	3,6	71,3	101,6
Schött	„ „ „	404	28,9	62,6	4,46	3,96	27,6	64,0	8,1	7,9	42,0	4,5	53,9	100,4
Snominen	„ (in Finnland)	69	36,2	50,7	8,7	4,4	34,7	52,8	12,5	4,2	33,2	6,7	60,2	100,1
„	Lappen (ohne Kolhalappen)	222	35,1	44,2	16,2	4,5	33,6	46,6	19,8	2,3	28,4	11,0	59,2	98,6
Jonsson	Isländer	800	55,7	32,1	9,6	2,6	57,3	33,8	11,9	2,8	19,3	6,3	74,6	100,2

Tabelle 33 (Fortsetzung).

Verfasser	Volksgruppe	Zahl der Unter-suchten	Gruppen in Prozenten				Umgerechnet (ohne *AB*)			Index	*p*	*q*	*r*	*p*+*q*+*r*
			O	*A*	*B*	*AB*	*O*	*A*	*B*					
Bay und Schmith	Grönländer	230	53,5	35,6	7,4	3,5	51,7	37,8	10,5		22,0	5,6	73,1	100,7
Heinbäcker u. Pauli (48)	Eskimos in Grönland	124	80,6	12,9	2,4	4,0	77,6	16,3	6,1					
L. u. H. Hirszfeld (49)	Türken (Mazedonien)	500	36,8	38,0	18,6	6,6	34,5	41,8	23,6	1,8	25,6	13,6	60,7	99,9
Besedin (50)	Tataren (Krim)	1631	20,7	43,3	25,3	10,7	18,7	48,8	32,5	1,5	32,2	20,0	45,7	97,9
Wagner	„ (Ufa)	217	32,7	33,2	28,6	5,5	31,0	36,6	32,4	1,1	21,7	18,9	57,2	97,8
Schwarz u. Nimzowizkaja (51)	„ (Kasan)	500	27,8	30,0	28,8	13,4	24,5	38,9	37,2	1,0	24,7	24,0	52,8	101,5
Wagner	Wotjaken (Finn. Abst.)	266	32,1	35,5	29,7	11,7	28,7	42,2	29,0	1,48	27,2	17,9	56,7	100,8
Gesselewitsch	Baschkiren	135	29,8	36,2	25,5	8,5	27,4	41,2	31,3	1,3	25,6	19,0	54,7	99,3
Tschinkin	Burjaten	1542	30,4	21,9	37,8	9,9	27,6	29,0	43,4	0,7	17,5	27,6	55,2	100,3
Bunak	Kirgisen, Baschkiren Usbeken	119	34,4	30,3	27,7	7,6	32,0	35,2	32,8	1,1	21,2	19,6	58,6	99,4
Minkewitsch (52)	„	694	28,7	36,5	27,0	8,2	26,5	41,2	32,4	1,3	25,4	19,3	53,6	98,3
„ (53)	Türkmenen	1159	29,4	33,9	27,0	10,6	26,4	40,2	34,0	1,0	24,9	20,4	54,2	99,5
Wisznewsky (54)	Tschuwaschen	951	32,6	26,3	34,8	6,3	30,7	30,7	38,6	0,8	18,0	23,2	57,2	98,4
Bunak	Asiat. Völker gemischt	550	35,8	30,5	24,3	9,3	32,8	36,4	30,8	1,18	22,5	18,6	59,8	101,9
Josifow	Ossetinen	405	41,7	39,0	16,1	3,2	40,4	40,9	18,7	2,1	24,0	10,3	64,5	98,9
„	Inguszken	200	31,9	40,0	23,1	5	30,4	42,8	26,8	1,6	25,9	15,4	56,5	98,8
Parz (nach Snyder) (55)	Armenier	213	22,5	51,6	13,1	12,6	20,1	57,0	22,9	2,1	40,3	14,0	47,4	101,7
Kossowitsch	Armenier	380	36,3	40,3	16,6	6,8	34	44,1	21,9	2,0	26,5	12,5	60,3	99,3
L. und H. Hirszfeld (56)	Indochinesen, Annamiten	500	42,0	22,4	28,4	7,2	39,2	27,6	33,2	0,8	16,1	19,8	64,8	100,7
Bais und Verhoef (57)	Javaner	1346	39,9	25,7	29,0	5,4	37,8	29,5	32,6	0,9	17,1	19,1	63,0	99,2
„ „ „ (58)	Sumatraner	546	43,7	23,0	29,0	4,3	41,9	26,2	31,9	0,8	14,8	18,4	66,1	99,3
Cabrera und Wade (59)	Philippiner	204	64,7	14,7	19,6	1,0	64,1	15,5	20,4	0,7	8,2	10,9	80,4	99,5
Pasquale	„	183	40,0	24,0	30,0	6,0	37,7	28,3	44,0	0,8	16,3	20,0	63,3	99,6
Bais und Verhoef	Neu Klingalesen	348	37,9	23,0	31,6	7,5	35,3	28,3	36,4	0,8	16,6	22,0	61,5	100,1
Korthoff	Holländisch-Indier	150	50,0	40,0	7,0	3,0	48,5	41,7	9,8		24,5	5,1	70,7	100,3
Grove Ella (60)	Samal, Moros (Philippinen)	501	25,9	18,1	44,9	11,1	23,3	26,3	50,4	0,5	16,0	33,8	49,3	99,1
„ „	Sulu „ „	442	41,6	23,0	30,3	4,9	39,6	26,6	33,6	0,8	15,2	19,6	64,5	100,3

Verfasser	Volksgruppe	Zahl der Untersuchten	Gruppen in Prozenten				Umgerechnet (ohne AB)			Index	p	q	r	$p+q+r$
			O	A	B	AB	O	A	B					
L. und H. Hirszfeld (61)	Madagassen	400	45,8	26,2	23,7	4,5	43,6	29,4	27,0	1,0	16,8	15,4	67,5	99,7
L. und H. Hirszfeld (62)	Senegal-Neger	500	43,2	22,4	29,2	5,0	41,1	26,2	32,7	0,8	14,9	18,9	65,7	99,5
Pirie	Bantu-Neger	250	52,0	27,2	19,2	1,6	51,2	28,3	20,5	1,4	15,6	11,1	72,1	98,8
Bruynoghe, Walravens	Katanga (Belgisch-Kongo)	500	45,6	22,2	24,2	8,0	42,2	28,0	29,8	0,93	16,5	17,7	67,5	101,7
Müller	Neger (Jorula, Westafrika)	325	52,3	21,5	23,0	3,2	50,7	23,9	25,4	0,9	13,3	14,3	72,4	100,0
Levis u. Henderson (63)	Amerikanische Neger	270	49,0	26,9	18,4	5,5	46,6	30,7	22,7	0,93	16,5	17,7	67,5	101,7
Snyder	,, ,,	500	47,0	28,0	20,0	5,0	44,7	31,5	23,8	—	12,2	13,4	68,5	100,1
Heydon und Murphy (64)	Melanesier (Neu-Guinea)	753	53,7	56,8	16,3	3,2	51,3	29,4	19,2	1,5	16,5	10,4	73,2	100,1
Grove Ella	Negritos (Philippinen)	297	48,4	33,3	14,1	4,0	46,7	35,9	17,4	2,0	20,9	9,6	69,6	100,1
,, ,, (65)	Igoroten ,,	214	51,6	21,4	21,4	5,6	49,0	25,5	25,5	1,0	15,2	15,2	71,0	101,4
,, ,, (66)	Bogobos ,,	302	53,7	16,9	26,5	2,9	52,2	19,2	28,6	0,67	10,5	16,1	73,2	99,8
Kirihara und Haku	Japaner (Korea)	502	29,4	42,2	20,6	7,8	27,3	46,3	26,4	1,7	29,3	15,4	54,2	98,9
Ninomiya	,, (Sendai)	642	29,4	39,2	21,5	9,8	26,9	44,6	28,5	1,9	28,7	17,2	54,3	100,2
Miyaji (67)	,, (Nihigata)	1786	30,2	37,9	22,5	9,5	27,5	43,3	29,2	1,5	27,4	17,5	55,0	99,9
Nakajima	,, (Tokio)	501	31,1	38,5	22,4	8,0	28,8	43,1	28,1	1,5	26,9	16,6	55,8	99,3
,,	,, (Kijoto)	509	28,7	41,7	20,2	9,4	26,2	46,7	27,1	1,7	30,4	16,1	53,6	99,8
Oyamada	,, (Osaka)	560	28,4	39,2	22,3	10,1	25,8	44,8	29,4	1,5	28,9	17,9	53,1	99,9
Furuhata und Kishi	,, (Kanazawa)	775	26,2	36,0	23,4	14,4	22,9	44,1	33,0	1,3	29,6	21,1	51,1	101,8
Kavaishi u. Furuhashi (68)	,, (Nagaya)	1161	28,0	39,8	21,6	10,6	25,3	45,8	29,1	1,5	29,6	17,6	52,9	100,1
,, ,, ,, (69)	,, (Hida)	1002	43,8	33,2	18,8	4,2	42,0	35,9	22,1	1,6	20,9	12,3	66,2	99,4
Nakajima	,, (Hokaido)	500	28,6	38,0	22,6	10,8	26,0	44,0	30,0	1,45	28,4	18,5	53,3	100,2
Grove Ella (70)	Ainos in Hokaido	304	15,8	31,3	30,9	22,0	12,9	43,7	43,4	1,0	31,7	31,4	39,7	102,8
Kishi	,, in Karafuto	205	37,1	24,4	32,7	5,8	3,5	28,5	36,4	0,78	16,5	21,6	60,8	98,9
Ninomiya	,, in Hokaido	205	19,1	32,7	34,5	13,7	16,8	40,8	42,4	0,98	26,7	28,0	43,7	98,4
Kishi	Giljak in Karafuto	62	50,1	27,4	14,5	8,0	46,4	32,8	20,8	1,6	19,5	12,0	70,8	102,3
,,	Orakko in Karafuto	89	30,4	24,7	37,1	7,8	28,2	30,1	41,6	0,72	17,9	25,8	55,2	98,9
Kirihara und Haku	Koreaner in Heian	354	30,5	27,4	34,5	7,6	28,3	32,5	39,2	0,83	19,6	24,0	55,3	98,9

Tabelle 33 (Fortsetzung).

Verfasser	Volksgruppe	Zahl der Unter-suchten	Gruppen in Prozenten				Umgerechnet (ohne AB)			Index	p	q	r	$p+q+r$
			O	A	B	AB	O	A	B					
Fukamachi	Koreaner in Pyengyan	184	31,6	29,9	27,7	10,8	28,5	36,7	34,8	1,05	23,0	21,5	56,2	100,7
Kirihara und Haku	Mandschuren in Mukden	236	30,9	25,9	33,9	9,3	28,2	32,3	39,5	0,81	19,4	24,6	55,6	99,6
Fukamachi	,, ,, ,,	199	26,7	26,6	38,2	8,5	24,6	32,4	43,0	0,75	19,6	27,0	51,6	98,2
Kirihara und Haku	Amis (Formosa)	231	37,2	26,0	24,2	12,6	33,0	34,3	32,7	1,05	21,7	20,5	60,9	103,1
,, ,, ,,	,, ,,	236	27,1	41,1	18,6	13,2	38,9	48,0	28,1	1,7	32,4	17,6	52,0	102,0
,, ,, ,,	Peiran (Formosa)	135	35,6	19,7	33,6	11,1	32,0	27,7	40,3	0,64	17,1	25,7	59,6	102,4
Li-Chi-Pan (71)	Chinesen	1500	31,3	38,1	20,7	9,9	28,4	43,7	27,8	1,2	27,9	16,7	55,9	100,5
Coca und Deibert (72)	,,	1111	29,0	32,0	29,0	10,1	26,4	38,2	35,4	1,8	23,9	21,9	53,9	99,7
Liu-Heng-Wang (73)	,,	1000	30,0	25,0	35,0	10,0	27,3	31,8	40,9	0,8	20,0	25,8	54,8	100,6
Kilgore-Liu-Hua	,,	100	28,0	36,0	25,0	11,0	25,2	42,3	32,5	1,3	27,2	20,0	52,9	100,1
Cabrera und Vade	,,	—	32,0	24,0	34,0	10,0	29,1	30,9	40,0	0,7	18,8	25,1	56,6	100,5
Liang (74)	,,	1000	38,3	30,3	25,7	6,0	35,8	34,2	30,0	1,1	20,0	17,2	61,9	99,1
Bais und Verhoeff	Chinesen (Sumatra)	592	40,2	25,0	27,6	7,2	37,5	30,0	32,5	0,9	17,7	19,3	63,4	100,4
Tebbutt u. McConnel (75)	Uraustralier	1176	52,6	36,9	8,5	2,0	51,5	38,1	10,3	3,7	21,8	5,4	72,5	99,7
,, ,, ,,	,,	141	57,0	38,5	3,0	1,5	56,2	39,4	4,4	8,8	22,5	2,3	75,5	100,3
,, ,, ,,	South-Wales	192	55,2	38,2	5,4	1,2	54,6	38,9	6,5	7,7	21,9	4,4	74,3	100,6
J. Cleland-Burton	Süd-Australien	101	46,0	54,0	—	—	46,0	54,0	—	—	—	—	—	—
Douglas-Lee (76)	Australien (N. Queensland)	377	60,3	31,7	6,4	1,6	59,3	32,8	7,9	4,67	18,3	4,0	77,8	100,1
Coca und Deibert	Indianer	862	77,7	20,2	2,1	—	77,7	20,2	2,1	—	10,7	1,1	88,0	98,8
Nigg Clare (77)	,,	517	70,8	28,63	0,39	0,19	70,8	28,6	0,6	—	15,5	0,4	84,2	100,1
Snyder (78)	,,	1104	79,1	16,4	3,4	0,9	79,6	17,1	3,3	—	9,2	2,3	88,9	100,4
,,	Indianer (rein)	458	91,3	7,7	1,3	—	91,3	7,7	1,3	—	—	—	—	—
Verzàr (79)	Zigeuner	385	34,2	21,1	38,9	5,8	32,3	25,3	42,2	0,6	14,5	25,6	58,4	98,5
L. und H. Hirszfeld (80)	Indier	1000	31,3	19,0	41,2	8,5	28,8	25,2	46,1	0,6	14,9	29,1	56,0	100,0

Die Tab. 33 auf S. 92—100 bringen das vorliegende Material in allgemeiner Form ohne nähere Spezifizierung. Im folgenden werde ich das Material mancher Autoren einer näheren Betrachtung unterziehen. Ich möchte betonen, daß die Technik der Autoren verschieden war; manche Differenzen in den Ergebnissen sind dadurch zu erklären. Das statistische Material, eingeteilt nach verschiedenen Gesichtspunkten, ist manchmal zu gering, um eine prozentuale Ausrechnung zu rechtfertigen. Ich bringe dieses Material, um die weitere Arbeit auf diesem Gebiete zu erleichtern. Es ist für einen einzelnen, der dazu kein Fachanthropologe ist, nicht möglich, die ethnologischen und anthropologischen Angaben der Autoren zu überprüfen. Ich würde es begrüßen, wenn eine Sachverständigenkommission sich mit der Analyse des vorliegenden Materials befassen würde.

Die gemeinsam mit meiner Frau vorgenommenen Untersuchungen wurden kurz in „Lancet" mitgeteilt, eine ausführliche Publikation erfolgte in „Anthropologie". Diese letzte Publikation wurde weniger beachtet als die englische, eine nähere Angabe unserer Befunde ist daher angezeigt.

Tabelle 34.

Zusammenstellung der Ergebnisse von H. und L. Hirszfeld.

	O		*A*		*B*		*AB*		Summe
	absolut	%	absolut	%	absolut	%	absolut	%	
				England.					
Engländer	180	44,6	180	44,6	31	7,7	12	3	403
Galier	12		11		3		3		29
Schotten	29		21		2				52
Irländer	11		5						16
				Italien.					
Norden (Piemont, Lombardien, Venedig)	90	44,8	84	41,8	20	9,9	7	3,5	201
Zentral (Toskanien, Marches, Umbrien, Rom, Abruzzen)	43	54,4	27	34,3	4	5	5	6,3	79
Süden (Kampanien, Apulien, Kalabrien, Sizilien, Basikate)	103	46,8	79	36,0	31	14	7	3,2	220
				Griechenland.					
Kleinasien	48	31,8	71	47	26	17	6	4	151
Altgriechenland	50	38,5	55	47,2	21	16,6	4	3	130
Thrazien	35		24		12		6		77
Insel des Archipels	26		25		8		1		60
Insel Kreta	15		20		6		1		42
Mazedonien	14		10		3		1		31
Epirus	3		3		2		1		9
				Rußland.					
Großrußland (Zentral-)	165	41,2	134	33,6	85	21,2	16	4	400
Ukraina (Kleinrußland)	46	41,4	28	25,2	26	23,4	11	9,9	111
Sibirien	130	40,3	98	30,5	74	23	20	6	322
Wolgagebiet (Astrachan, Kasan)	17		13		3		4		37
Nordost (Wiatka, Archangel, Wologda)	29		25		22		7		83

Tabelle 34 (Fortsetzung).

	0		A		B		AB		Summe
	absolut	%	absolut	%	absolut	%	absolut	%	
Arabien.									
Tunis	100	50	50	25	39	19,5	11	5,5	200
Algier	118	39	112	37,6	56	18,6	14	4,6	300
Madagaskar.									
Hovas	120	45,5	73	27,5	61	22,5	12	4,5	266
Komorien	12		8		9		1		30
Betsileos	2		2		5		1		10
Betsimisaraka	12				2				14
Sakalaves	12		5		5				22
Antemoro	6		2				4		12
Indochinesen.									
Tonkinesen	173	42,8	86	21,6	108	28	30	7,6	397
Anamiten	15		15		16		3		49
Kambodgesien	8		5		7		2		22
Kotschinchinesen	14		6		11		1		32
Neger aus Afrika.									
Senegal (Rufisk, St. Louis, Dakkar, Gorée)	110	46,2	50	21	71	29,7	7	2,9	238
Reunioninsel	2		3		1		1		7
Neukaledonien	2								2
Guadeloupe	4		1		3				8
Martinique	5		3		2				10
Guyana	3		1		1				5
Haitiinsel	1		1		1				3
Sudan	6		7		5				18
Elfenbeinküste	5		1		4		2		12
Gwineen	7		4		6				17
Bambarras	29	35,8	20	24,7	26	32	6	7,4	81
Ouolof	6		3		3		1		10
Haoussas (Dahome)	6		3				3		12
Saracolesien	7		4		7		1		19
Malinkesien	1		4		1		2		8
Toucouleurs	15		7		12		1		35
Dzoumas	1				1				2
Mossis	3		2				1		6
Baoulesien	1		2						3
Kongo	2				1				3
Indien.									
Hindus	228	31,8	132	18,5	275	40,9	59	8,7	694
Mohammedaner	76	30,3	59	19,8	128	42,2	27	7,6	292
Vereinigte Provinzen	121	34,0	59	16,5	143	40,1	33	9,2	356
Zentralprovinzen	73	35,6	47	23,0	77	37,5	8	3,9	205
Pendjab	89	28,0	52	16,2	141	44,0	38	12,0	320
Nepal	3		2		6		4		15
Madras	4		15		24		1		44
Bombay	1		5		9		2		17
Andere Provinzen	7		10		12		2		31

Die Gesamtzahlen wurden bereits in den Tabellen angegeben, es sei noch ein Diagramm mitgeteilt, welches ein gewisses historisches Interesse beansprucht, da es zur Grundlage aller späteren Untersuchungen gedient hat und unsere Annahme, daß die verschiedene Verteilung der Gruppen eine Folge der Migrationen von Trägern von A und B nach Westen bzw. nach Osten ist, demonstriert. Unter A verstehen wir, wie erwähnt, sowohl die Vertreter von A wie AB (Gruppe II und IV), unter B Vertreter von B und AB (III und IV), unter Index das Verhältnis $\frac{A + AB}{B + AB}$.

Das Diagramm zeigt demnach, daß bei sämtlichen untersuchten Völkern alle Gruppen vorkommen, daß aber die Verteilung der Gruppen je nach der geographischen Lage des Vaterlandes des betreffenden Volkes verschieden ist. Die Gruppe A ist bei den mittel-

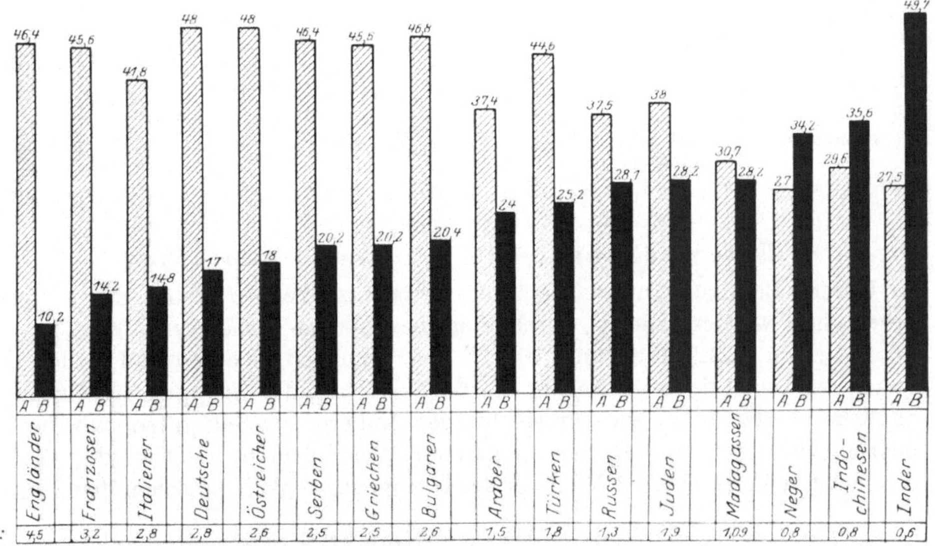

Abb. 4. Verteilung der Blutgruppen. (Nach Hanna und L. Hirszfeld.)

und nordeuropäischen Völkern mehr verbreitet und beträgt über 40. Sowohl nach dem Osten wie nach dem Süden nimmt die Zahl der A-Fälle ab, so daß die Völker um das Mittelmeer, die Grenzvölker zwischen Asien und Europa (Russen, Türken usw.) nur 30—40 A besitzen. Schließlich die Indier, Anamiten und Neger haben weniger als 30. Bei der Gruppe B finden wir die entgegengesetzte Tendenz. Bei den am meisten westlich liegenden Völkern am wenigsten ausgesprochen (z. B. bei den Engländern 10) finden wir die Gruppe B bis zu den Indiern kontinuierlich ansteigend, wo einzelne Stämme bis 60 B aufweisen. Wir sehen also einen steten Abfall von A von Westen nach Osten und Süden, verbunden mit einer Zunahme von B. Bezeichnet man also, um einen Ausdruck für dieses differente Mischungsverhältnis zu haben, als Index das Verhältnis von A zu B, so kann man dreierlei Typen unterscheiden. Der westeuropäische Typus hat einen Index höher als 2, der asiatisch-afrikanische weniger als 1 (Überwiegen von B), der intermediäre 2—1 (Russen, Türken, spaniolische Juden). Die Häufigkeit der Gruppe ist von den klimatischen Einflüssen unabhängig, so daß eine vor Jahrhunderten ausgewanderte Bevölkerung das Gepräge des Ausgangsvolkes trägt. So z. B. hatten die griechischen Flüchtlinge in Saloniki, die aus Kleinasien stammen, dieselbe Häufigkeit der Gruppen wie die sonstige balkanische Bevölkerung, während die dort wohnenden Mohammedaner mehr *B* aufwiesen, entsprechend ihrer türkischen Herkunft. Ähnlich zeigte auch Oberitalien mit der stärkeren Beimischung nordeuropäischen Blutes 45 *A* und 13 *B*, während die Süditaliener 39 *A* und 17 *B* aufweisen.

Der Gedanke lag nahe, die Gruppen mit bestimmten anthropologischen Merkmalen zu korrelieren. Wir haben Engländer und Franzosen nach der Pigmentierung eingeteilt, ohne deutliche Korrelationen mit der Gruppe zu finden.

Tabelle 35. Gruppenhäufigkeit und Haarfarbe.

Volksgruppe		*O*	*A*	*B*	*AB*	Zusammen
Engländer	Blond	45,8	43,4	8,4	2,4	166
	Dunkelblond . . .	46,2	42,6	7,6	3,6	251
	Dunkel	48,2	45,8	3,6	2,4	83
Franzosen	Blond	44,0	45,0	8,8	2,2	91
	Dunkelblond . . .	44,5	41,5	11,6	2,4	284
	Dunkel	40,0	43,2	12,0	4,8	125

Untersuchungen von Verzar und Weszeczky.

Unsere Befunde, aus welchen die grundsätzliche Verteilung der Gruppen hervorging, wurden zuerst durch eine bedeutsame Arbeit von Verzar und Weszeczky (1921) bestätigt. Diese Untersuchungen machten namentlich deswegen ein berechtigtes Aufsehen, da die Verteilung der Gruppen bei Zigeunern ähnliche Werte ergab, wie wir sie bei den Indiern feststellten, so daß die Bedeutung der Abstammung hier in klarster Weise demonstriert wurde. Außerdem zeigten Verff. eine Differenz in der Gruppenhäufigkeit zwischen den Ungarn

Tabelle 36. Vergleichende Untersuchungen bei Ungarn, Deutschen und Zigeunern nach Verzar und Weszeczky.

Volksgruppe	Ursprungsort	*O*	*A*	*B*	*AB*	Summe	Index
Ungarn	Militär, Theißebene.	33,0	34,8	22,8	9,4	224	1,4
	Gemischt, Debreczen	31,8	39,7	16,1	12,4	783	1,8
	Kranke, Debreczen	36,1	35,3	18,8	9,8	133	1,6
	Frauenklinik, Debreczen . .	25,9	33,6	24,1	16,4	274	1,2
	Kinderasyl, Debreczen . . .	27,9	48,8	15,1	8,1	86	2,5
Zusammen		31,0	38,0	18,8	12,2	1500	1,6
Deutsche	Budakesz	39,4	42,3	13,4	4,9	142	2,6
	Budaörs	40,1	46,7	10,8	2,4	167	3,7
	Solimär	42,5	41,3	13,8	2,4	167	2,7
Zusammen		40,0	43,5	12,6	3,1	476	2,9
Zigeuner	Forro	18,3	40,8	38,7	2,2	49	1,0
	Debreczen	46,5	21,2	24,0	4,5	64	0,9
	Hajdo-Boszermeny	34,7	18,7	39,9	6,7	75	0,5
	Puspokladany	32,8	23,4	37,5	6,3	64	0,7
	Hajduhadhaz	33,8	13,5	45,9	6,8	133	0,4
Zusammen		34,2	21,1	38,9	5,8	385	0,6

und den deutschen Kolonisten. Die Hauptergebnisse dieser wichtigen Arbeit wurden in den großen Tabellen mitgeteilt, hier seien die detallierten Befunde in einer Tabelle angegeben, die die Konstanz der Gruppenverteilung selbst bei kleinerem Material deutlich demonstriert.

Bedenkt man, daß der Index in Heidelberg 2,8 beträgt, bei den Türken 1,8 und bei den Indiern 0,6, so ergibt die Tab. 33 und 36, daß die historisch nachweisbaren Verwandtschaften in der Blutzusammensetzung ihren Ausdruck finden, und daß die drei seit Jahrhunderten zusammenlebenden Volksgruppen Ungarn, Deutsche und Zigeuner auch nach einer so langdauernden Trennung von ihren Stammesgenossen die charakteristische Gruppenverteilung beibehalten. Die Ungarn haben auch heute nach weit mehr als 1200jähriger Trennung von anderen Völkern uraltaischer bzw. türkisch-mongolischer Rasse genau dieselbe Gruppenverteilung wie die Ausgangsvölker. Dasselbe ist bewiesen bei Deutschen, die über 200 Jahre und für die Zigeuner, die seit mindesten 600 Jahren von ihren Stammesgenossen getrennt sind.

Die Untersuchungen von Verzar und Weszeczky zeigen demnach ebenfalls, daß die Häufigkeit von A und B ein charakteristisches Rassenmerkmal ist, welches ermöglicht, in einem Völkergemisch die einzelnen Rassen selbst viele Jahrhunderte nach der Trennung von ihren Stammesgenossen genau voneinander zu unterscheiden.

Der Arbeit Verzars wurde durch eine Reihe wichtiger Untersuchungen gefolgt, wobei namentlich die Befunde von Coca und Deibert Aufsehen machten, da sie zeigten, daß die Indianer nur wenig A und fast kein B haben. Diese Befunde sind in den Haupttabellen mitgeteilt, ich übergehe sie daher und bespreche manche Arbeiten, die einige detaillierte Angaben enthalten.

Untersuchungen in Deutschland.

In Deutschland haben in der letzten Zeit eine Reihe ausgezeichneter Forscher mit großer Gründlichkeit und Verständnis für die Probleme serologische Aufnahmen gemacht, so daß Deutschland gegenwärtig zu den vielleicht am besten untersuchten Ländern gehört. Die Arbeitsrichtung wurde meines Wissens von Schiff und Kruse inauguriert. Es wurden dann Aufnahmen von Wichmann und Paal, Gundel, Steffan, Klein und Osthoff, Fürst und vielen anderen angesetzt und schließlich hat Kruse in großzügiger Weise eine Enquete an Wassermann-Stationen durchgeführt. Kruse publizierte sein Material lediglich unter Berechnung von p, q und r, stellte mir aber liebenswürdig die genauen Protokolle zur Verfügung. Ich folge bei der Darstellung den Ausführungen von Kruse.

Bei den Deutschen ist die von uns festgestellte Tatsache nicht zu verkennen, daß der Westen weniger B hat als der Osten. So nähern sich den Engländern, Franzosen, Belgiern, Norwegern und Schweden die Holsteiner, Westfalen, Rheinländer des Nordens und Südens bis in die Schweiz herunter, die Württemberger, Franken und Altbayern, auch die Thüringer und Sachsen der Provinz. Diese Stämme haben weniger B. Weiter nach Osten, etwa in der Linie, die dem nördlichen Verlauf der Elbe entspricht, liegen die Gruppen der Mecklenburger, ein Teil der Pommern, West- und Ostpreußen, die Brandenburger einschließlich Berlins, die Hallenser und Schlesier. Noch weiter sitzen die Polen, Russen,

Serben usw. Interessant ist, daß z. B. die Leipziger starke Durchmischung mit slawischem Element zeigen, die Wiener — der am meisten nach Osten vorgeschobene deutsche Hort — liegt bereits auf slawischem Gebiet. Es hat sich gleichsam ein bestimmter Großstadttypus ausgebildet: man sieht eine andere Gruppenverteilung bei den Städtern im Westen (Köln, Düsseldorf, Frankfurt) als im Osten (Berlin, Breslau, Königsberg). München gehört zu dem Westentypus. Daß eine solche Gruppenbestimmung eine genügende Durchmischung zur Voraussetzung hat, ist einleuchtend. So enthalten nach den interessanten Beobachtungen von Wichmann und Paal manche Dörfer in der Gegend von Köln Werte mit so wenig B wie etwa Indianer (Prümm, Delbrück). Man sieht daher, daß man eine abgeschlossene Bevölkerung nicht zum Maßstab der Gruppenverteilung eines Volkes machen darf[1]).

Kruse, dem ich die obenerwähnte Darstellung entnehme, macht auf eine Reihe allgemeiner Tatsachen aufmerksam. So z. B. die Lappen, denen man asiatische Beziehungen zuschreibt, liegen im westeuropäischen Bereich in der Nähe der Schweden. Ähnlich auch die australischen Weißen sind auf der Karte in der Nähe der Uraustralier. Weit zerstreut sind die Juden und man hat den Eindruck, daß sie sich ihren Wirtsvölkern genähert haben. Kruse, entsprechend seinen bekannten allgemeinen Auffassungen, rechnet mit der Möglichkeit, daß die Umwelt auf die serologische Blutzusammensetzung Einfluß hat, ohne sich solche Änderungen als plötzlich zu denken. Merkmale, die innerhalb weniger Geschlechtsfolgen unverändert vererbt werden, brauchen für die Jahrhunderte oder Jahrtausende nicht uneingeschränkt beständig zu sein. Annäherungen wie zwischen Lappen und Skandinaviern finden wir auch sonst zwischen Völkern, die nichts miteinander gemein haben als ihre Wohngegend.

Arbeit von Klein und Osthoff.

Verff. hatten im Anschluß an die Arbeiten von Steffan eine Reihe von interessanten Ergebnissen in Westfalen. Das Material wurde teilweise nach der Abstammung, teilweise nach anthropologischen Merkmalen gesichtet.

Tabelle 37.

Ort	O	A	B	AB	Summe	Index
Abstammung aus Ostelbien	33,6	36,8	23,4	6,2	321	1,5
Mischlinge . . .	35,5	45,8	14,3	4,4	456	2,7
„ aus Westelbien . . .	43,6	46,0	7,8	2,6	383	4,7
Name slawisch	33,2	44,7	18,4	3,7	190	2,2
Name deutsch	40,6	45,5	10,2	3,7	571	3,5

Die Tab. 37 zeigen, daß bestimmte Zusammenhänge zwischen Blutgruppen und anthropologischen Merkmalen bestehen können, und zwar in dem Sinne,

[1]) Diese Untersuchungen bedeuten allerdings die erste Etappe. Es wäre von Wichtigkeit, nicht nur den serologischen Mischungsgrad der Großstädte, sondern auch abgeschlossene Orte zu untersuchen, und zwar unter gleichzeitiger Berücksichtigung der anthropologischen Aufnahmen. Auch eine Berücksichtigung des Geburtsortes der Eltern usw., der Vergleich der städtischen und ländlichen Bevölkerung, verschiedener Stadtteile und sozialer Schichten, schließlich wiederholte Prüfung alle 10 Jahre, um evtl. Änderungen des Mischungsgrades festzustellen, wären von Wichtigkeit. Einen großzügigen Arbeitsplan hat namentlich Schiff entworfen.

daß die Gruppe *B* bei den Blonden weniger vorkommt als bei den Brünetten und weniger bei den Dolichocephalen als bei den Brachycephalen.

Tabelle 38. Gruppenhäufigkeit und Haarfarbe.

Haarfarbe	*0*	*A*	*B*	*AB*	Summe	Index
Blond	40,6	44,2	11,7	3,5	461	3,1
Mittel	37,2	42,8	14,2	5,6	626	2,4
Brünett	41,8	36,4	18,4	3,6	110	1,8

Gruppenhäufigkeit und Schädelform.

Schädelform	*0*	*A*	*B*	*AB*	Summe	Index
Dolichocephal	34,8	52,2	9,8	3,3	92	4,2
Mesocephal	41,0	42,8	11,7	4,5	446	2,9
Brachycephal	38,1	32,5	15,9	3,5	478	2,4

Diese Zusammenhänge sind aber nicht immer deutlich.

Namentlich dort, wo die Mischungen noch jüngeren Datums sind, lassen sich Differenzen eher ablesen. Ich gebe z. B. die Untersuchungen der oberschlesischen Bevölkerung von Grötschel an:

Tabelle 39.

	0	*A*	*B*	*AB*	Zusammen
Gesamte Untersuchung	35,1	39,7	18,1	7,0	1600
Im Industriebezirk	32,1	41,2	19,0	7,7	1003
Außerhalb des Industriebezirks	39,2	38,0	17,0	5,7	597
Träger deutscher Namen	39,4	37,6	17,2	5,8	606
Träger polnischer Namen	31,8	41,7	18,5	8,0	841
Männer	34,7	38,3	20,3	6,7	887
Frauen	35,6	41,8	15,1	7,5	623

Die Tabelle zeigt ein Anwachsen der Zahlen für *B* und *AB*-Gruppe, die der für Polen errechneten Zahl nahestehen. (Man sieht dies auch deutlich auf der Strengschen Karte.) Es scheinen in der Hauptsache Männer und Träger polnischer Namen die Ursache der Vergrößerung der *B*-Zahlen zu sein. Es ist interessant, daß die errechneten Zahlen für die männliche Bevölkerung Oberschlesiens ein stärkeres Hinneigen nach den für Polen gefundenen Zahlen aufweisen als für die weibliche, was vielleicht darauf zurückzuführen ist, daß eingesessene Männer gern aus reindeutschen Gebieten stammende Frauen heiraten.

Untersuchungen in Schweden und Finnland.

Die Untersuchungen schwedischer Gelehrten wurden in den großen Tabellen aufgenommen, hier sei noch eine kurze Tabelle über die Korrelation des Schädelindex und Gruppenzugehörigkeit von Ritz mitgeteilt.

Tabelle 40.

	A	*B*
Dolichocephal	45%	4,4%
Mesocephal	41%	8,8%
Brachicephal	37%	6,4%

Die Pigmentverteilung bei den Gruppen war folgende: bei der Gruppe A 29% dunkel, 71% hell, bei der Gruppe B 41% dunkel, 59% hell (pers. Mitt.).

Untersuchungen von Streng und Ryti.

Streng in Finnland hat mit seinen Mitarbeitern serologische Untersuchungen angesetzt und sie auch in vorbildlich genauer und objektiver Weise dargestellt. Die meisten Zahlen sind so groß, daß ich sie in großen Tabellen aufnehmen konnte. Hier gebe ich noch einige Berechnungen nach der Sprache und nach dem Ursprungsort, die sehr schön zeigen, wie die geschichtlichen Verschiebungen der Völker auf ihre Blutzusammensetzung Einfluß haben. (Auf die Bedeutung der graphischen Darstellung nach Streng habe ich bereits früher hingewiesen.)

Interessant sind nun die genauen Untersuchungen nach dem Geburtsort oder Sprache.

Tabelle 41.

	O	*A*	*B*	*AB*	Summe	Index
Finnisch sprechend	31,9	42,1	17,9	8,1	2760	1,9
Schwedisch sprechend	31,6	48,5	15,5	4,5	582	2,7
Finnische Namen	31,4	32,3	17,8	8,4	2685	1,9
Schwedische Namen.	33,8	34,8	16,0	5,5	1658	2,4
Finnische Sprache und finnischer Name. . .	31,4	32,1	17,8	8,8	2180	1,9
Schwedische Sprache und schwedischer Name	30,6	50,4	14,4	4,5	506	2,9

Aus der Tabelle geht deutlich hervor, daß Leute, die schwedisch sprechen und schwedische Familien haben, den Schweden in Skandinavien in serologischer Hinsicht nahestehen und von den eigentlichen Finnen abweichen. Die Größe der *O*-Gruppe ist allerdings kleiner als bei den Schweden Skandinaviens, ebenso ist die *B*-Gruppe größer als bei den Schweden Skandinaviens, so daß die gebildeten Schweden doch mit den Finnen verwandter zu sein scheinen, was ja mit geschichtlichen Tatsachen in Einklang steht. Nach dem Wohnplatz geordnet, fanden Verfasser folgende Werte:

Tabelle 42.

	O	*A*	*B*	*AB*	Summe	Index
Wohnplatz						
Westen.	33,8	42,9	16,7	6,6	2950	2,1
Osten	26,2	44,5	19,9	9,4	724	1,8
Norden.	31,7	41,3	19,0	7,9	378	1,8
Geburtsort						
Westen.	35,3	41,2	16,9	6,6	2025	2
Osten	26,2	46,8	17,2	9,9	862	2,1
Norden.	32,7	40,6	19,1	7,6	419	1,8

Aus diesen Zahlen ergibt sich eine deutliche Differenz zwischen Westen und Osten. Im Osten ist die *O*-Gruppe klein, im Westen ist sie deutlich größer. Die *A*-Gruppe wieder ist etwas größer im Osten, kleiner im Westen und Norden. Die *AB*-Gruppe ist konstant größer im Osten. Die *B*-Gruppe ist auch etwas größer im Osten. Die Zahlen aus dem Norden nehmen eine Mittelstellung ein. Die Sache wird noch klarer, wenn nur die finnisch Sprechenden berücksichtigt werden.

Die Zahlen für Finnland zeigen demnach deutlichen Unterschied zwischen den östlichen und westlichen Teilen des Landes; auch die Nichtfinnen lassen sich deutlich von den echten Finnen unterscheiden. Die echten Finnen im Westen und in der Mitte des Landes rücken näher an die Germanen heran, was vermutlich darauf hindeutet, daß die Westfinnen während ihrer Wanderungen aus der germanischen Urheimat mehr als die Ostfinnen mit den germanischen Völkern in Berührung kamen, denn die Mischung mit Schweden in historischer Zeit war kaum durchgreifend genug, um den vorhandenen Unterschied zu erklären. Es ist auch bemerkenswert, daß die Ungarn, die zu demselben Sprachstamme wie die Finnen gerechnet werden, auf der Karte ihren Platz in der Nähe der letzteren haben.

Untersuchungen von Dossena und Lenzara in Italien.

Der Vergleich zwischen dem Körperbau und Gruppe ergab folgende

Tabelle 43.

Morph. Typen	*O*	*A*	*B*	*AB*	Zusammen
Normal	48,1	42,1	7,2	2,4	83
Mikrosplanchnicus	50,5	33,1	10,3	6,1	97
Makrosplanchnicus	45,8	36,6	15,8	1,6	120
Durchschnitt	48,0	37,0	11,7	3,3	300

Es sind somit gewisse Unterschiede vorhanden, Verff. üben jedoch eine lobenswerte Vorsicht und regen zahlreichere Untersuchungen an.

Untersuchungen in Rußland.

In bezug auf die Untersuchungen der Blutgruppen bietet Rußland wegen der Reichhaltigkeit des ethnographischen Materials ein ganz außerordentliches Interesse, aber auch sehr große Schwierigkeiten. Es scheint nun, daß Rußland auf dem Wege ist, durch eine planmäßige Bearbeitung hier große Fortschritte zu erzielen. Rubaschkin, dem die Gruppenforschung eine Reihe wertvoller Beiträge verdankt, hat in Charkow eine Gesellschaft für Gruppenforschung gegründet, die eine eigene Zeitschrift in deutscher und ukrainischer Sprache herausgibt. Die erste Nummer enthält eine verdienstvolle Zusammenstellung der bisherigen russischen Arbeiten von Rubaschkin. Außerdem kenne ich eine sehr kritische Monographie von Popoff. Die folgende Darstellung ist diesen beiden Arbeiten entnommen. Das Material beträgt bis jetzt über 29000 Personen, wobei ungefähr 20000 Untersuchungen den europäischen Anteil der Union betreffen. Ich habe die Zahlen in den großen Tabellen aufgenommen und hier seien daher allgemeine Bemerkungen wiedergegeben. So bemerkt man eine gewisse Abnahme des Index in östlicher Richtung. Die Juden scheinen im allgemeinen einen höheren Index zu besitzen. Was die Tataren betrifft, so ist augenscheinlich ein Unterschied zwischen Kasan- und Krimtataren vorhanden. Möglicherweise ist für die serologische Charakteristik ein alter Einfluß griechisch-gotischer Völker zu erkennen, die eine Zeitlang in der Krim herrschten. Die Untersuchungen ergaben:

Tabelle 44.

	O	*A*	*B*	*AB*	Zusammen	Index
Ufa Kasan	30,3	31,6	28,7	9,4	700	1,05
Krim (n. Besedin).	20,7	43,3	25,3	10,7	1631	1,5

In einzelnen Dörfern fand allerdings Besedin so niedrige Indexe wie bei den Tataren in Kasan. Es läßt sich in Rußland so gut der Einfluß des Ostens wie des Westens auf die Gruppenverteilung erkennen. Die Rassenbeimischungen des Westens und des Ostens, d. h. der romanisch-germanischen und der mongolischen Welle, kamen in einem serologischen Unterschied der Russen, Slawen, des Zentrums und des Ostens zum Ausdruck. Der Einfluß des Südens ist noch nicht genügend erforscht. Die Verfasser bringen folgende demonstrative Tabelle über die Beziehungen der Russen zu ihren Nachbarländern, die sie gleich nach Bernstein berechneten.

Tabelle 45. Rußland und Nachbarländer ber. nach Bernstein.

	Zahl	p	q	r	$p+q+r$	Index
Deutsche	22488	28,3	9,3	62,0	99,6	2,8
Finnländer	1506	28,5	12,3	58,2	99	2,1
Rumänen.	5171	28,9	12,5	58,6	100	2,1
Polnische Juden	813	28,9	13,7	58,5	100,1	1,9
Russische Juden	1363	28,2	16,3	54,9	99,4	1,7
Polen	11488	26,9	16,3	57,0	100,2	1,6
Russen:						
a) Zentrum und Norden	5729	25,3	16,3	57,7	99,3	1,4
b) Osten und Sibirien .	9960	22,6	17,3	59,6	99,4	1,27
Mongolen:						
a) Tataren	700	21,3	23,2	55,0	99,5	1,05
b) Tschuwaschen . . .	951	17,9	23,3	57,1	98,3	0,8
c) Baschkiren.	1542	17,5	27,6	55,1	100,2	0,7

Im übrigen verweise ich auf die großen Tabellen, wo die genauen Zahlen angegeben sind.

Bunak hat in einer kommunistischen Schule des Ostens in Moskau 17 mittelasiatische ethnisch homogene Gruppen untersucht. Die Zahlen sind zu gering,

Tabelle 46. Asiatische Bevölkerung aus der russischen kommunistischen Schule nach Bunak in Prozent.

Volksgruppe	O	A	B	AB	Summe	Index
Koreaner	32,1	21,4	39,3	7,1	28	0,61
Chinesen	41,7	22,9	16,7	18,7	48	1,14
Buriaten	33,9	19,3	40,3	6,5	62	0,55
Kalmücken	33,3	19,1	38,1	9,5	21	0,6
Kirgisen	31,7	31,7	31,7	4,9	41	1,0
Baschkiren	30,0	35,0	30,0	5,0	20	1,14
Usbeken	37,9	27,6	24,1	10,4	58	1,1
Türken	33,3	38,1	23,8	4,8	21	1,5
Aserbeidjaner	30,0	40,0	20,0	10,0	20	1,6
Turkmenen	32,3	35,5	25,8	6,4	31	1,3
Armenier	39,1	39,1	21,7		23	1,8
Tadjiken	24,0	40,0	24,0	12,0	25	1,4
Kasan-Tataren	33,3	31,3	16,7	18,7	48	1,41
Krim-Tataren	27,3	45,4	18,2	9,1	22	2,0
Tscherkessen-Kabardiner	60,0	26,6	8,7	6,7	30	2,5
Osseten-Tscherkessen	57,1	28,6	7,1	7,1	56	2,51
Tchetschenzen	26,9	46,1	19,2	7,7	26	2,0
Summe	35,8	30,5	24,3	9,3	550	1,18

ich habe sie daher in den großen Tabellen S. 92 nicht mitgeteilt, ich möchte sie aber hier anführen, da sie den Übergangstypus dieser Volksgruppen deutlich markieren.

Dieses Protokoll bestätigt die Befunde über den höheren Anteil der Eigenschaft *B* bei den Volksgruppen des Ostens. Irgendwelche weitergehende Schlüsse in bezug auf die Verwandtschaft der einzelnen Volksgruppen sind auf Grund eines so geringen Materials unzulässig, ebensowenig in bezug auf die Verbreitung der Gruppe *A*.

Anmerkung bei der Korrektur. Der russische Anthropologe Wischniewski hat bei dem anthropologischen und ethnographischen Museum der Akademie der Wissenschaft in Leningrad ein Bureau zur Erforschung der Blutgruppen gegründet und stellte mir liebenswürdig die teilweise noch nicht publizierten Zusammenstellungen zur Verfügung, die ich hiermit wiedergebe.

Verfasser	Volksgruppe	Blutgruppe				Zusammen
		O	*A*	*B*	*AB*	
Wischniewski	Tschuwaschen	30,3	29,3	33,4	7,0	3554
„	Tadgiken (Mittelasien)	24,1	41,6	22,6	11,7	266
Petrow	Radgiken (Ural-Tübe-Bezirk)	27,6	35,4	29,2	8,0	537
„	Usbeken	25,9	33,6	32,3	8,1	220
Wischniewski	Juden (Mittelasien)	32,3	29,2	30,5	7,9	616
Zam u. Wołyńska	Wotiaken (Bezirk Elisowsk)	35,6	32,7	26,7	5,0	1000
„ „ „	Russen (Bezirk Elisowsk)	36,8	34,5	23,6	5,1	353
Petrow	Wotiaken (Iżewski i Możginski-Bezirk	32,6	25,3	35,7	6,4	560
„	Russen (Bezirk Wodsk)	38,3	32,2	25,5	3,8	455
„ u. Spaski	Tschremissen (Kasan)	25,1	17,7	43,0	14,2	351
„ „ „	Russen (Kasan)	33,9	30,3	25,7	9,0	221
Wischniewsky	Tataren	23,4	33,9	32,3	10,5	124
Efremow	Kałmyken (Astrachan)	25,7	22,9	40,6	10,8	214

Wie ich auf dem Internationalen Kongreß der Anthropologen in Amsterdam erfahren habe, hat die anthropologische Kommission der holländischen Akademie der Wissenschaften Blutgruppenuntersuchungen seit einem Jahre in Angriff genommen. Die Organisation liegt in den Händen von Frl. Dr. M. A. van Herwerden in Utrecht. Zu gleicher Zeit werden verschiedene anthropologische Data und die Herkunft der Personen berücksichtigt. Die Kommission setzte sich als Ziel: 1. die Blutgruppenverteilung im Lande, 2. das lokale Verhalten in speziell von Anthropologen angewiesenen Gebieten, 3 die Gruppenverteilung bei den holländischen Juden. Frl. van Herwerden hat in einem sehr interessanten Vortrag auf dem Kongreß über die Organisation und bisherige Arbeit berichtet und stellte mir mit Zustimmung der Akademie die vorläufigen, bis jetzt noch nicht publizierten Zahlen zur Verfügung, die ich hiermit wiedergebe.

Ort	Blutgruppen				Zusammen
	O	*A*	*B*	*AB*	
Utrecht u. Leiden, Studenten	46,7	40,0	9,7	3,6	1218
Puttershoek	43,4	49,7	4,7	1,8	507
„ Maasdam u. Cillaarshoek	43,8	48,3	6,0	1,8	662
Maasdam, Cillaarshoek und Numansdorp	46,8	38,8	11,2	3,6	251
Volendam	33,8	39,5	21,3	5,2	192
Vollenhofen	47,8	48,4	1,2	2,5	155
Ile de Texel	53,9	39,0	5,1	1,9	256
Numansdorp	49,0	30,2	12,4	8,3	96
Holländ. Juden	42,6	39,4	13,4	4,5	705
Holland zusammen	46,8	41,7	8,6	3,0	6679

Man sieht, daß es Gebiete gibt, wo der Gehalt von *B* und *AB* viel niedriger ist als bei anderen. Man darf auf das Ergebnis dieser so ausgezeichnet organisierten Enquete gespannt sein.

Serologische Aufnahme in Rumänien von Popoviciu und Manuila.

Große serologische Aufnahmen wurden von den beiden Verff. in Rumänien vorgenommen; die zahlenmäßigen Angaben (11 937 Fälle) selbst bei einzelnen Volksstämmen sind groß genug, so daß sie meistens in die großen Tabellen auf S. 92—100 gebracht werden konnten. Hier seien noch einige interessante Angaben angeführt. Bei 14 184 Rumänen in der Transylvanie wurde der Index 2,14, bei 926 im alten Königreich der Index 1,76 festgestellt. Die Erhöhung des Index steht im deutlichen Zusammenhang mit der gebirgigen Natur der Gegend. Im Gebirgszentrum der Transylvanie steht der Index am höchsten und fällt nach der ungarischen Ebene. Im alten Königreich zeigt die Bevölkerung in der gebirgigen Gegend Walachiens einen höheren Index als in der Ebene. Auch für die Ungarn, die sonst die charakteristische Blutstruktur aufweisen, bei 765 Individuen wurde der Index in den gebirgigen Gegenden höher gefunden. Der Index der transylvanischen Rumänen entspricht dem anderer Balkanvölker, in den Bergen Walachiens ist der Index geringer, in der Bessarabie und Bukowine liegt er etwa zwischen dem europäischen und asio-afrikanischen. Die Differenzen beruhen auf der verschiedenen Häufung von *B*, die Anzahl von *A* bleibt ungefähr konstant. Verf. vermutet daher, daß die Menge von *B* durch asiatische Einwanderungen beeinflußt wurde: so hat die Moldawie durch die Nähe Rußlands mehr *B* als die Valachie, die gebirgigen Gegenden, mehr isoliert als die Ebene, haben weniger *B* und dergleichen. Die Unabhängigkeit vom Klima wurde sehr schön durch die Untersuchungen von 18 verschiedenen Dörfern der Transylvanie mit 5682 Fällen bewiesen. In einigen Dörfern, die in derselben Gegend von Rumänen, Ungarn oder Sachsen bewohnt sind, wurden große Differenzen festgestellt. Einzelne Dörfer haben auffallend hohe Indexzahlen, was sich durch Inzucht und Abgeschlossenheit erklärt. Vergleicht man einzelne Dörfer, so variiert der Index aus oben erwähnten Gründen zwischen 1,7 und 3,9. Im übrigen entspricht die Gruppenverteilung der einzelnen Volksstämme Rumäniens den betreffenden Ausgangsvölkern.

Untersuchungen der polnischen Bevölkerung von Frl. Halber und Mydlarski.

In Polen wurden von meinen Mitarbeitern gleichzeitig mit der anthropologischen Aufnahme auch serologische Untersuchungen, und zwar unter Berücksichtigung der Geburtsorte, vorgenommen, wobei die Ergebnisse beider Aufnahmen verglichen wurden. Die Zahlen ergeben, daß Polen sowohl in bezug auf die Anzahl der Gruppe *A* wie auch der Gruppe *B* eine Mittelstelle zwischen Westen und Osten einnehmen, und daß somit die von uns aufgestellte Regel der kontinuierlichen Zunahme und Abnahme von B durchaus bestätigen. So z. B. haben die Deutschen nach der Bernsteinschen Berechnung p 27,9, q 8,9, die Russen p 21,0, q 15,2, während die Polen p 26,99, q 16,33 aufweisen. Die polnischen Juden unterscheiden sich von den spanischen, indem sie mehr A und weniger B enthalten; in derselben Richtung weichen sie von der autochthonen Bevölkerung ab.

Folgende Provinzen weisen demnach eine Präponderanz der Blutgruppe A auf: Lodz, Kielce, Wolyn, Pommern, Krakau, Wilno, Lemberg, Stanislawow, Tarnopol (p über 27%).

Folgende Provinzen weisen eine Präponderanz der Gruppe B auf: Kielce, Warschau, Lublin, Bialystok, Polesie, Wolyn, Posen, Krakau (q über 16,3%).

Folgende Provinzen weisen gehäufte Gruppe O auf: Warschau, Lublin, Nowogrodek, Lemberg, Wilno (r über 57%).

„Vergleichen wir die Territorien, bei welchen A dominiert, mit den Ergebnissen anthropologischer Aufnahme, so sehen wir, daß sie sich mit folgenden anthropologischen Typen decken: nordeuropäische (Homo nordicus), alpine (Homo alpinus) und dinarische Rasse. Das Übergewicht der Gruppe A in Westeuropa und auf dem Balkan, wo diese anthropologischen Elemente sich befinden, steht damit in Übereinstimmung. Dafür sprechen auch die Befunde von H. und L. Hirszfeld, wonach Norditaliener, bei welchen der nordeuropäische und alpine Typus prävalieren, mehr A enthalten, als die Süditaliener mit dem Übergewicht der Mittelmeerrasse (Homo mediterraneus).

Die Berechnungen der Korrelation in verschiedenen Bezirken weisen ebenfalls auf diese Zusammenhänge hin. So z. B. in dem Bezirk Wolkowysk, Provinz Bialystok, finden wir für die Gruppe A den Korrelationskoeffizient: mit der Körperhöhe $r = +0{,}106$, mit dem Längen-Breitenindex des Kopfes $r = -0{,}053$, mit dem morphologischen Gesichtsindex $r = +0{,}113$. Wir sehen somit in diesem ziemlich nördlich liegenden Bezirke folgende Tendenzen: Je mehr Individuen A, um so höher der Wuchs, um so länglicher der Kopf (trotzdem die Tendenz wenig ausgeprägt ist) und um so länglicher das Gesicht.

Anthropologisch haben wir auf diesem Territorium mit zwei Elementen zu tun: 1. mit Homo nordicus und 2. mit dem sog. präslawischen Typus. Der erste ist hoch, mesocephal, hat längliches Gesicht, der zweite ist durch niedrigen Wuchs, breiteres Gesicht, Kurzköpfigkeit ausgezeichnet. Wir schließen daraus, daß in dem Bezirk Wolkowysk die Gruppe A mit dem nordeuropäischen Typus in Korrelation steht. Wollen wir zu dem Territorium der alpinen Rasse übergehen. In dem Bezirk Wloszczowa (Provinz Kielce) finden wir eine positive Korrelation mit Längen-Breitenindex des Kopfes $r = +0{,}124$. In dem Bezirk Piotrkow (Provinz Lodz) eine Korrelation mit der Körperhöhe: $r = +0{,}113$. In diesem Falle ist offenbar der mit Gruppe A korrelierte Typus mehr kurzköpfig und hoch, als Homo alpinus, der dem niedrigen, kurzköpfigen präslawischen Typus gegenübersteht, da auf diesem Territorium diese zwei anthropologischen Typen sich in der Überzahl befinden.

Die kartographische Analyse der Gruppen B und O ist schwieriger, da die Territorien mit der höheren Anzahl von B sich teilweise mit der präslawischen und sarmatischen Rasse von Czekanowski (subnordische Rasse von Deniker) decken und gleichzeitig die Territorien der alpinen Rassen umfassen. Die Gruppe O läßt sich kartographisch mit keinem bekannten anthropologischen Typus in Beziehung bringen, hier sind feinere statische Methoden notwendig, um Korrelationen aufzudecken.“

Untersuchungen bei australischen Urbewohnern von Tebbutt und McConnel, Lee Douglas, J. Burton.

Ich möchte einige Tabellen über australische Urbewohner bringen, die des Interesses nicht entbehren.

Tabelle 47. Untersuchungen von Tebutt und McConnel.

	O	*A*	*B*	*AB*	Summe
Vollblut	6	7	0	1	14
Dreiviertel	19	12	2	1	34
Halbgemischt	66	42	3	0	111
Einviertel	17	13	3	0	33
Zusammen	108	74	8	2	192
In Prozent	56,2	38,5	4,1	1,0	

Nach dem Ursprungsort ergibt sich folgende Tabelle:

Tabelle 47a.

	O	*A*	*B*	*AB*	Summe
New South Wales	6	7	0	1	14
Queensland	99	66	11	1	177
La Perouse	30	17	1	0	48
Port Kembla	6	6	0	0	12
Greenwell Point	1	3	—	—	4
Moruya	3	—	—	1	4
Wallaga Lake	23	14	1	—	38
Bateman's Bay	7	4	2	—	13
Huskisson	11	10	—	1	22

Die Zahlen bestätigen die aus der großen Zusammenstellung hervorgehende Tatsache, daß die australischen Urbewohner ähnlich wie die Indianer sehr wenig *B* enthalten, unterscheiden sich aber von den letzteren durch eine höhere Anzahl von *A*. Cleland J. Burton fand bei den Ureinwohnern in Südaustralien auf 101 Individuen 46,0 Gruppe *O* und 55,0 *A*, dagegen kein *B* und *AB*. Lee Douglas untersuchte 377 Personen. Die Zahlen sind in den großen Tabellen enthalten. Die Abstammung war folgende: Peninsula (südlich von Cairns, Provinz einschließlich), Gulf, Nordwest-Queensland, Seeufer (südlich Cairns bis Townsville), Seeufer (südliches Townsville bis Mackay), Nordhorn. Der Vergleich dieser Aufnahmen mit anderen, die in Australien vorgenommen wurden, scheint eine Vergrößerung des Index von Norden nach Süden zu ergeben.

Untersuchung von Backiang Liang in China.

Verf. hatte die Deutschen in Shanghai untersucht und 44,6 *O*, 40,0 *A*, 10,8 *B* und 4,6 *AB*, also Index 2,8, gefunden. Zwischen Nord- und Südchinesen wurden zunächst keine Unterschiede festgestellt, wohl aber nachdem eine Differenzierung nach den Provinzen vorgenommen wurde.

Tabelle 48.

		O	*A*	*B*	*AB*	Index	
Nordchinesen		37,9	30,2	26,0	5,9	1,13	
Südchinesen		38,8	29,7	25,4	6,1	1,13	
Nord	Schantung	21,1	31,6	36,8	10,5	0,89	1,03
	Nganhai	47,9	21,7	21,7	8,7	1,0	
	Kiangsu	39,0	29,7	26,4	4,9	1,11	
Süd	Setschuan	44,8	28,9	23,7	2,6	1,19	1,22
	Tschekiang	37,0	29,8	22,5	10,7	1,22	
	Kuangtung	40,0	31,4	23,8	4,8	1,26	
Koreaner		27,3	18,2	36,4	18,1	0,67	
Anamiten		42,0	22,4	28,4	7,2	0,80	

Auf den ersten Blick ist der Index bei Nord- und Südchinesen der gleiche. Betrachtet man aber die Zahlen für die 6 stärker vertretenen einzelnen Provinzen, von denen 3 im Norden und 3 im Süden liegen, und in denen also die Bevölkerung verschieden stark mit fremdem Blut vermischt ist, so findet man den Index deutlich verschieden: der Index ist im Süden in Kuangtung am höchsten = 1,26, im Norden in Schantung am niedrigsten = 0,89. Dazwischen verteilen sich die Provinzen genau ihrer nordsüdlichen, geographischen Lage entsprechend.

In China wohnen im Norden Mongolen und Mandschu, mit denen die eigentlichen Chinesen schon seit langer Zeit sich vermischt haben. Da diese einen niedrigeren Index haben als die Chinesen, ist die nordsüdlich regelmäßig zunehmende Höhe der Indexzahlen verständlich. Der Index der Mongolen und Mandschu ist vermutlich deshalb ein niedriger, weil sie den Anamiten verwandt sind, die nach den Untersuchungen von H. und L. Hirszfeld einen niedrigen Index aufweisen.

Betrachtungen von Bais und Verhoef.

Verff. haben die Untersuchungen in dem ostindischen Archipel angesetzt, die Zahlen sind in den großen Tabellen auf S. 430—433 mitgeteilt. Verff. vermuten, daß für die Mischung von *A* und *B* eine Erklärung in den Eiszeiten zu suchen ist. Die nordischen Völker sind der südlichen Grenze der Eisausbreitungen gefolgt und bis tiefhinein nach Zentralasien vorgedrungen, wie man aus der Weda (bei Hindus) und der Avesta (bei Persern) entnehmen kann. Die Eigenschaft *B* hat sich von Vorderindien nach allen Richtungen hin verbreitet. Der Index steigt nach Osten hin (Anamiten, Chinesen) und Südosten (Sumatranen und Jawanen). Es frägt sich, ob diese Tatsache eine Folge des Vordringens der Vorderindier in den ostindischen Archipel oder der prähistorischen Rassenmischung ist. Die Erklärung dafür, daß die Eigenschaft *A* in der Alten Welt in südöstlicher Richtung weniger abfällt als die Eigenschaft *B* in nordwestlicher, kann man vielleicht darin suchen, daß *A* eine ältere Eigenschaft ist als *B*, oder daß vielleicht ein großer Teil der Welt von Nordwesten aus mit *A* überschwemmt war, bevor *B* sich von Südosten aus ausbreitete. Vielleicht liegt hier ein Hinweis auf den polyphyletischen Ursprung der Menschheit vor. — Der Mangel isoagglutinabler Eigenschaften bei den Indianern kann entweder darauf beruhen, daß sie sich von der Menschenfamilie abgespalten haben, bevor eine Gruppendifferenzierung auftrat, oder es handelt sich um eine autochthone Entstehung der Indianer, worin auch ein Hinweis auf die polygenetische Entstehung der verschiedenen Menschenrassen vorliegt.

Untersuchungen in Japan hauptsächlich nach der Darstellung von Ninomiya, Furuhata und Kishi.

In Japan wurden besonders genaue Untersuchungen unternommen, die teilweise nur japanisch publiziert sind. Die in der großen Tabelle auf S. 99—100 angegebenen Zahlen gründen sich auf einer Zusammenstellung japanischer Arbeiten von Furuhata und Kishi in Japan Med. World.

Wegen der Schwierigkeit der Orientierung bringe ich die ausführlichen japanischen Arbeiten, zum Teil wiederholt, zusammen.

Tabelle 49.
Verteilung der Blutgruppen bei Ainu, Koreaner und Manchus.

Autoren	Ort der Untersuchungen	Zahl der Untersuchten	Gr. I	Gr. II	Gr. III	Gr. IV	Index
			O	A	B	AB	
			%	%	%	%	
Ninomiya	Aino in Hokkaido	205	19,0	32,7	34,5	13,7	0,98
Kishi	Aino in Karafuto	205	37,1	24,4	32,7	5,8	0,78
Grove Ella	Aino	304	15,7	31,2	30,9	22,0	
Fukamachi	Koreaner in Seoul	179	24,6	35,7	25,1	14,5	1,26
Fukamachi	Korean. i. Pyengyan	184	31,5	29,9	27,7	10,8	1,05
Kirihara und Haku	Koreaner in Zennan	171	19,9	41,5	25,7	12,9	1,41
Kirihara und Haku	Koreaner i. Chukaku	112	17,9	36,6	33,7	12,5	1,08
Kirihara und Haku	Koreaner in Keiki	311	27,3	32,8	7,1	7,1	1,00
Kirihara und Haku	Koreaner in Heian	354	30,5	27,4	34,5	7,6	0,83
Fukamachi	Mukden (Mandsch.)	199	26,6	26,6	38,2	8,5	0,75
Kirihara und Haku	Mukden (Mandsch.)	236	30,9	25,9	33,9	9,3	0,81
Kishi	Giljak in Karafuto	62	50,0	27,4	14,5	8	1,56
Kishi	Orokko in Karafuto	89	30,3	24,7	37,1	7,8	0,72

Verteilung der Blutgruppen bei den Einwohnern der Insel Formosa und den südlichen Inseln in Japan.

Autoren	Ort der Untersuchungen	Zahl der Untersuchten	Gr. I	Gr. II	Gr. III	Gr. IV	Index
			O	A	B	AB	
			%	%	%	%	
	(Insel Formosa)						
Kirihara und Haku	Okinawa	262	23,7	37,2	19,3	9,8	1,61
,, ,,	Itoman	134	28,6	35,7	21,9	13,8	1,38
,, ,,	Miyako	150	42,7	26,0	24,0	7,3	1,60
,, ,,	Ishigaki	200	28,5	32,0	33,5	11,0	0,96
	(Stämme)						
,, ,,	1. Amis	231	37,2	26,0	24,2	12,6	1,05
,, ,,	2. Amis	236	27,1	41,1	18,6	13,2	1,70
,, ,,	3. Paiwan (Puyuma)	135	35,6	19,7	36,6	11,1	0,64
,, ,,	4. Paiwan (Tsarisen)	80	52,5	8,7	37,5	1,3	0,25
,, ,,	5. Tso-o	76	59,2	32,9	6,6	1,3	4,30
,, ,,	6. Tso-o	117	63,3	23,9	11,9	0,9	1,90
,, ,,	7. Formosan (Emigranten v. Fukien)	234	42,7	19,1	20,9	7,3	0,93
,, ,,	8. Taiyal	132	46,9	32,6	17,4	3,1	1,63
Furuichi	Japaner auf Formosa	416	31,08	38,70	21,63	8,63	1,56
,, ,,	Formosa (Emigranten v. Fukien)	404	47,2	23,0	23,26	6,71	0,99
,, ,,	Taiyal (Stamm)	150	31,33	39,33	22,0	7,34	1,57
,, ,,	Vonura (Stamm)	20	45,0	25,0	15,0	5,0	2,0
Hara u. Kobayashi	Nagano, Japan	353	24,2	40,5	15,8	19,5	1,70 } 1,57
Matsubara	Sendai ,,	151	32,5	37,0	19,2	11,3	1,58
Mitomo	Sendai ,,	468	29,1	39,7	21,6	9,6	1,58
Ninomiya	Sendai ,,	642	29,4	39,3	21,5	9,8	1,56

Autoren	Ort der Untersuchungen	Zahl der Unter-suchten	Gr. I	Gr. II	Gr. III	Gr. IV	Index
			O	A	B	AB	
			%	%	%	%	
Miyaji	Niigata Japan	1786	30,23	37,85	22,45	9,47	1,48
Shirai	Tokio ,,	317	31,5	37,5	21,5	10,4	1,50 } 1,52
Nakajima	Tokio ,,	501	31,1	38,5	22,4	8,0	1,54 }
Nakajima	Kyoto ,,	509	28,7	41,7	20,2	9,4	1,73
Oyamada	Usaka ,,	560	28,2	39,2	22,3	10,1	1,52
Abe	Kure ,,	353	30,31	38,24	24,36	7,08	1,44
Kirihara u. Haku . .	Japaner in Korea	502	29,4	42,2	20,6	7,8	1,76
Torii	Fukuoka	87	23,0	46,0	20,0	11,0	1,83 } 1,83
Fukamachi	Fukuoka	170	24,1	45,3	20,2	10,6	1,82 }
	Hokuriku	564	25,2	35,1	24,3	15,4	
	,,	211	29,4	38,4	21,3	10,3	
Furuhata und Kishi	Kanazawa	775	26,2	36,0	23,4	14,4	1,33
Kawaishi u. Furuhashi	Nagaya	1161	28,0	39,8	21,6	10,6	1,55
Kawaishi u. Furuhashi	Hida	1002	43,8	33,2	18,8	4,2	16,3

Die Tabelle zeigt, daß der größte Index in Kyusku, der geringste in Hokoriku liegt. Er fällt somit von Süden nach Norden (ähnlich wie in China). Verff. erinnern, daß die Vorfahren von Japan sich zunächst in Kiusku etablierten und von dort weiter das Land infiltrierten. In Formosa zeigten die Stämme Amis und Taiyal einen Index 1,7 und 1,57, also relativ höheren, und näherten sich den Japanern, was auch deswegen Interesse beansprucht, weil die Stämme eine Sprache benutzen, die mit der altjapanischen verwandt ist. Die Japaner gehören somit dem intermediären Typus an und sind von den Koreanern, Mandschus und Ainos verschieden.

Es ist sehr interessant, daß der Index bei den Koreanern im nördlichen Teil, näher den Mandschus geringer ist und nach dem Süden sich vergrößert, je mehr das Land sich den Japanern nähert. Also die Nähe und vermutliche Vermischung mit den Mandschus bedeutet einen Abfall des Index (in der Richtung des asiatischen Typus), die Nähe von Japan im Gegenteil eine Erhöhung in der Richtung des intermediären Typus.

Ninomiya hat besonders genaue Untersuchungen bei Aino vorgenommen. Die Ainos haben nach der geläufigen Anschauung einst das japanische Inselreich beherrscht, wurden aber in der vorhistorischen Zeit von den Japanern nach Norden zurückgedrängt und wohnen jetzt in Südsachalin oder auf den Kurilen. Am dichtesten bevölkert sind die Täler an den Flüssen Saro und Mukawa in der Provinz Hidaka. Die Untersuchungen seien in Tab. 50 zusammengefaßt.

Tabelle 50.

	O	A	B	AB	Summe
Pitaruba Kotan	12	10	7	1	30
Pitaruba Kotan	9	16	20	5	50
Shimbiraga Kotan	5	12	13	5	35
Piratori Kotan	7	13	10	10	40
Nibutani Kotan	6	16	21	7	50
Zusammen . . .	39	67	71	28	205
Prozent	19,0	32,7	34,6	13,7	
Index = 0,9					

Die Ansicht, daß die Ainos sich mehr den Europäern ähnlich verhalten, wird durch die serologischen Untersuchungen **nicht** gestützt. Von den Madagaskaren, Senegalnegern und Anamiten unterscheiden sie sich durch eine geringere Anzahl von *O* und höhere von *AB*. Weitere Untersuchungen namentlich bei Dayaks in Borneo, Battaks in Sumatra, Tradjas in Celebes usw. werden befürwortet. Beiliegende Karte ergibt die Arbeit japanischer Forscher nach Furuhata und Kishi. Die Zahlen bedeuten den Index.

Abb. 5. Verteilung der Blutgruppen in Japan nach Furuhata und Kishi.

Untersuchungen von Ella Grove.

Das Interesse der amerikanischen Gelehrten dokumentiert sich auch in wertvollen Gruppenaufnahmen anläßlich von Expeditionen, die für ethnographische Zwecke unternommen und denen serologische Laboratorien angegliedert wurden. Ich möchte von solchen Expeditionen namentlich eine interessante Aufnahme von Ella Grove hervorheben. Verfasserin untersuchte mit Unterstützung von National Research Council in Amerika die Aino in Japan und verschiedene Stämme auf den Philippinen. Die Aino wohnten auf der Insel Hokaido. Es wurden die womöglich reinrassigen Ainos ausgesucht. Die Werte waren folgende:

Tabelle 51.

Ortschaft	*O*	*A*	*B*	*AB*	Zusammen
Schin-Osakihawa	34,5	40	16,4	9	55
Piratori	11,6	29,3	34,1	25,0	249
Total	15,7	31,3	30,9	22,0	304

Verfasserin macht aufmerksam auf die differenten Werte in Schin und Piratori und vergleicht andere Angaben über die Blutgruppen bei Ainos [1]):

Tabelle 52.

Verf.	O	A	B	AB	Zusammen
Ninomiya (Hokkaido)	19	32,7	34,5	13,7	205
Kishi (Karafuto)	37,1	24,4	32,7	5,0	205
Nakima (Kamikawa)	36,0	19,5	38,5	6,0	196

Auf dèn Philippinen wurden 2 Gruppen von Moros untersucht, die auf der Insel Jolo wohnen und den Lokalnamen Tausogs tragen, und die andere Gruppe auf der Insel Siasi, bezeichnet Samals. Die Zahlen sind in den großen Tabellen zu finden. Die Negritos lebten ganz im Freien und mußten mit Hilfe von Aeroplanen zusammengerufen werden. Die Bogobos stammten aus der Provinz Sawao, Mindanao, die Igoroten aus Baguio. Die Bogobos scheinen anthropologisch den Igoroten verwandt zu sein. Die Moros sind Malaien, wenn auch die Samals später auf die Philippinen kamen. Beide Morosstämme haben sich mit anderen Völkern vermischt, namentlich mit Hindus, und es wäre nicht ausgeschlossen, daß die Unterschiede in der Gruppenverteilung auf quantitative Differenzen in der Vermischung zurückzuführen sind. Die serologischen Methoden erlaubten demnach nicht immer, die vorhandenen anatomischen Differenzen zu erkennen. Die Blutzusammensetzung der Aino in Piratori ist demnach verschieden von Aino aus anderen Gebieten und erinnert mehr an Völkerschaften in Korea. Die Zulu-Moros und Samal-Moros, beide Malaien, haben etwas differente Werte, indem die ersten mehr den Anamiten, die letzteren mehr den Hindus ähneln.

Untersuchungen bei Indianern und Eskimos.

Es wurde bereits die wichtige Beobachtung von Coca erwähnt, daß die Indianer kein *B* enthalten. Diese Befunde wurden von Clara Nigg und Snyder bestätigt, ja, Snyder gibt bei „reinen" Indianern nur 1% *B* an!

Tabelle 53. Indianer verteilen sich auf folgende Stammgruppen:

	O	A	B	AB	Total
Indianer nach Clara Nigg					
Stamm „Haskel"	70,89	27,21	1,58	0,32	316
Stamm Navajo	70,80	28,63	0,39	0,19	517
Reine Indianer	72,65	26,91	0,22	0,22	457
Indianer nach Snyder					
Reine Indianer	91,3	7,7	1,0	—	453
Alle Indianer . . .	79,1	16,4	3,4	0,9	1134
Unreine Indianer	64,8	25,6	7,1	2,4	409

Man gewinnt den Eindruck, daß hier *A* und *B* auf späteren Beimengungen beruhen.

Ähnlich fanden bei Eskimos Heinbecker und Pauli, daß Eingeborene, die die Gruppe *A* aufwiesen, schon äußerlich die Vermischung mit Weißen verrieten,

[1]) Diese Differenzen zeigen, daß man bei Völkerstämmen, die abgeschlossen leben und Inzucht treiben, Zahlen leicht gewinnen kann, die nicht ohne weiteres als „charakteristisch" gelten dürfen. Auch bei den Deutschen z. B. wurden in der Nähe von Köln Dörfer fast ohne *B* gefunden!

so daß das Blut von reinen Eskimos ähnlich dem der Indianer der *O*-Gruppe zu gehören scheint.

Tabelle 54.

	O	*A*	*B*	*AB*	Zusammen
Cape York	95,8	4,2			24
Thule	70,1	15,7	5,2	8,7	57
Berland Island	91,6	8,3			12
Karma	83,8	16,1			31
zusammen	80,65	12,9	2,42	4,03	124

Arbeiten von Ottenberg.

Nach Ansicht **Ottenbergs** genügt die Annahme von zwei serologischen Urrassen *A* und *B* nicht, da sie das starke Überwiegen der Gruppe *O* in manchen

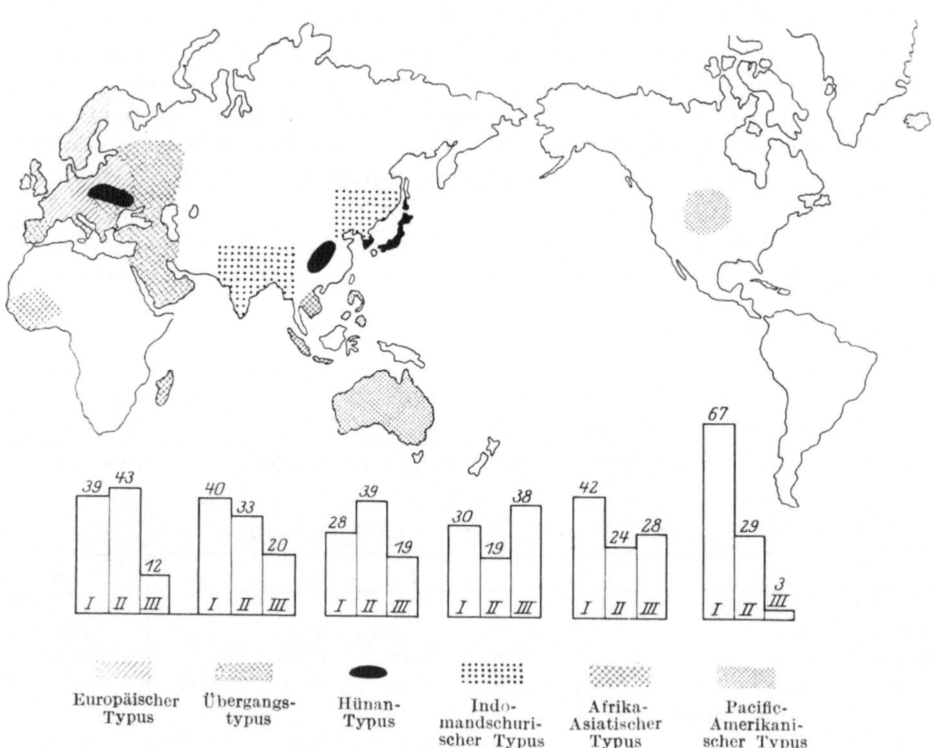

Abb. 6. Blutgruppenverteilung nach Ottenberg.

Gegenden Amerikas (Indianer), sowie das häufige Vorkommen der Gruppe *A* in manchen chinesischen Provinzen nicht berücksichtigt. Verf. postuliert folgende serologische Typen:

1. Der europäische enthält durchschnittlich 39% *O*, 43% *A* und 12% *B*. Es gehören zu ihm im Sinne von **Hirszfelds** die westeuropäischen und Balkanvölker.

2. Der intermediäre, zu dem nach **Hirszfelds** die Araber, Türken, Russen und spaniolische Juden gehören, enthält *O* in 40%, *A* in 33% und B in 20%.

3. Der indomandschurische, von Hirszfeld als asiatisch-afrikanisch bezeichnet, besteht aus $O = 30\%$, $A = 19\%$, $B = 38\%$. Zu diesem Typus werden die Koreaner, Mandschus, Nordchinesen, Zigeuner und Indier zugerechnet.

4. Afrikanisch-südasiatischer Typus mit $O = 42\%$, $A = 24\%$, $B = 28\%$, zu denen Senegalneger, Malgaschen, Indochinesen, Javaner und Einwohner von Sumatra gehören.

5. Den „Hünan-Typus“, da die Einwohner der Provinz Hünan durch eine größere Anzahl von A ausgezeichnet sind, und zwar $O = 28\%$, $A = 39\%$, $B = 19\%$. Zu diesem „Hünan-Typus“ rechnet Verfasser Japaner, Südchinesen, Ungarn, ew. rumänische Juden.

6. Der pacific-amerikanische Typus ist fast ohne B, z. B. Indianer haben $O = 67\%$, $A = 29\%$, $B = 3\%$.

Verf. betont, daß er keine ethnologisch-anthropologischen Studien machen will, sondern einen (sehr beachtenswerten) Versuch, das vorliegende serologische Material zu ordnen.

Nebenstehende Karte des feinsinnigen amerikanischen Gelehrten erläutert das Gesagte (Abb. 6).

Arbeiten von Bernstein.

In dem Kapitel über die Vererbung habe ich bereits die interessante Hypothese von Bernstein angegeben, welche postuliert, daß die Gruppen sich wie drei Allelomorphe vererben. Bezeichnen wir die Häufigkeit von reinen Vertretern A, B und R mit p, q und r, so können wir ihre Anzahl nach folgender Formel berechnen (s. S. 65):

$$q = 1 - \sqrt{O + A},$$
$$p = 1 - \sqrt{O + B},$$
$$r = \sqrt{O},$$

Die Gültigkeit der Berechnung $p + q + r = 100$ ist überall bestätigt worden, ich bringe daher die Berechnung und die nomographische Darstellung dieser Beziehung nach Ingenieur Konorski, die die Auffindung der Bernsteinschen Genzahlen außerordentlich erleichtert (s. S. 73).

„In Übereinstimmung mit den anthropologischen Hypothesen von Klaatsch, Stratz u. a. würde die A-Rasse eine gemeinsame Komponente von Australien bis nach Nordeuropa bedeuten. Die B-Rasse ihrerseits erscheint hauptsächlich angehäuft auf dem asiatischen Kontinent. Für eine Beziehung zur mongolischen Rasse spricht die Steigerung der B-Rasse nach Norden. Andererseits ist die B-Rasse nicht nur in Indien sichergestellt, sondern auch bei den Zigeunern und den Senegalnegern. Es ist deshalb nicht möglich, sie direkt als einen Bestandteil zu betrachten, der für die mongolische Mischung bezeichnend wäre. Da der B-Bestandteil im Gegensatz zum A-Bestandteil eine geschlossene Hauptmasse zeigt und in seiner Hauptausbreitung mit dem Nord-Südverlauf der mongolischen Ausbreitung übereinstimmt und nach Süden sich fortsetzt, liegt nahe anzunehmen, daß die Ausbildung der B-Rasse in Nordasien und Mittelasien erfolgte und sowohl mongolische wie nichtmongolische Bestandteile erfaßt hat, wobei dann bei der südlichen Ausbreitung die nichtmongolischen Bestandteile sich direkt oder über Indien einerseits in den europäisch-australischen

Menschenbestandteil infiltriert haben, und andererseits von Indien über Madagaskar nach Afrika gelangten. Der geringe Wert des B bei den nordamerikanischen Indianern, bei denen mit Rücksicht auf die Lidfarbe und Haarform eine nicht unbeträchtliche mongolische Komponente anzunehmen ist, läßt darauf schließen, daß auch mongolische Stämme des Nordens von der B-Mutation frei blieben. In großen Zügen stimmt das Verbreitungsbild der A- und B-Rasse mit den Vorstellungen gut überein, welche auch sonst von anthropologischem Standpunkte von den Wanderungen der Menschheit gebildet worden sind.“

„Es kann keinen Widerspruch bedeuten, wenn gelegentlich in einzelnen Klassen Gleichheiten auftreten, wo anthropologische Verschiedenheiten unzweifelhaft bestehen; dies läßt sich durch Mischungsverhältnisse einfach erklären.“

„Überblickt man die gesamten Daten, so ergeben sich keinerlei Widersprüche mit der Auffassung, daß die A- und B-Bestandteile in ihrer heutigen Verteilung durch die auch sonst bekannten Wanderungen und Mischungen zu erklären und von Nahrungs-, Klima- und Umwelteinflüssen nicht abhängig sind. Den primitiven Rassen, von denen freilich Wedda, Dravida, Buschmänner und Akka noch ununtersucht sind, scheint A sowohl wie B[1]) nahezu ganz zu fehlen, so daß auch die ursprüngliche Entstehung bei den fortgeschrittenen Rassen stattgefunden zu haben scheint. Eine weitere Zeitbestimmung liefert der Umstand, daß die nordamerikanischen Indianer kein B zeigen, so daß also die Entstehung des B erst nach der Besiedelung Amerikas, und zwar in Mittelasien, stattgefunden zu haben scheint. Die stärkere Kontinuität der B-Eigenschaft deutet außerdem überhaupt auf jüngere Entstehung hin.“

Mydlarski betont, daß die Richtigkeit der oben erwähnten Gleichungen dieselbe wäre, wenn wir nicht drei, sondern mehrere biochemische Rassen postulieren würden, unter der Bedingung, daß die weiteren Rassen weder A noch B enthielten und sich recessiv gegenüber den Eigenschaften A und B verhielten. Nehmen wir an, daß zwei Rassen von der Erbformel AA und BB sich mit zwei autochthonen Rassen RR und SS vermischten, wobei R in der Menge r, S in der Menge s sich befinden würden, und unter der Annahme der Recessivität der Eigenschaften R und S, so würden die Bernsteinschen Gleichungen dieselben sein, nur daß statt der Gleichung $r = \sqrt{0}$, hätten wir $r + s = \sqrt{0}$. Vom anthropologischen Standpunkte aus wäre eine solche Erwartung begründet, da die Rasse R, die in über 50% in allen Populationen auftritt, Zweifel an ihrer Einheitlichkeit erwecken muß. Vom serologischen Standpunkte aus kennen wir die O-Gruppe nur als Mangel von A und B; was sie Positives darstellt, wissen wir nicht, haben aber keinen Grund zur Annahme, daß die Theorie zweier allelomorphen Paare ein „Nichts“ voraussetzt, während die Bernsteinsche Annahme ein „Etwas“ postuliert. Diese Annahme von Schiff, der mehrere Verfasser folgten, scheint mir trotz der interessanten experimentellen Beweisführung unbegründet. Wir wissen nicht, worauf die Recessivität beruht (Mangel? weniger Substanz? geringere Reaktionsgeschwindigkeit? usw.). Schiff hat nun gefunden, daß manche Rindersera, absorbiert mit dem Menschenblut AB, noch das O-Blut agglutinieren und deutet das in dem Sinne eines besonderen O-Receptors, der dem AB-Blut nach Bernstein fehlt. Diese Beobachtungen sind noch nicht sichergestellt (siehe S. 142). Ich glaube aber nicht, daß eine Agglutinabilität des O-Blutes unbedingt in diesem Sinne gedeutet werden müßte. Nach der alten Erbformel enthält die O-Gruppe zwei recessive Eigenschaften a und b, nach Bernstein eine Eigenschaft R. Wenn es gelingen würde, die O-Gruppe in a und b zu spalten, wäre die erste Erbformel serologisch sichergestellt. Die Möglichkeit, Untergruppen innerhalb der O-Gruppe festzustellen (v. Dungern und Hirszfeld, Landsteiner und Levine), hat vielleicht für diese Frage eine Bedeutung, aber vorläufig können wir noch nicht zwischen den beiden Theorien auf Grund sero-

[1]) Die experimentellen Belege für diese Annahme wären von der größten Wichtigkeit.

logischer Analyse entscheiden. Ich möchte aber betonen, daß selbst, wenn die Bernsteinsche Formel unrichtig wäre, die Tatsache der Überlagerung der Rassen mit recessiven Merkmalen durch Rassen A und B denkbar wäre und die anregenden Überlegungen Bernsteins verdienen, bei einer jeden Deutung serologischer Aufnahmen berücksichtigt zu werden. Man darf sie nur nicht als sichergestellt bezeichnen, wie merkwürdigerweise manche Forscher getan haben — sicherlich gegen die Ansicht des Autors.

Betrachtungen von Steffan.

Steffan hat bei der Zusammenfassung des statistischen Materials einige andere Begriffe eingeführt. Die Gruppe A, die dem nordeuropäischen Typus entspricht, bezeichnet er als den atlantischen Typus, die Gruppe B als den gondwanischen. Das gondwanische Hochgebiet ist in volkskundlicher Hinsicht mit den Gebieten von Peking bis Birma, Indien, Afrika und Australien gleichgesetzt. Die erdgeschichtliche Betrachtung dieser Gebiete zeigt eine Übereinstimmung mit dem alten Südafrika, Madagaskar, Indien und in noch älterer Zeit Australien umfassenden Südkontinent. Dieses Gebiet „Gondwana" zeigt nun eine Kongruenz mit den Hochgebieten der B-Gruppen, deswegen nimmt Verf. an, daß das uralte Gondwana auch heute noch (ausgenommen ein nachgewiesener ostasiatischer und wahrscheinlich ostafrikanischer Küstengraben mit höherem A-Index) kompakt von B-Rassen bewohnt ist.

Verf. postuliert nun je nach dem Index serologische Erdpole, von denen „der atlantische Pol in der Landschaft Schwansen (Angel) in einem Gebiet rein nordischer Menschen sich befindet. Bei den Alpinen in Peterstal, in Rental wurden ebenfalls hohe Indexzahlen gefunden, so daß hier ein Hinweis erblickt werden kann, daß mehrere atlantische sowie mehrere gondwanische Urrassen dieselbe Bluteigenschaft ausgebildet haben, unbeschadet ihrer verschiedenartigen körperlichen Eigenschaft. Bei den Deutschen sieht man Ausläufer gondwanischer Bluteigenschaft (Gruppe B) bis nach Leipzig, Berlin und mehr inselartig (nach Klein und Osthoff) in dem polnisch besiedelten westfälischen Industriegebiet. Der gondwanische Hämagglutinationspol liegt in Peking. Nördlich davon muß in alter Zeit eine atlantische (A-) Wanderwelle, das Hochgebiet über Osten nach Südosten (Nordkorea) abbauend, westöstlich quer durch Asien hindurchgezogen sein. Diese Scharen haben unter Verdrängung der Aino nach Norden, Süd- und Mitteljapan intensiv, die chinesischen Küstengebiete und die Sundainseln in abnehmender Stärke besiedelt und rassisch beeinflußt. Es läßt sich also in Ostasien ein großer Einbruch atlantischen A-Blutes von der Mandschurei über die Sundainseln vielleicht bis Madagaskar aufweisen. Der Kern des heute feststellbaren gondwanischen B-Hochgebietes reicht von Peking bis Indien und Ceylon. Auf der Ostseite des atlantischen Einbruchgrabens setzt sich das gondwanische Hochgebiet über die Philippinen hinaus, voraussichtlich bis nach Australien vor. Vom gondwanischen Hochgebiet reichen erhebliche Einflüsse in europäischen Ausläufern bis nach Westpreußen, Posen, Berlin, Leipzig und — inselartig und auf neuester Siedlung beruhend — ins rheinisch-westfälische Industriegebiet. Die Mongolen sind damit als die wichtigsten Zuträger gondwanischen Blutes nach Europa erkannt.

In Europa fällt der Index für die atlantische Eigenschaft stetig nach Südosten ab, sie ist aber noch über Arabien hinaus wahrnehmbar und hat vielleicht entlang der ostafrikanischen Küste Madagaskar beeinflußt."

Verf. versucht die von ihm postulierten Wanderungen kartographisch aufzuzeichnen[1]) (siehe S. 124 und 125).

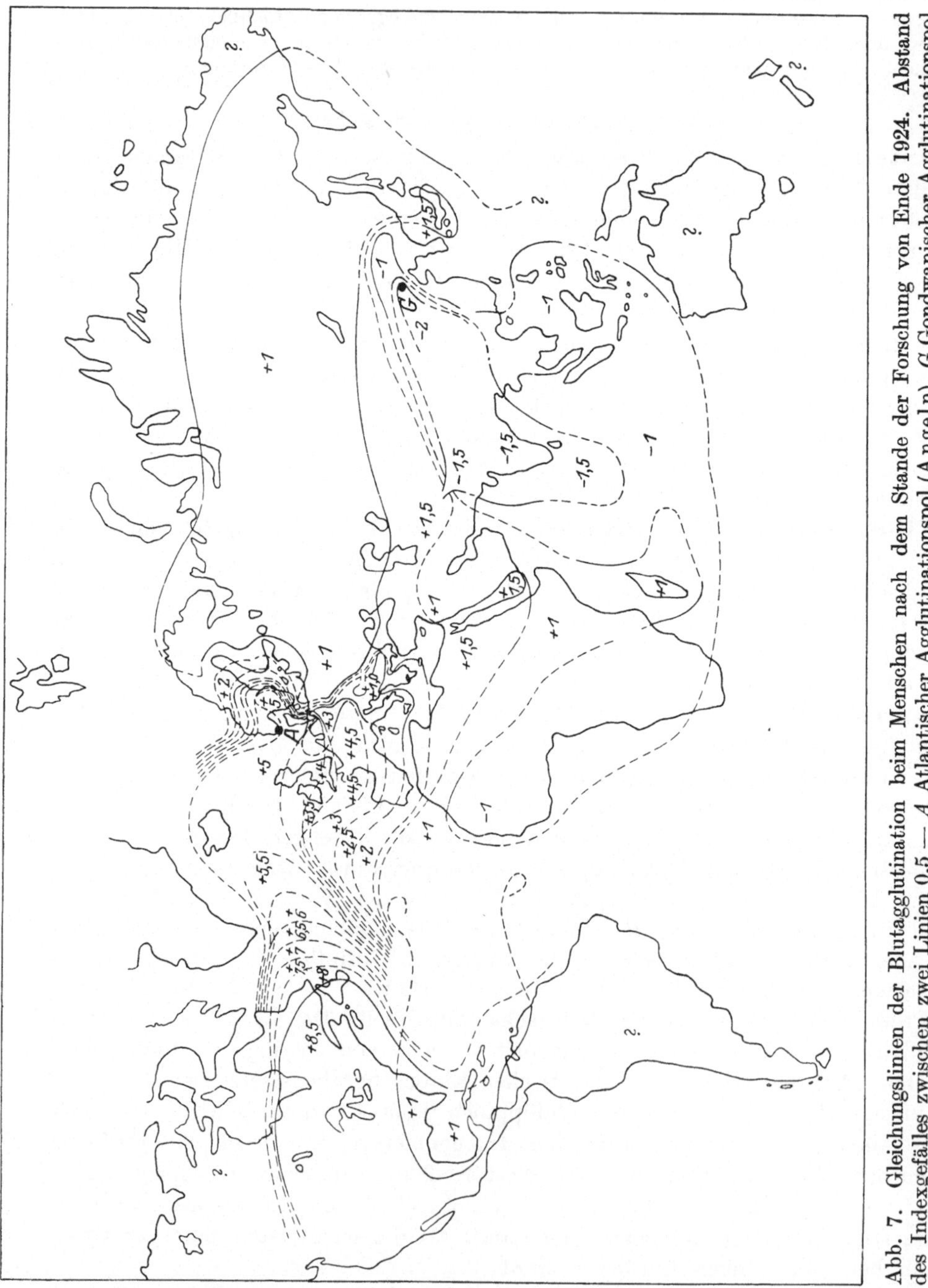

Abb. 7. Gleichungslinien der Blutagglutination beim Menschen nach dem Stande der Forschung von Ende 1924. Abstand des Indexgefälles zwischen zwei Linien 0,5 — *A* Atlantischer Agglutinationspol (Angeln), *G* Gondwanischer Agglutinationspol (Peking). Die mit + versehenen Indexzahlen geben den atlantischen Index an, die mit — versehenen den Gondwanischen; maßgebend für die Wahl des Vorzeichens ist die Kreuzung der beiden Indexkurven. (Nach P. Steffan.)

[1]) Das Urteil muß natürlich den Fachanthropologen überlassen werden. Ich kann mich allerdings des Eindruckes nicht erwehren, daß das vorliegende Material für so detaillierte Hypothesen noch nicht reif ist.

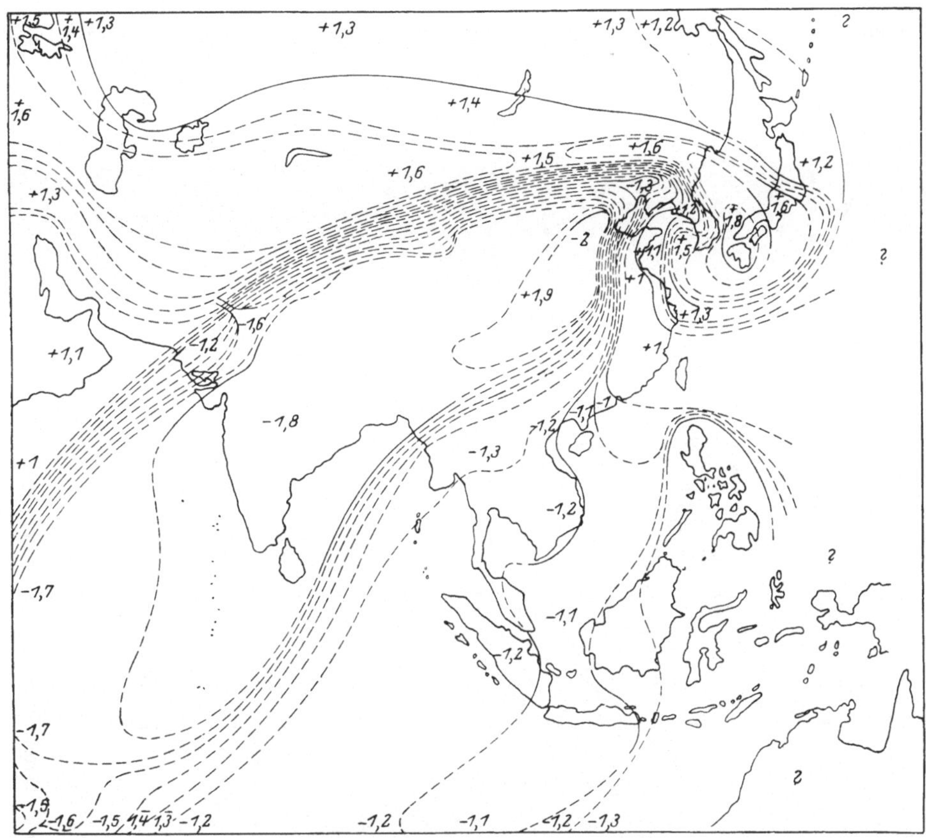

Abb. 8. Die blutagglutinatorischen Gleichungslinien im gondwanischen Hochgebiet. Der Gondwanische Agglutinationspol (1924: Peking). Indexgefälle von Linie zu Linie: 0,1. Die Zahlen geben den Agglutinationsindex an, und zwar diejenigen mit positivem Vorzeichen den atlantischen (+), die mit negativem Vorzeichen den Gondwanischen (—). (Nach P. Steffan.)

Betrachtungen von Mydlarski.

Mydlarski steht auf dem Boden der multiplen Allelomorphen und berechnet Korrelationskoeffizienten zwischen den p-, q- und r-Werten und verschiedenen anthropologischen Merkmalen in Polen. Verf. findet die Eigenschaft A korreliert mit Meso- und Subbrachicephalen (Index 77—82), mit schmalen Nasen (Index unterhalb 64) und Gesichtern (Index oberhalb 84). Die Eigenschaft B ist korreliert mit kurzköpfigen Elementen (Index über 83) mit mittleren und breiten Nasen (Index oberhalb 65) und breiten Gesichtern (Index unterhalb 78). Das Blut O ist korreliert mit lang oder mittelköpfigen Elementen (Index unterhalb 79), mit sehr schmalen Nasen und Gesichtern (Index unterhalb 64 und oberhalb 93).

Auf Grund dieser Korrelationen vermutet Mydlarski, daß das Blut A mit den nordischen Elementen, das Blut B mit zentralasiatischen, kurzköpfigen, das Blut *R* mit mediterranäen Elementen zusammenhängt. Mangelnde Korrelationen mit anderen anthropologischen Typen in Polen lassen das Problem

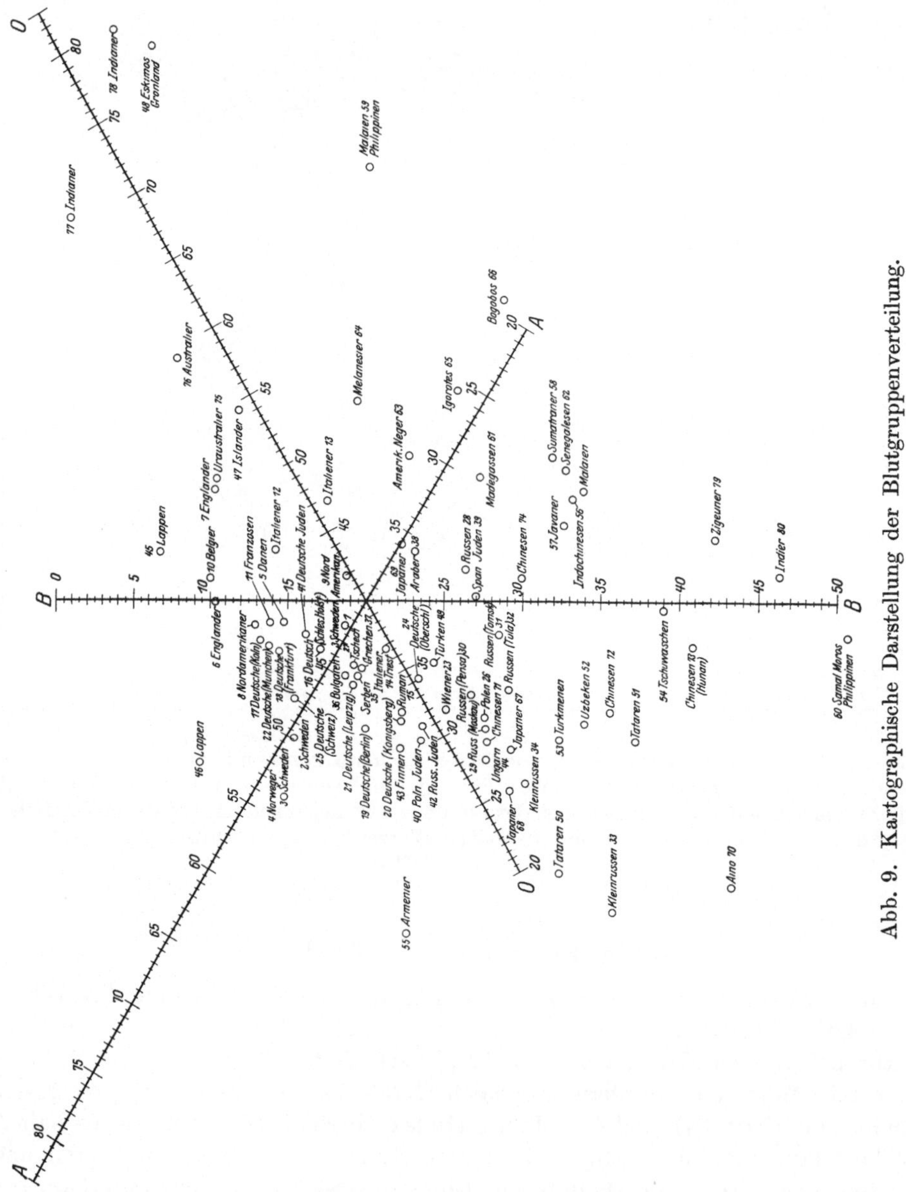

Abb. 9. Kartographische Darstellung der Blutgruppenverteilung.

nach dem Alter der anthropologischen Differenzierung auftauchen. Verf. vermutet, daß die serologische Differenzierung der Menschen älter ist als die morphologische. Die bisherigen serologischen Aufnahmen erinnern an die Verteilung der Hautfarbe und Haarform; diese letzten Eigenschaften werden aber meistens als phylogenetisch älter aufgefaßt. Diese Über-

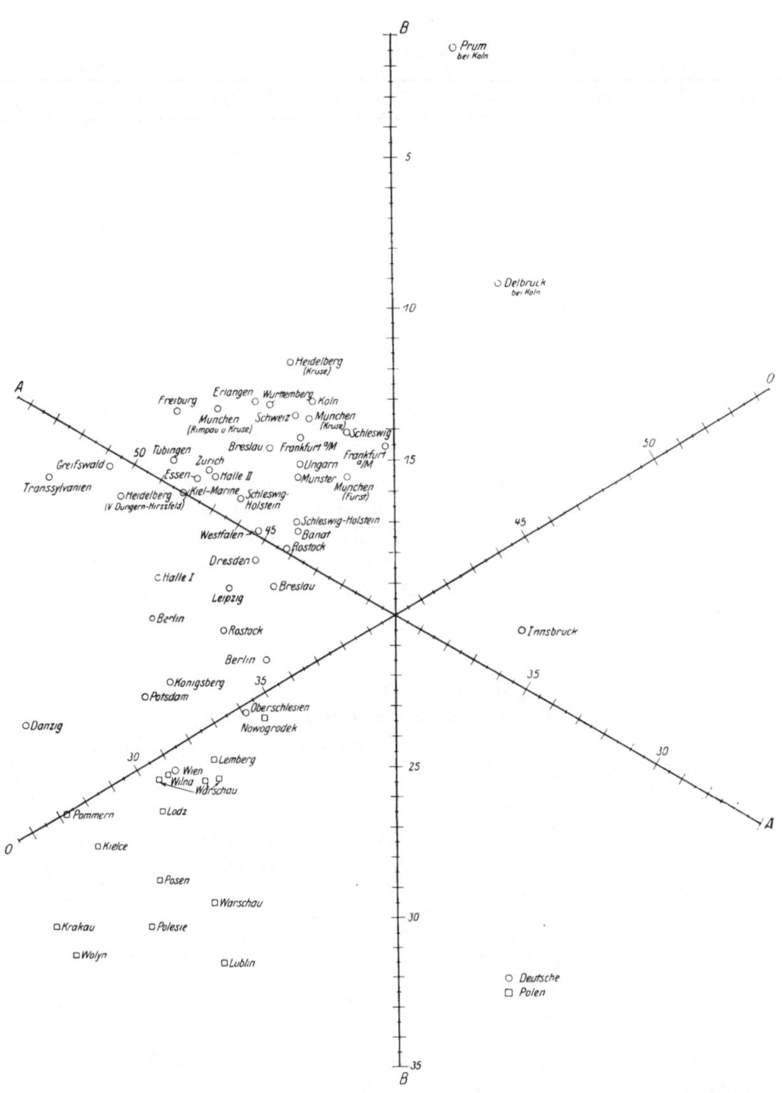

Abb. 10. Kartographische Verteilung der Blutgruppen in Deutschland und Polen.

einstimmung könnte als eine serologische Bestätigung derjenigen Rassenauffassung gelten, die Cuvier ursprünglich gegeben und Deniker ausgearbeitet hat, natürlich unter Berücksichtigung aller evtl. später entstandenen Formen.

Überlegungen von Snyder.

Snyder stellt sich ganz auf den Boden der Bernsteinschen Auffassung und entwirft eine Korrelationstafel auf Grund der verschiedenen Werte von p und q. Seine Korrelationstafel sei hiermit wiedergegeben.

Tabelle 55.

p/q	0—5	6—10	11—15	16—20	21—25	26—30	31—35
0—5	Amerik. Indianer	Amerik. Indianer			Australier		
6—10		Philippiner		Isländer	Dänen	Engländer Franzosen Italiener Deutsche Holländer Serben Griechen	Norweger Schweden
11—15			Süd-Afrikaner	Amerik.-Neger Madagassen Melanesier	Araber Türken Russen Span. Juden Tschechen	Rumänen Bulgaren Polnische Juden	Armenier
16—20			Senegaleser Sumatraner	Annamiten Javaner Sumatraner Chinesen	S.-Chinesen	S.-Chinesen N.-Japaner Ungarn Polen	Mittel-Japaner S.-Japaner Rumänen Juden
21—25				Nord-Koreaner	Mittel-Koreaner		S.-O.-Koreaner Ukrainier
26—30			Indianer Zigeuner	N.-Chinesen Mandschus		Ainos	

Auf Grund dieser Tafel kommt er zu einer Einteilung des Menschengeschlechtes, die eine weitgehende Übereinstimmung mit Ottenberg hat. Er postuliert folgende Typen: a) den Europäischen, b) den Übergangstypus, c) den Hunantypus, entsprechend dem Vorschlag von Ottenberg, d) den indomandschurischen (Koreaner, Mandschus, Chinesen, Aino, Indier und Zigeuner), e) afriko-malaiischen Typus (Javaner, Anamiten usw.), f) den pazifiko-amerikanischen (amerikanische Indianer), g) australischen Typus, welcher nach Ottenberg mit dem pazifiko-amerikanischen Typus zusammengebracht wird. Seine Einteilung auf Grund von p-, q- und r-Häufigkeiten des Genotypus entspricht demnach durchaus der Ottenbergschen, was begreiflich ist, da die Genverteilung den phänotypischen Werten entspricht. (Siehe auch die Strengsche Karte, dargestellt mit O, A und B statt p, q und r [Abb. 9 u. 10].) Verfasser vermutet mit Bernstein, daß die ursprüngliche Rasse die Erbformel RR hatte, also der O-Gruppe angehörte. Daß er dies als „ganz gesichert" betrachtet (no doubt), ist mir unverständlich[1]). Die amerikanischen Indianer, vielleicht die Philippiner und Australier, hätten sich von den übrigen Rassen getrennt, bevor A und B als Mutationen von R entstanden sind. Die Präponderanz von B bei den Schwarzen auf beiden Seiten des Indischen Ozeans läßt vermuten, daß seinerzeit das indoafrikanische Kontinent die Wiege der Menschheit war. Trotzdem A von Europa nach Osten abnimmt, bleibt es selbst bei den östlichen Völkern nicht ganz selten, B im Gegenteil nimmt steiler nach Westen ab, was Bais und Verhoef hypothetisch darauf zurückführten, daß A eine ältere Eigenschaft als B ist. Verfasser stellt zur Diskussion, daß die Mutation von A mehr Individuen ergriff als B, oder daß östliche Migrationen europäischer Völker stärker waren als westliche der Mongolen. Man könnte schließlich diskutieren, daß das A in Asien unabhängig mutierte.

Ich habe bereits den Versuch von Streng besprochen, kartographisch die einzelnen Völker als Punkte in einer Ebene darzustellen. Ich halte diese Art der Darstellung für sehr zweckmäßig und glaube, daß man die Lage auf den einzelnen Punkten der Karte durch Zahlen festlegen könnte, die charakteristischer wären als der Index. Ich erwähnte schon, daß die Karte auch ohne die Umrechnung auf 3 Gene entworfen werden kann. Die Interpretation der Karte darf natürlich nicht mechanisch sein, da die gleiche serologische Zusammensetzung eine Folge von Vermischungen verschiedener Rassen sein kann. Die Methodik einer Wissenschaft und eine Eigenschaft allein dürfen selbstverständlich nicht zur Grundlage weitgehender Schlußfolgerungen dienen.

Ich habe die einzelnen Forscher sprechen lassen, ohne selbst Stellung zu nehmen. Und dies mit Absicht. Das bis jetzt Bekannte könnte man als eine Sicherstellung und Vertiefung der seinerzeit postulierten Sätze betrachten, daß die Gruppen A und B an verschiedenen Orten entstanden sind, und daß die gegenwärtige Verteilung eine Folge von Migrationen und daher ihr Ausdruck ist, wobei äußere Einflüsse anscheinend wenig oder keine Bedeutung haben. Es scheint, daß mehrere Spezialprobleme bereits mit Hilfe der serologischen Methodik der Lösung nähergebracht werden könnten — die bedeutsamen Befunde bei den Indianern, Indiern, Australiern, Eskimos, Lappen, Chinesen und Japanern berechtigen zu weitestgehenden Hoffnungen. Wir haben hier in der Tat mit Rassenkriterien zu tun, wobei die Frage des Selektionswertes und weitere Zusammenhänge mit der Pathologie noch unerforscht sind. Ich zweifle nicht, daß die Serologie uns ein Instrument gegeben hat, welches an der Lösung der tiefsten Probleme der Menschenwerdung mit anderen Wissenschaftszweigen mitarbeiten

[1]) Anmerkung bei der Korrektur. Inzwischen hat Verf. selbst eingesehen, daß die Anwesenheit der Gruppen bei Tieren und namentlich Anthropoiden eine vielseitigere Analyse notwendig macht.

kann, das bisherige Material ist aber noch für eine Synthese zu unvollständig und heterogen. Die Postulierung von drei oder mehr Urrassen, die Diskussionen, ob die Indianer sich vor oder nach der Ausbildung der *B*-Eigenschaft von den Mongolen abgespaltet haben oder ob nördliche Mongolenstämme von der *B*-Mutation freiblieben, ob die Indianer eigene Ursprungsstätte haben, ob gleiche Mutationen an mehreren Orten entstanden sind usw. — dies sind alles bedeutsame Fragen, zu deren Lösung aber noch diskutiert werden muß, was phylogenetisch primär war: die Anwesenheit der isoagglutinablen Eigenschaften oder ihr Mangel, ob die Gruppe *O* aus der Mischung der Rassen *A* und *B* herausmendelte, ob sie als Verlustmutande entstanden ist oder ob im Gegenteil die dominanten Eigenschaften innerhalb des Menschengeschlechtes als Mutation auftraten, oder ob sie im Sinne von Klatsch auf spezifische Beziehungen der einzelnen Menschenrassen zu bestimmten Anthropoiden hinweisen, wie wir mit v. Dungern vermuteten und wofür unsere Befunde und die von Landsteiner und Miller sprechen. Die bisherigen Ergebnisse sind bedeutend genug, um eine einheitlich durchgeführte, auf internationaler Basis organisierte Forschung als bereits gereift zu betrachten und höchst wünschenswert erscheinen zu lassen.

Die Mühe, das zerstreute Material zusammenzustellen, wäre reichlich belohnt, falls sie zu einer solchen Arbeit einen Ansporn geben würde.

Anhang.

Ich möchte noch einige Worte zufügen, auf welche Weise ich die Durchführung von Massenuntersuchungen empfehle.

Zur Technik sei bemerkt: Man benutzt Kochsalzlösung unter Zusatz von Natrium citricum (9 Teile NaCl, 1 Teil 5proz. Natrium citricum); in einer Reihe von Reagenzgläschen setzt man 1 ccm zu. Man entnimmt einige Tropfen Blut aus der Fingerbeere, wobei bei Massenuntersuchungen zweckmäßig ein Gehilfe den Finger mit Äther abputzt, der zweite mit einer Franckschen Nadel einsticht, der dritte das Blut gewinnt und der vierte ein Stück Watte gibt. Der Untersucher notiert genau den Namen, Heimat u. dgl. Auf diese Weise kann man in einer Stunde bei ungefähr 100 Menschen das Blut gewinnen. Man benutzt zweckmäßig ein Gestell für 600 Röhrchen in nebenstehender Form:

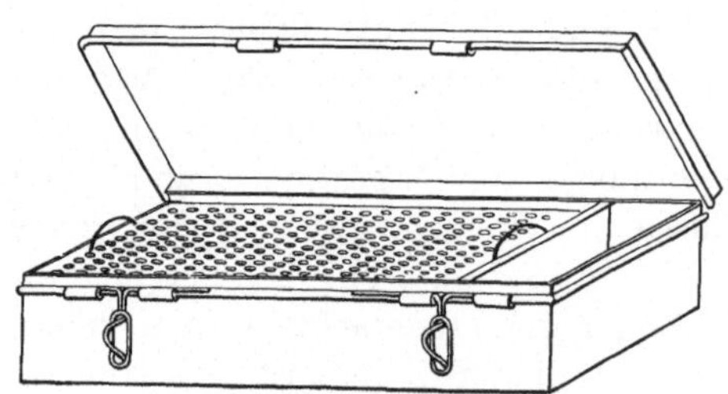

Abb. 11. Transportabler Kasten für Massenuntersuchungen. (Nach Halber und Mydlarski.)

Das Gestell befindet sich in einer Blechschachtel, welche eine kleine Schublade für Kochsalz, Pasteursche Pipetten und Äther enthält. Eine derartige Schachtel läßt sich leicht transportieren; das Gestell dient sowohl für die Aufhebung des Blutes wie für die Anstellung der Reaktion. Die Reaktion wird so ausgeführt, daß in je zwei kleine Reagenzgläschen je 1 Tropfen einer ca. 3proz. Blutkörperchensuspension hineinkommt. In das erste Röhrchen setzt man das Serum Anti-*A* (Gruppe *B*), in das zweite Anti-*B* (Gruppe *A*). Zur Vermeidung von Untergruppen ist es zweckmäßig, mehrere Sera zusammenzumischen. Die Agglutination wird womöglich am selben, spätestens am nächsten Tage angesetzt und frühestens nach einer Stunde makroskopisch abgelesen, dazwischen werden die Röhrchen 1—2 mal geschüttelt. Man soll mindestens 500 Individuen heranziehen. Die Sera müssen kontrolliert werden, daß sie starke spezifische Isoagglutinine und keine Autoagglutinine enthalten.

5. Über die physiologischen und immun-biologischen Grundlagen der Iso- und Autoagglutination.

Ich habe eingangs erwähnt, daß eine Isoantikörperbildung an die Differenzierung der Blutkörperchenstrukturen innerhalb der Art gebunden ist. Wo keine biochemische Differenzierung innerhalb der Spezies eingetreten ist, lassen sich auch keine Isoantikörper hervorrufen. Während die Versuche von Ehrlich und Morgenroth auf eine größere Anzahl individuumspezifischer Rezeptoren hinzuweisen schienen, ergaben die Untersuchungen von v. Dungern und Hirszfeld, daß die durch die Isoantikörper agglutinierbaren Blutsorten sich nach bestimmten Gruppen ordnen. Während bei Hunden und bei Ziegen die Antikörper gegen die gruppenspezifischen Strukturen normalerweise oft zu fehlen scheinen, sieht man sie bei manchen Tierarten schon physiologisch. So können wir dreierlei Typen unterscheiden. Erstens solche Tierarten, wo trotz der biochemischen Differenzierung des Blutes die Isoantikörper meistens fehlen und nur durch Immunisierung erzeugt werden können, z. B. Ziegen, teilweise Hunde[1]), vielleicht Kaninchen. Zweitens kennen wir solche Tierarten, bei welchen Isoantikörper häufig, wenn auch nicht immer, vorhanden sind, dies sind Hammel, Pferde und Schweine (Hirszfeld - Przesmycki, Białosuknia und Kączkowski, Szymanowski, Stetkiewicz und Wachler). Drittens finden wir bei Menschen Isoantikörper immer oder fast immer, Defekte an Isoantikörpern sind sehr selten. Die Abwesenheit der Isoantikörper untersteht dabei immer der Regel von Ehrlich und Morgenroth, Landsteiner, v. Dungern und Hirszfeld, die lautet, daß Antikörper nie gegen das körpereigene Blut, wohl aber gegen solche Blutstrukturen, die dem immunisierten Tier fehlen, auftreten können. Die Immunisierung innerhalb der Spezies gelingt demnach nur, wenn das injizierte Blut mehr an antigenen Eigenschaften enthält als das Blut des immunisierten Tieres. Falls wir ein Blut injizieren, welches gleichzeitig zwei Gruppen gehört, so besitzt antigene Fähigkeiten nur diejenige Eigenschaft, die dem antikörperliefernden Tiere fehlt. Das Blut AB ist demnach bei dem Tier AB kein Antigen, bei dem Tiere A entsteht ein Anti-B, bei dem Tiere B ein Anti-A und bei dem Tiere O ein Anti-AB. Diese Regel scheint mir von ganz wesentlicher Bedeutung für die konstitutionelle Auffassung der Immunität, denn sie beweist, daß chemische und physikalische Eigenschaften einer Substanz nicht genügen, um über deren antigene Fähigkeiten zu entscheiden. Erst die Differenz zu den Blutsubstanzen des immunisierten Tieres stempelt einen Körper zum Antigen und entscheidet über dessen serologische Spezifität.

Wir sehen somit, daß das Problem der Isoantikörper zwei unabhängige Fragestellungen umfaßt. Erstens die Tatsache der gruppenspezifischen Differenzierung der Zellen, zweitens das Problem, daß gegen diese Eigenschaften Antikörper normalerweise vorhanden sein können. Das erste Problem: die Grundlage der serologischen Differenzierung innerhalb der Art wurde von v. Dungern-

[1]) McEvery, Joy und Pechan sowie Zwetkow geben an, Isoantikörper bei Hunden gefunden zu haben. Da wir mit v. Dungern keine normalen Antikörper festgestellt haben, so sehen wir, daß die Isoantikörper, ähnlich wie bei Pferden, Hammeln und Schweinen, nicht bei allen Hunden vorhanden sind, wo sie serologisch sozusagen das Recht hätten, zu sein. In diesem Sinne ließen sich die Protokolle von Zwetkow deuten.

Hirszfeld als ein serologisch-anthropologisches Problem erkannt. Das zweite: die physiologische Anwesenheit der Isoantikörper, hat eine Fülle von Beziehungen zum physiologischen und pathologischen Geschehen des Organismus und wird nach meiner Überzeugung auch die speziellen Fragestellungen der Immunologie beleuchten können.

Die Tatsache, daß Antikörper gegen ein Antigen nicht entstehen können, wenn es im Tierkörper vorhanden ist, ist durch die Arbeiten über das Forssmansche Antigen populär geworden. Wir wissen, daß Meerschweinchen, die das Forssmansche Antigen in den Organen enthalten, keine heterogenetischen Antikörper produzieren können, und man glaubte daher, daß das Vorhandensein des Antigens in den Organen des die Antikörper liefernden Tieres genügt, um bei den Forssmanschen Lipoiden die antigenen Fähigkeiten nicht zum Vorschein kommen zu lassen. Diese Auffassung enthielt aber einen nicht bemerkten Widerspruch, da die Organe des eigenen Körpers antigene Fähigkeiten besitzen können. Von Dungern und seine Mitarbeiter haben die Möglichkeit der antigenen Wirkung der eigenen Organe bekanntlich auf ihre Zirkulationsfremdheit zurückgeführt. Ich konnte nun mit Frl. Halber zeigen, daß das Forssmansche Antigen zwar nicht (in Übereinstimmung mit anderen Autoren) im Blut, wohl aber im Endothel der Gefäße vorhanden ist. Wir können somit den Tatbestand so formulieren, daß nicht die Artfremdheit, sondern die Zirkulationsfremdheit über antigene Fähigkeiten entscheidet, und daß Antikörper weder vorhanden sein noch entstehen können, die an den im Gefäßsystem vorhandenen zirkulierenden und nichtzirkulierenden Zellen angreifen können.

Diese Regel steht aber anscheinend im Widerspruch mit der Tatsache der Autoagglutination der Erythrocyten, und ich muß daher auf dieses letzte Phänomen genauer eingehen. Die Autoagglutination wurde von Landsteiner entdeckt, welcher feststellte, daß das Serum in der Kälte die eigenen Blutkörperchen zu agglutinieren vermag; in der Wärme gehen die agglutinierten Blutkörperchen wieder auseinander. Der Begriff der Autoagglutination wurde aber von Farrheus, Höber u. a. im anderen Sinne benutzt: die Autoren bringen das Senkungsphänomen mit der „Autoagglutination" in Zusammenhang. Farrheus selbst diskutiert zwar in seinem 1921 herausgegebenen Buch, daß er das Senkungsphänomen von der Autoagglutination unterscheiden möchte. Ich habe bereits 1917 (ein Jahr vor Farrheus) das Senkungsphänomen bei Malaria beschrieben[1]), und schon damals lehnte ich den Zusammenhang zwischen dem Senkungsphänomen und der Autoagglutination ab. Ich habe die beiden Phänomene durch folgende Merkmale getrennt: a) bei der Autoagglutination verkleben die Blutkörperchen, bei dem Senkungsphänomen nicht; b) Hypertonie ist für die Autoagglutination gleichgültig, hebt aber die Senkung auf. 1920 (zusammen mit Białosuknia) zeigte ich weiter, daß die Senkung durch Kälte verhindert, während die Autoagglutination im Gegenteil erst durch die Kälte ermöglicht wird, und schließlich, daß man durch Absorp-

[1]) Das Phänomen selbst ist von Biernacki entdeckt worden. Meine Arbeit und die von mir angewandte Technik, publiziert in der Schweizer Presse, entging den meisten Forschern.

tion in der Kälte die Autoagglutinine entfernen kann, ohne daß das Senkungsphänomen beeinträchtigt wird. Die Substanzen, die das Senkungsphänomen bedingen, lassen sich an die Blutkörperchen nicht absorbieren. Lattes beschäftigte sich später, aber durchaus unabhängig von meinen Arbeiten, mit diesen Problemen und hat die Unterscheidbarkeit beider Phänomene ebenfalls verfochten, wobei er namentlich zeigte, daß der Lecithinzusatz das Senkungsphänomen aufhebt, ohne die Autoagglutination zu schädigen. Die Unkenntnis dieser Tatsachen hat eine Fülle von falschen Vorstellungen gebracht; die von den Autoren mitgeteilten Befunde über die Veränderlichkeit der Gruppen beruhen wohl teilweise auf der Verwechselung dieser beiden Vorgänge. Das Wesen des Senkungsphänomens beruht auf der Anwesenheit der labilen Globuline, die keine spezifische, durch Bindung bewiesene Affinität zu den Erythrocyten zeigen.

Alle Mittel, die die Globuline zu stabilisieren geeignet sind (z. B. Hypertonie, Kälte), heben das Senkungsphänomen auf. Eine ganz scharfe Grenze in dieser Beziehung zwischen den normalen Isoantikörpern und Autoantikörpern einerseits, dem Senkungsphänomen andererseits scheint nicht zu bestehen. So haben wir bei Pferdeseren thermolabile normale Isoantikörper gesehen; in diesen Fällen hat die Hypertonie auch die Isoagglutination verhindert (unv. Versuche). Doch in den meisten Fällen reicht die Affinität der Auto- und Isoantikörper aus, um dem stabilisierenden Einfluß der Inaktivierung und Hypertonie zu widerstehen, und in diesen Fällen kann man daher die Hypertonie (2%) als ein sehr scharfes Unterscheidungsmittel zwischen der Iso- bzw. Autoagglutination und dem Senkungsphänomen verwenden.

Lattes verwendet Lecithinzusatz, welcher allgemein gelobt wird, Falgeroll das Kaolin. Beide Mittel heben das Senkungsphänomen auf, nicht aber die Isoagglutination.

Welche Bedeutung hat aber die Autoagglutination in der Kälte? Sind es Antikörper, die bei der Reaktion mit dem Antigen eine andere Wärmetönung haben? Sind es prinzipiell andere Vorgänge, die hier in Betracht kommen? Unsere Versuche zeigten, daß zwischen der Kälteagglutination und der Isoagglutination (die auch bei 37° stattfindet) nur quantitative Unterschiede vorhanden sind. Ein normales Tierserum agglutiniert fremde Blutkörperchen sowohl in der Kälte wie im Brutschrank. Bringt man die agglutinierten Blutkörperchen, wie es Landsteiner zeigte, in eine Temperatur von 45—50°, so geht die Agglutination auseinander. Dasselbe Serum aber agglutiniert die eigenen Blutkörperchen meistens nur bei 0—5°, bei manchen Menschen und Tieren höher, sogar bis 20°. Bringt man die agglutinierten Blutkörperchen in eine Temperatur, die die Reaktionstemperatur überschreitet, so geht die Autoagglutination ebenfalls zurück. Ich nannte mit Białosuknia die Temperaturen, bei welchen die Agglutination stattfinden kann, die Wärmeamplitude der betreffenden Antikörper. Die Wärmeamplitude der Iso- und Heteroantikörper ist meistens 0—40°, die der Autoantikörper 0—5°, selten höher. Dölter zeigte allerdings, daß die Wärmeamplitude der artspezifischen normalen Heteroantikörper geringer ist als die der gruppenspezifischen, so daß normale tierische Sera im Brutschrank eine gruppenspezifische Differenzierung des Menschenblutes auch ohne Absorption anzeigen. (Diese interessante Beobachtung hat nach meiner Erfahrung keine allgemeine Gültigkeit.) Wir konnten nun zeigen, daß die Differenz in der Amplitude nur quantitativ ist. Absorbiert man ein Serum von großer Wärmeamplitude mit Blutkörperchen bei einer bestimmten Temperatur, so agglutiniert es nicht mehr bei der zur Absorption benutzten Temperatur, wohl aber bei niederen Temperaturen. Die Wärmeamplitude läßt sich somit durch Absorption in vitro beliebig verengern. Wir sehen, daß die engere Amplitude der Autoantikörper eine ähnlich zweckmäßige Erscheinung ist wie die Tatsache, daß zirkulationseigene Zellen keine Antigene sind. Was in diesem Falle die Zirkulationsfremdheit bedeutet, ist bei den Autoantikörpern die Körperwärme, die der Verbindung der Autoantikörper mit dem Autoantigen im Wege steht. Wir wissen, daß die Absorptionsvorgänge durch Kälte verstärkt werden; daher wirken alle die Blutkörperchen agglutinierenden Sera in der Kälte stärker als in der Wärme, wobei bei einer bestimmten Temperatur eine jede Agglutination reversibel ist. Die Wärmeamplitude ist bei starken Seren gewöhnlich breiter, doch ist dies keineswegs die Regel, und es finden sich Sera, die einen relativ niedrigen Titer und trotzdem eine hohe Wärmeamplitude haben. Ich habe daher die Vermutung ausgesprochen, daß die Breite der Wärmeamplitude einen Ausdruck der Affinität darstellt in dem Sinne, daß Antigen-Antikörperverbindungen mit einer starken Affinität sich dem ungünstigen Einfluß der Wärme widersetzen können. Unsere Absorptionsversuche zeigten, daß im Serum Antikörper von verschiedener Wärmeamplitude vorhanden sind. Wir konnten auch nach dem Vorgang von Landsteiner „gereinigte" Agglutininlösungen herstellen und ebenfalls ihre „Wärmespezifität" zeigen. Die Wärmespezifität beruhte in unseren Versuchen darauf, daß Antikörper nur bei der zur Absorption benutzten Temperatur und darunter, nicht aber bei höheren Temperaturen wirkten. Ähnliche Beobachtungen finden wir auch bei Schiff. Dölter gibt aber einige Beobachtungen an, aus denen gewisse Temperaturoptima hervorzugehen scheinen, so daß die betreffenden Antikörper bei höheren Temperaturen stärker wirkten als bei niedrigeren, also eine nach beiden Seiten umgrenzte Temperaturspezifität zeigten. Ich habe dies nicht gesehen, diese interessante Beobachtung würde eine nähere Untersuchung verlangen.

Jervell fand in Übereinstimmung mit den oben erwähnten Arbeiten, daß einer jeden Temperatur ein bestimmter Wert der Absorption zukommt.

Die Auffassung, daß zirkulationseigene Substanzen keine Antigene sein können, hat in der letzten Zeit eine wesentliche Einschränkung erfahren. Nach den bedeutsamen Untersuchungen von Landsteiner sind Lipoide Haptene, d. h. sie können Antikörper hervorrufen, falls sie von einem Eiweißkörper, z. B. Schweineserum, umhüllt sind. Diese Befunde wurden nun von Sachs und seinen Mitarbeitern Dölter, Weil, Klopstok, Witebsky und Heimann bestätigt und erweitert, indem sie diese Feststellung auf andere Lipoide, auch von einfacher Struktur wie z. B. Lecithin, übertrugen. Ich kann auf diese wichtigen Arbeiten, die von unserem Thema abweichen, nicht näher eingehen. Während nun die eigenen Blutkörperchen keine Antigene sind, konnte ich mit Frl. Halber zeigen, daß die aus ihnen extrahierten Lipoide „Antikörper" hervorrufen, falls sie mit Schweineserum injiziert wurden. Wir sehen demnach, daß für manche Substanzen die Zirkulationsfremdheit zur Entfaltung antigener Eigenschaften nicht notwendig ist, da sie sich im „larvierten“ Zustand befinden, so daß sie mit den zirkulierenden Antikörpern nicht reagieren können. Worauf diese „Larviertheit“ beruht, ist unbekannt. Vielleicht sind die Antigene in der Zelle, also von den zirkulierenden Antikörpern abgeschlossen, oder in einer chemisch oder physikalisch nicht reaktionsfähigen Form u. dgl. Weil hat nun festgestellt, daß die aus dem Schweineserum extrahierten Lipoide mit Schweineserum umhüllt, Antilipoide hervorrufen, während das Schweineserum allein dies nicht tut. Die Lipoide sind also im Serum ebenfalls als Antigen „larviert“. Es ist noch nicht abzusehen, wie groß die Tragweite dieser Feststellungen ist; man muß aber jetzt mit der Möglichkeit rechnen, daß auch andere zirkulationseigene Substanzen unter Umständen Antikörper hervorrufen können, falls sie „zustandsfremd“ werden. Die von mir oben formulierten Gesetzmäßigkeiten müßten dann eine weitere Präzisierung erhalten.

Ich möchte noch einige kritische Worte zur Frage der Kälteagglutination bringen. Vor allem ist es unrichtig, ein besonderes „Kälteagglutinin“ von einem „Wärmeagglutinin“ zu unterscheiden, da es sich hier um fließende Übergänge handelt und die Amplitude der Heteroagglutinine sich, wie erwähnt, beliebig verengern läßt. So z. B. Li Chen - Pien hatte ein Serum mit starken Autoagglutininen in der Hand, welches auch Heteroagglutinine für Kaninchenblut enthielt. Nach der Absorption mit Kaninchenblut in der Wärme resultierten Sera, die in der Kälte noch das Kaninchenblut sowie das eigene Blut agglutinierten, Daraus schließt Verf., daß das „Kälteagglutinin“ mindestens aus 2 Antikörpern besteht. Dies ist selbstverständlich, da das „Kälteagglutinin“ für Kaninchenblut (erhalten nach der Absorption in der Wärme), ebenso spezifisch ist wie die Wärmeagglutinine. Absorbiert man ein Serum, welches die Blutkörperchen der eigenen Gruppe in der Kälte agglutiniert, mit Blutkörperchen anderer Gruppen, so verschwindet das Kälteagglutinin. Die Receptoren für das Kälteagglutinin sind somit von den Gruppensubstanzen A und B verschieden, und in dieser Beziehung hat Mino durchaus recht. Dies schließt aber nicht aus, daß schwache Isoreceptoren nur in der Kälte nachweisbar sind.

Die Möglichkeit, durch Absorption in vitro die Wärmeamplitude beliebig zu verengern, zeigt, daß für die quantitative Beurteilung der Autoagglutination bei verschiedenen Krankheiten das bis jetzt vorgebrachte Material meistens wertlos ist. Nehmen wir an, bei einer bestimmten Krankheit ist die Wärmeamplitude des Serums 0—10°. Nach der Blutentnahme läßt man das Blut im Eisschrank stehen; dadurch werden die bei dieser Temperatur reagierenden Antikörper absorbiert. Falls man daher auf Autoagglutinine prüfen will, so muß man das Blut bis zur Serumgewinnung im Brutschrank stehen lassen, und dann müßte die Wärmeamplitude eines jeden Serums quantitativ bestimmt werden, da die Tatsache der Autoagglutination in der Kälte ein physiologisches Phänomen ist (Landsteiner, Hirszfeld, Lattes, Goroney). Falls man ein Serum ohne Kälteagglutinine haben will (z. B. für Gruppenprüfungen), ist es zweckmäßig, das Serum in der Kälte zu gewinnen, da die Auto-(Kälte-)Agglutinine dann an die Blutkörperchen gebunden bleiben (Hirszfeld, Goroney).

Die Bedeutung der normalen Autoagglutination in der Kälte ist noch nicht klar. Mehrere Autoren (Rous und Robertson, Nanba u. a.) geben an, durch Immunisierung mit eigenem Blut bezw. nach wiederholten Blutentnahmen und Transfusionen, Autoantikörper hervorzurufen. Mir ist durch Immunisierung mit eigenem Blut dies in mehreren Versuchen nicht gelungen.

Ich habe bei einem serbischen Soldaten eine so große Wärmeamplitude gesehen, daß man die Blutkörperchenzählung in vorgewärmten Lösungen ansetzen mußte. Bei Zimmertemperatur trat prompte Agglutination ein. In der neueren Literatur (wo Verff. das Senkungsphänomen von der Autoagglutination meistens unterscheiden), werden teilweise pathologische Vorgänge unterstrichen. So berichtet Mino über sehr starke Kälteagglutination bei syphilitischer Lebercirrhose und paroxysmaler Hämoglobinurie, Kligler bei einer sekundären Anämie, Alexander und Lawrence Thomson bei chronischer Leukämie, Cleveaux und Sanches nach Injektion eigener Blutkörperchen, Cohen und Jones bei perniziöser Anämie und subakuter Sklerosis, Reitman und Dudgeon bei Lebercirrhose, Datton, Kaufhack, Christi, Martin, Leboeuf und Roubou bei Trypanosomiasis, Martin und Darre bei Ikterus, Todd bei Lues, Debenette bei Splenomegalie (Lit. siehe bei Alexander und Thomson, Journ. of the Americ. med. assoc. Bd. 85, Nr. 22, S. 1707. 1925), Clough und Richter in einem Falle von Bronchopneumonie, Li Chen Pien bei syphilitischer Lebercirrhose. Die pathologischen Vorgänge sind aber keineswegs regelmäßig. Meine Mitarbeiterin Frl. Amsel, mit der ich die Frage studierte, hatte eine höhere Wärmeamplitude als gewöhnlich, trotzdem sie vollkommen gesund ist, und auch bei einem serbischen Soldaten mit außerordentlich hoher Amplitude konnte ich (abgesehen von chronischer Bronchitis) nichts Pathologisches feststellen. Guthrie und Huck beobachteten eine abnorme Kälteagglutination bei 3 Individuen in einer Familie, Clough und Richter bei der Tochter eines Kranken mit starker Autoagglutination. Die Frage, inwieweit wir bei der hohen Wärmeamplitude mit einem konstitutionellen Merkmal zu tun haben, ist aber noch nicht beantwortet. Mino hat dieser Frage eine Reihe sorgfältiger Studien gewidmet und will meine Vermutung widerlegt haben, daß es sich um ein konstitutionelles Merkmal handelt; nach seiner Annahme produzieren Menschen mit einer hohen Responsivität sehr leicht Antikörper, so daß bei Menschen mit Kälteautoagglutininen auch andere Antikörper abnorm stark sind. Ich konnte mich mit Frl. Amsel von der Richtigkeit dieser Beobachtung nicht überzeugen.

Man spricht oft von der Autoagglutination, um zu betonen, daß das Serum die eigenen Blutkörperchen agglutiniert. Mino lehnt diese Bezeichnung ab, da das Serum auch mit anderem Menschenblut reagieren kann, und schlägt die Bezeichnung Panagglutinin vor. Die Bindungsfähigkeit der roten Blutkörperchen verschiedener Gruppen kann nach meinen Untersuchungen mit Frl. Amsel, nach Li Chen Pien u. a. die gleiche sein, und dabei ist die Agglutinationsfähigkeit durch solche Sera verschieden. Ob das auf konditionellen Momenten beruht oder ob es sich um konstitutionelle Eigenschaften handelt, ist noch nicht in jedem Falle klar. Interessant ist ein Fall von Hübener, wo die Blutkörperchen in der Kälte mit allen Seren agglutinierten, also im gewissen Sinne ein Panagglutinogen darstellten.

Trotzdem aus den Beobachtungen der Verff. ein gewisser Zusammenhang der Kälteagglutination mit krankhaften Prozessen nicht ausgeschlossen werden kann, so möchte ich doch betonen, daß eine hohe Wärmeamplitude für die Blutkörperchen der eigenen Gruppe keineswegs mit krankhaften Zuständen verbunden sein muß. Es wäre möglich, daß sowohl meine Annahme der konstitutionellen Bedingtheit, wie die namentlich von Mino betonten Zusammenhänge mit pathologischen Vorgängen richtig sind. Der Zusammenhang könnte so gedacht werden, daß die Reaktionsfähigkeit mit den eigenen Blutzellen für manche Krankheiten prädisponiert. Es mag sein, daß manche Prozesse, die mit dem Schwund des Parenchyms einhergehen, bei solchen Menschen leichter auftreten werden, die über größere Fähigkeit verfügen, Autoantikörper zu produzieren. Es wäre z. B. auch vorstellbar, daß bei Erfrierungen die roten Blutkörperchen durch Autoagglutinine verklebt werden, was zu Gefäßthrombosen, Zirkulationsstörungen und dergleichen führen kann. Die konstitutionelle Bedingtheit der Wärmeamplitude war mir in Analogie zu anderen Serumstrukturen (Isoagglutinine, Komplement usw.) sowie in Rücksicht auf eine gewisse Konstanz der Titer normaler Antikörper wahrscheinlich; sie kann natürlich nur durch Familienuntersuchungen sichergestellt werden[1]).

Die Versuche ergeben demnach, daß die agglutinierende Fähigkeit der normalen Sera bei einer gegebenen Temperatur die Summe der Wirkungen von Antikörpern ist, die bei der betreffenden Temperatur absorbiert werden. Man könnte das auch so ausdrücken, daß die agglutinierende Fähigkeit bei niederen Temperaturen eine Summe der Fähigkeiten bei höheren Temperaturen darstellt, wobei einer jeden Temperatur ein besonderer charakteristischer Wert zukommt. Die temperaturspezifische Absorption gelingt bei quantitativem Arbeiten; absorbiert man mit großen Blutmengen selbst bei 37 °, so verschwinden leicht die Antikörper, die bei niederen Temperaturen wirken.

Wir sehen demnach, daß nicht alle Autoantikörper fehlen, sondern nur diejenigen, die bei Körpertemperaturen wirken können. Worauf diese eigentümliche Erscheinung beruht, wissen wir nicht. Man könnte sich vorstellen, daß der Organismus Panagglutinine produziert und daß die Autoagglutinine von höherer Wärmeamplitude in der Zirkulation ständig absorbiert werden, oder daß das Autoblutagglutinogen in gelöster Form im Serum vorhanden ist und die Autoantikörper an Wirkung verhindert (diese letzte Vorstellung wurde teilweise auch von Bernstein diskutiert). Man kann in der Tat häufig beobachten, daß bei Mischungen der α- und β-Seren der Endtiter abnimmt, was in diesem Sinne gedeutet werden könnte (s. auch Konikow). Wir müssen aber auch mit der Möglichkeit rechnen, daß eine primäre Unfähigkeit besteht, Autoantikörper zu produzieren, sei es durch Mangel einer angeborenen Anlage, oder durch spezifische Lähmungen der Antikörperproduktion und dergleichen.

Die enge Wärmeamplitude der Autoantikörper ist aber eine zweckmäßige Erscheinung, die sich bei teleologischer Betrachtung leicht in die Landsteinersche Regel einfügen läßt. Schon daraus können wir ersehen, daß in der Gruppendifferenzierung kleine Schwankungen auftreten können, falls man die Untersuchungen bei niederen Temperaturen vornimmt. Ohne Berücksich-

[1]) Die Frage der paroxysmalen Hämoglobinurie lasse ich beiseite und verweise auf die Monographie von Landsteiner in Weichardts Ergebnissen der Hygiene Bd. VII. Die zuletzt von Sachs, Weil, Weichardt und Klopstock verfochtene Hypothese, daß wir bei Syphilis mit Autoantikörpern zu tun haben, würde dann die Gestalt erhalten, daß bei manchen Individuen unter dem Einfluß der syphilitischen Infektion die Blutkörperchen besonders leicht antigen wirken; bei anderen Individuen könnten die Autoantikörper konstitutionell vorhanden sein, unabhängig von der Infektion.

tigung dieser Tatsachen lassen sich die Untergruppen nicht begreifen, da die Landsteinersche Isoagglutininregel bei niederen Temperaturen keine Geltung zu haben braucht.

Die Versuche ergeben demnach, daß Antikörper gegen zirkulationseigene Substanzen nicht entstehen, die sich unter physiologischen Verhältnissen mit ihrem Antigen verbinden können. Die Voraussetzung dieser Regel ist, daß der Zustand der zirkulationseigenen Substanz „physiologisch" ist; verändert man manche zirkulationseigene Substanzen, so daß sie „zustandsfremd" werden, so können sie dann (evtl. als Haptene) Antikörper hervorrufen.

6. Die Untergruppen.

Auf die Tatsache, daß innerhalb der 4 Hauptgruppen auch weitere Differenzierungen auftreten können, hat Landsteiner aufmerksam gemacht. Von Dungern und Hirszfeld haben dann durch Absorptionsversuche, wie durch direkte Prüfung, innerhalb der Gruppe A 2 Untergruppen festgestellt, die sie A groß und A klein nannten. Die Bezeichnung war nicht glücklich, da a die recessive Eigenschaft bedeutet, es ist besser nach dem Vorschlage von Landsteiner und H. Witt die Bezeichnung A und AA_1 anzuwenden. Abgesehen von diesen 2 Untergruppen konnten von Dungern-Hirszfeld durch Anwendung tierischer Sera weitgehende Differenzierungen vornehmen. Absorbiert man nämlich manche tierische Sera mit den Blutkörperchen O, so agglutinieren sie dann häufig nur die Blutkörperchen A oder B, oder A und B, nicht aber das zur Absorption benutzte O-Blut. Die hier beobachtete Gruppendifferenzierung ist aber bei genauer Prüfung mit A und B nicht absolut identisch, so daß man so wohl nichtagglutinable Blutkörperchen A oder B findet, anderseits O-Blutkörperchen, die agglutiniert werden können. Manche tierische Sera agglutinieren bereits vor der Absorption gruppen- oder untergruppenspezifisch, so z. B. agglutinierte das Serum eines Rhesusaffen vor der Absorption das Blut einiger Individuen der Gruppe O. Wir konnten dementsprechend durch Zusammenstellung besonders ausgewählter Sera von mehreren untersuchten Individuen ein jedes Blut serologisch charakterisieren und wir nahmen damals an, daß die Blutkörperchen nicht nur gruppen-, sondern individuumspezifisch differenziert sind. Die Frage der Vererbung dieser Nebenstrukturen werde ich später berühren. Eine praktische Anwendung hatte diese Methode wegen der Schwierigkeit, geeignete Sera zu finden, nicht gefunden.

Bei Bearbeitung der Untergruppen berücksichtigten manche Autoren nicht nur die isoagglutinablen Substanzen, sondern auch abnorme oder mangelnde Isoantikörper. Man macht oft bei Untersuchungen der Tiere den Fehler, daß man AB-Gruppe annimmt, nur auf Grund der Feststellung, daß keine Isoantikörper nachweisbar sind. Nun hat der Mangel der Isoantikörper zu mindestens zwei verschiedene Ursachen: sie fehlen im Sinne der Landsteinerschen Regel dort, wo die entsprechenden Blutreceptoren kreisen, außerdem manchmal auch dort, wo sie nach der Landsteinerschen Regel sein dürften. Bei Tieren findet man einen solchen Mangel der Isoantikörper relativ häufig, und es liegen manche Anhaltspunkte dafür vor, daß es sich um eine vererbbare Eigenschaft handelt (s. später). Man könnte natürlich dann innerhalb der *O*-Gruppe Untergruppen auf Grund der An- oder Abwesenheit der Isoantikörper postulieren; man muß sich aber bewußt sein, daß man damit eigentlich Eigenschaften anderer Organe oder Organkomplexe charakterisiert, wo die Bildung der Isoantikörper stattfindet (wahrscheinlich das Reticuloendothel). Aber bei erwachsenen Menschen sind die Isoantikörper fast immer vorhanden, bei Neugeborenen fehlen sie zunächst und entstehen erst im ersten oder zweiten Lebensjahre als eine allgemeine Wachstumserscheinung. Es wäre hier falsch, von einer Gruppenänderung zu sprechen.

Stärkere abnorme Isoagglutinine wurden, wie dies richtig Landsteiner betont, noch nicht genügend bearbeitet; ein solcher Fall bei Gruppe *B* ist von Ottenberg und A. Johnson unlängst beschrieben. In einem Falle von Sucker waren die Blutkörperchen *A*, das Serum agglutinierte manche Blutsorten *A*, nicht aber *B*, verhielt sich also ähnlich der Gruppe *B*. Absorptionsversuche sowie größere Versuchsreihen zwecks näherer Analyse wurden nicht vorgenommen.

Die Untergruppen wurden von Guthrie, Pessel und Huck untersucht, denen eine Reihe anderer Autoren folgte, wie Coca und Klein, Lattes und Cavazutti, Mino, Schiff und Klinee, Ecker und Young, Sucker, namentlich aber Landsteiner und Lewin u. a. Bezeichnet man, wie üblich, die isoagglutinable Substanz der 2. Gruppe mit *A*, der dritten mit *B*, und benutzt man die Gruppeneinteilung nach Jansky, so lassen sich die Ergebnisse von Guthrie, Pessel und Huck nebenstehenderweise zusammenstellen (die Autoren benutzten eine andere, nicht übliche Nomenklatur, die ich in die gewöhnliche übersetze).

Gruppe	Isoagglutinine	Isoagglutinable Substanz
I	Anti-*ABC*	*O*
II	Anti-*AB*	*AC*
II	Anti-*BD*	*A*
II	Anti-*BD*	*AC*
III	Anti-*AC*	*BD*
IV	—	*ABC*

Die Existenz der Doppelreceptoren innerhalb der Gruppe III wird daraus erschlossen, daß manche Sera der II. Gruppe, absorbiert mit manchen Blutkörperchen der IV. Gruppe, noch Blutkörperchen der III. Gruppe agglutinierten. Innerhalb der II. Gruppe sind ebenfalls nur zwei Receptoren nachweisbar.

Bei niederen Temperaturen lassen sich mit Leichtigkeit Untergruppen feststellen; ich habe schon erwähnt, daß die Landsteinersche Einteilung in 4 Gruppen nur unter physiologischen Temperaturverhältnissen Geltung hat.

Die Untergruppen innerhalb z. B. der Gruppe *A* könnten durch die Annahme eines besonderen Receptors in der Gruppe II und eines besonderen Agglutinins in den Seren I und III erklärt werden. Die Annahme der Untergruppen haben mit gewichtigen Argumenten Lattes und Cavazutti, sowie Mino bekämpft. Die italienischen Autoren machten auf die verschiedene Agglutinationsfähigkeit des Blutes aufmerksam und glauben, daß die Blutkörperchen, die wir als *A* bezeichneten, lediglich weniger agglutinabel sind als AA_1, so daß sie von schwachen Seren nicht mehr umfaßt werden. Schiff und Hübener haben genaue Untersuchungen über die Agglutinabilität verschiedener Blutkörperchen angesetzt, indem sie von denselben Personen das Serum für die Agglutination verwendeten. Die Agglutinabilität der Blutkörperchen verschiedener Personen stellt eine Variationskurve dar, wobei etwa

12% aller Blutkörperchen relativ schwach agglutiniert werden und nur durch besonders starke Sera angezeigt werden können. Es ist klar, daß in vielen Fällen die Erklärung italienischer Autoren richtig ist, und daß nicht nur die von manchen Forschern angegebenen Untergruppen, sondern auch die angebliche Veränderlichkeit der Gruppen auf solcher schwachen Agglutinabilität beruhen kann. Die Annahme italienischer Autoren stützt sich auch auf der interessanten Beobachtung, daß eine intensive Absorption mit dem Blut A schließlich die Gesamtheit der Agglutinine auch für AA_1 wegnimmt. Trotzdem konnten Landsteiner und H. Witt unter Berücksichtigung aller oben erwähnten Gesichtspunkte und Einwände die Tatsache der Untergruppen sicherstellen. Die Autoren zeigten, daß manche Sera der Gruppe IV, deren Blutkörperchen A und B enthalten, noch Isoagglutinine gegen manche Repräsentanten der Gruppe A besitzen, entsprechend nebenstehendem Schema.

	IV (1)	IV (2)
Serum	—	Anti-A_1
Blutkörperchen	A, A_1, B	A, B

Man sieht, daß die Anwesenheit der Antikörper gegen den besonderen Bestandteil A_1 durchaus der Landsteinerschen Regel entspricht. Der Mangel von A_1 in solchen Blutsorten der Gruppe IV, die Isoagglutinine Anti-A_1 enthalten, wurde von den Autoren durch Absorptionsversuche sichergestellt, so daß z. B. Serum der Gruppe I absorbiert mit den Blutkörperchen, die das vermutliche A_1 nicht enthielten, dieselben Blutsorten noch agglutinierte wie die Sera der IV. [Gruppe von der Formel AB (ohne A_1).] Die Agglutination war stärker in der Kälte, so daß Verff. angeben, daß keine scharfe Grenze zwischen dem gewöhnlichen Kälteagglutinin und Isoagglutinin gezogen werden kann. Ich glaube, daß man begrifflich eine solche Grenze ziehen muß: das schwache gegen A_1 gerichtete Isoagglutinin läßt sich zwar nur in der Kälte nachweisen, ist aber spezifisch, während das Kälteagglutinin (Panagglutinin von Mino) auch mit Blutsorten anderer Gruppen reagieren kann[1]). Landsteiner und Witt bestätigen die Angaben von Lattes und Cavazutti über die geringere Agglutinabilität von A im Vergleich zu AA_1, sowie die Beobachtung, daß eine intensive Absorption mit A schließlich auch die Agglutinine Anti-A_1 wegnimmt. Doch durch eine elegante Versuchsanordnung ließ sich die Existenz besonderer Anti-A_1 sicherstellen. Die Autoren nahmen ein B-Serum, vermischten mit A-Blut (ohne A_1), absorbierten bei Zimmertemperatur. Das Serum ohne Anti-A (welches gebunden wurde) wurde dann wieder mit dem Blut AA_1 versetzt. So wurden Bodensätze erhalten, von denen der erste nur Anti-A-Antikörper, der zweite nur Anti-A_1-Antikörper enthielt. Von beiden Bodensätzen wurden nun nach der von Landsteiner ausgearbeiteten Technik die Antikörper in der Wärme zurückgewonnen, und es zeigte sich in der Tat, daß die „gereinigten" Anti-A_1-Antikörper nur das Blut AA_1 agglutinierten, nicht aber das Blut A. Trotzdem somit die größere Agglutinabilität des Blutes AA_1 im Sinne von Lattes und Mino bestätigt wurde, sprechen diese Versuche entschieden für die Existenz von zwei verschiedenen Receptoren (es scheint, daß in Amerika

[1]) Die Angaben von Welsch, daß die Isoagglutinine bei Pferden sich nicht absorbieren lassen, ist unrichtig und beruht auf der Verwechslung von drei, wie wir sehen, verschiedenen Vorgängen: a) Pseudoagglutination, Senkungsphänomen, b) unspezifischer Kälteagglutination (Panagglutination Minos) und c) richtiger Isoagglutination, die, wenn sie schwach ist, nur in der Kälte auftritt.

der Bestandteil A_1 in ca. 80° vorkommt). Auch wenn somit die Existenz von Untergruppen gesichert erscheint, muß ihr Nachweis durch besondere sorgfältige Untersuchungen bewiesen werden, was in den meisten Arbeiten nicht geschehen ist. Ich muß noch bemerken, daß nach Coca und Klein die Abwesenheit von A_1 in den Blutkörperchen noch keineswegs die Anwesenheit von Anti-A_1 im Serum bedeutet. Die Verhältnisse scheinen für diese Antikörper demnach ähnlich zu liegen, wie bei manchen Tieren, indem nicht alle Isoantikörper im Serum auftreten, die nach der Landsteinerschen Regel vorhanden sein sollten. Es scheint nach Guthrie und Huck, daß manche B-Sera nur Anti-A_1 enthalten.

Landsteiner und Levine haben diese durch Kälteagglutination feststellbaren Receptoren näher zu analysieren versucht. Sie konnten innerhalb der Gruppe A zwei verschiedene Receptoren feststellen, so daß die Formel für diese beiden Untergruppen lautet: AA^1 und AA^2. Die Blutkörperchen AA^2 sind weniger agglutinabel durch Sera I und III, sind aber empfindlicher als die Zellen AA^1 für das Kälteagglutinin Anti-A^2. Die Untergruppen könnte man demnach durch folgende Formel darstellen: $AA^1\alpha_2\beta$ und $AA^2\alpha_1\beta$. Die Unterscheidung ist zwar nicht ganz scharf, denn es gibt Blutkörperchen, die den Übergang darstellen. Aus den Absorptionsversuchen scheint nun hervorzugehen, daß der Kältereceptor in der Gruppe I mit dem Bestandteil A^2 verwandt ist, eine vollkommene Identität scheint aber nicht vorhanden zu sein. Innerhalb der Gruppe B scheinen nur gewisse Typen vorhanden zu sein, die aber wenigstens bis jetzt nicht als besondere Untergruppen aufgefaßt werden können. Da die Agglutinine auch durch nicht ganz identische Agglutinogene absorbiert werden können, ist die Deutung dieser Erscheinung nicht leicht und es wäre nach Ansicht der Verfasser verfrüht, für alle geringen Differenzen besondere agglutinogene Elemente anzunehmen.

Über den Receptor der Gruppe O hat nun in der letzten Zeit Schiff einige interessante Untersuchungen angestellt. Schiff griff auf frühere Versuche von v. Dungern und mir zurück, daß durch Absorption normaler tierischer Sera mit Blutkörperchen mancher Individuen Sera resultieren, die Untergruppen anzeigen und auch manche O-Blutkörperchen agglutinieren können. Verfasser ging nun davon aus, daß die Mehrzahl der Erythrocythen auch den recessiven Bestandteil enthalten und vielleicht daher das Agglutinin für das Menschenblut O binden. Nun enthält aber nach der Erbformel von Bernstein das Blut AB keine R-Bestandteile. Verfasser absorbierte normale Rindersera mit den Blutkörperchen AB und stellte fest, daß sie das O-Blut, nicht aber andere Blutsorten agglutinierten. Die Blutkörperchen A und B, die der Erbformel AR bzw. BR entsprechen können, reagierten in direktem Agglutinationsversuch niemals mit Anti-O-Seren, wohl aber im Gegensatz zu AB nicht selten im Bindungsversuch, was Verfasser auf die Wirkung eines einfach vorhandenen Gens R zurückzuführen geneigt ist. Die Blutkörperchen mancher Tiere haben ein kräftiges Bindungsvermögen für das Anti-O.

Witebsky und Okabe konnten diese Untersuchungen nicht vollkommen bestätigen. Es fanden sich zwar Rindersera, die nach der Absorption mit isoagglutinablem Blut das O-Blut stärker agglutinierten als andere Blutarten, doch war hier anscheinend kein Zusammenhang mit dem nach Bernstein den O-Receptor nicht enthaltenden AB-Blut nachweisbar. Verfasser diskutieren die Möglichkeit, daß das O-Blut stärkere Artreceptoren enthält als das A- oder B-Blut. Wir haben 80 Rindersera (unveröffentlichte Versuche) untersucht und nur eins gefunden welches wirklich das Blut der O-Gruppe bei geeigneter, nicht zu starker Absorption stärker agglutinierte. Es waren aber keine Differenzen in der Absorbierbarkeit des A- und AB-Blutes nachweisbar; dabei haben wir mehrere Absorptionen und viele Blutsorten verwendet, so daß sicherlich auch „unreine" A und B mituntersucht wurden. So interessant der Versuch von Schiff ist, die recessiven Eigenschaften serologisch zu charakterisieren, glaube ich nicht, daß dieser Weg sich als gangbar erwiesen hat. Ich habe auch theoretische Bedenken gegen die Gegenüberstellung, daß nach unserer Theorie die recessive Eigenschaft ein „Nichts" bedeuten soll, während die Bernsteinsche ein „Etwas" voraussetzt. Die Differenz liegt lediglich in der Annahme der Verschiedenheit von a und b, die die erste Erbformel postuliert, während nach Bernstein nur ein Receptor R in Betracht kommt. Der Fortschritt der Untergruppenforschung wird hier vielleicht manchen Aufschluß bringen, dem, wie ich glaube, wir entgegensehen können. Immunisiert man nämlich Kaninchen mit manchen Menschenblutsorten, so sieht man nach geeigneten Absorptionen, wie dies in der letzten Zeit Landsteiner und Lewine fanden, Antikörper, die gegen gruppenspezifische Bestandteile gerichtet sind, die sich nicht mit A und B decken. Verff. beschrieben nun einen neuen Receptor M. Dieser Bestandteil scheint bei dunklen Rassen häufiger vorzukommen als bei weißen: bei 902 weißen in 18,3%, bei 1338 dunklen in 28,1%. Verff. fanden mit der gleichen Methodik zwei neue Receptoren N und P. Die Eigenschaft N scheint dort vorhanden zu sein, wo M fehlt. Dieser letzte Bestandteil wurde auch bei 8 Schimpansen gefunden, vermißt bei 5 Gibbons. Der Bestandteil P wurde häufiger angetroffen bei dunklen Rassen. Ähnliche Befunde wurden auch mit normalen Kaninchen und Pferdeseren erhoben, die auf geeignete Weise absorbiert waren.

Wir haben gesehen, daß die serologische Methodik erlaubt, den unrichtigen Vater auszuschließen, nicht aber den richtigen sicher festzustellen. Der Fortschritt hängt hier von der Möglichkeit ab, weitere serologische Differenzierungen bei Menschen vorzunehmen. v. Dungern und Hirszfeld untersuchten (1911) eine Familie auf eine Eigenschaft, die durch ein bestimmtes natives Affenserum (ohne Absorption) charakterisiert war. Es war hier anscheinend eine unabhängige Vererbung festzustellen, wie folgendes Protokoll zeigt:

Protokoll.

	Mutter	Vater	Tocht.	Tocht.	Sohn	Tocht.
Serum A (β)	0	+	+	0	+	+
Serum B (α)	0	±	±	0	±	±
Serum eines Affen (γ) . . .	0	+	0	+	0	0

Unsere Versuche über die Vererbung der Untergruppen wurden längere Zeit von niemandem aufgenommen, erst letztens ist hier ein bemerkenswerter Fortschritt zu verzeichnen. Landsteiner und Levine untersuchten 100 Familien. Folgende Tabelle demonstriert die Vererbung des Bestandteils M:

Tabelle 56.

Zahl der Familien	65		39		3	
Bestandteil M bei Eltern .	+	+	+	—	—	—
Zahl der Kinder	252 +	25 —	114 +	52 —	0 +	11 —

Die Tabelle zeigt, daß auch diese Eigenschaften vererbbar sein können. Verff. geben an, daß sich auch der Bestandteil A_I als ein dominantes Merkmal zu vererben scheint.

Man darf gespannt sein auf die genauen Stammbäume, die sowohl A und B wie M, N und P berücksichtigen. Was die Ursache davon ist, daß gewisse Merkmale zusammen vererbt werden, andere nicht, ob die Nähe der entsprechenden Gene im Sinne von Morgan oder die Existenz von bestimmten Faktoren, die eine Anzahl von Genen vereinigen oder aktivieren und dergleichen, läßt sich nicht sagen.

Nur im Falle einer relativen Unabhängigkeit bei der Vererbung dieser Untergruppen können wir erwarten, daß sie uns in den Stand setzen werden, von mehreren in Betracht kommenden Männern den richtigen Vater sicher festzustellen.

Wir werden sehen, daß nicht alle Kaninchen zur Bildung von Anti-A-Agglutininen nach Injektionen des A-Blutes befähigt sind, sondern hauptsächlich solche, die ein normales Anti-A enthalten. Die Ursache dafür ist nicht sicher bekannt. Man findet in den Blutkörperchen in Zusammenhang mit der An- bzw. Abwesenheit des betreffenden A-Receptors bei Tieren mit und ohne normale Anti-A häufig keine Differenzen. Nun haben wir gesehen, daß manche Tiere normale Antikörper enthalten, die gegen die Untergruppen gerichtet sind. Es ist daher zu erwarten, daß ein näheres Studium der normalen Antikörper von vornherein es ermöglichen wird, solche Tiere auszusuchen, die bestimmte individuumspezifische Antikörper nach der Immunisierung besonders stark produzieren. Das Problem der Untergruppen wird dann experimentell leichter faßbar sein. Ich glaube daher, daß die individuelle Blutdiagnostik in nicht allzu ferner Zukunft realisierbar sein wird.

Ich möchte anführen, daß zwischen den Isoreceptoren auch noch nicht näher bekannte Beziehungen zu bestehen scheinen. So z. B. fand Dölter, daß nach Immunisierung mit dem Blute A bei Kaninchen Antikörper auftreten können, die nach Absorption mit Menschenblut O auch das B-Blut agglutinieren. Wir wissen nicht worauf dies beruht: auf unspezifischer Reizung, die gleichsam vorgebildete Antikörper mobilisiert, oder auf nicht näher bekannten Strukturähnlichkeiten zwischen A und B. Landsteiner und H. Witt absorbierten das Serum O mit den Blutkörperchen A bzw. B; die Isoagglutinine für die nicht zur Absorption benutzten Blutsorten nahmen ebenfalls ab. Bemerkenswert war, daß die dann „gereinigten", in der Wärme zurückgewonnenen Isoantikörper häufig nicht spezifisch waren, so daß das Blut A anscheinend auch Isoantikörper Anti-B gebunden hat[1]). Man könnte dann den Sachverhalt so ausdrücken, daß die Serumformel manchmal $O\alpha\beta$, ein anderes Mal $O\,(\alpha+\beta)$ ist.

[1]) Ich habe aus dem Grunde Bedenken, die Gruppenbestimmung in der forensischen Medizin auf Absorptionsversuchen namentlich mit Serum O zu stützen.

(Landsteiner, H. Witt.) Wir beobachteten ähnliche Erscheinungen bei Absorptionsversuchen häufig und bezeichneten sie als „funktionelle Koppelung" der Antikörper. Solche „Koppelungen" sind auch sonst beobachtet worden, wurden aber nicht gebührend hervorgehoben und analysiert.

Zusammenfassend kann man sagen, daß die Existenz von Untergruppen gesichert erscheint, trotzdem ihr Nachweis feinere Untersuchungsmethoden verlangt.

7. Gruppenspezifische Differenzierung während der Ontogenese.

Das Kind kann die Gruppe sowohl von der Mutter wie vom Vater erben. Wir sprechen von einer homospezifischen Schwangerschaft dann, wenn das Blut des Kindes und der Mutter den gleichen Gruppen, von einer heterospezifischen, wenn es verschiedenen Gruppen angehört. Die serologische Differenzierung des Blutes geht wohl in den meisten Fällen mit der morphologischen zusammen, bei Föten von 4 Monaten und darüber wurde eine Gruppenbildung bereits beobachtet (v. Dungern-Hirszfeld, Schiff, Happ, Ohnesorge, Dölter, Klaften u. and.). Bei eineiigen Zwillingen ist die Gruppe, was ja nicht weiter verwunderlich ist, stets die gleiche (Schiff, Dossena, Heim, Gauther, Ohnesorge, Wichmann, Paal usw.).

Die Änderung serologisch-chemischer Eigenschaften der Zelle während des Wachstums ist bekannt. Es wäre daher denkbar, daß gelegentlich auch die Ausbildung gruppenspezifischer Eigenschaften manchmal erst im postembryonalen Leben auftritt. Solche Fälle sind in der Tat von Happ beschrieben worden, zuletzt von Debré und Hamburger. Die meisten Forscher begnügen sich aber mit der Feststellung, daß die Gruppenformel bei Neugeborenen und Erwachsenen in einer Bevölkerung die gleiche ist und lehnen daher eine Gruppenänderung ab. Bei solcher Betrachtung könnten aber Gruppenänderungen, falls sie selten vorkommen, leicht entgehen. Allerdings ist das spätere Auftreten isoagglutinabler Eigenschaften nicht einwandfrei festgestellt worden. Man muß für solche Untersuchungen die Benutzung standardisierter und starker Sera und Prüfung des Blutes sowohl aus dem Nabelschnurblut wie aus der Ferse verlangen. Ich halte das gelegentliche Auftreten von Gruppenmerkmalen erst in postembryonalem Leben für noch nicht vollkommen gesichert.

Das Serum der Neugeborenen enthält in der Regel keine eigenen Antikörper. Die spezifischen Differenzierungsprozesse im Serum, das Erscheinen normaler Antikörper ist ein Vorgang, der morphologischen Differenzierung des Organismus analog; wir können der Morphogenese die Serogenese gegenüberstellen. Nun ist der Vorgang der Serumdifferenzierung bei der Geburt noch nicht abgeschlossen und diejenigen Antikörper, die im erwachsenen Organismus nachweisbar sind (Isoagglutinine, Hammelbluthämolysine usw.), fehlen meistens bei den Neugeborenen.

Es frägt sich aber, ob nicht gelegentlich eine frühere Entwicklung der Antikörper auftritt, so daß wir mit einer autochthonen Bildung von Antikörpern durch die Frucht zu rechnen hätten. Im Prinzip würden solche Befunde der

Auffassung, daß die Serogenese erst im postembryonalen Leben fortschreitet, nicht entgegenstehen; man könnte dies als eine Frühreife auffassen, wie wir sie bei der Entwicklung anatomischer Merkmale manchmal begegnen. Die Befunde von mir und Zborowski, die in folgender Tabelle niedergelegt sind, sprechen allerdings dagegen.

Tabelle 57[1]). Isoagglutinine und Hammelbluthämolysine bei Neugeborenen.

Gruppen		Isoagglutinine		Hammelbluthämolysine	
Mutter	Kind	Anzahl der Fälle	bei der Frucht nachweisbar in %	Anzahl der Fälle	bei der Frucht nachweisbar in %
O	*O*	83	87,5	75	33,3
	A	38	21	34	20,5
	B	15	66,6	14	42,8
	AB	1	—	—	—
A	*O*	38	13	34	17,6
	A	72	9,7	61	23
	B	10	—	12	16,6
	AB	7	—	7	—
B	*O*	25	20	25	16
	A	7	—	13	15
	B	34	32,6	34	17,6
	AB	5	—	5	—
AB	*O*	bei der Mutter nicht vorhanden		1	—
	A			10	20
	B			10	10
	AB			10	50

Unsere Erfahrungen, sowie diejenigen von Lazarević und Zborowski zeigten, daß Isoantikörper und Hämolysine bei Neugeborenen nur dann und zwar in geringen Mengen nachweisbar sind, wenn sie bei der Mutter vorhanden waren. Ich muß allerdings betonen, daß manche Verfasser auch Fälle beschreiben, wo das Serum der Neugeborenen die Blutkörperchen der Mutter agglutiniert, die Agglutinine also anscheinend autochthon entstanden waren [McQuarrie, Pistudi, Staquet, Dyke und Budge, Laffaut und Gaujoux, zuletzt Rech und Wöhlisch, Collon und Koller[2])]. Diese Differenzen sind teilweise durch die angewandte Technik zu erklären. Wir benutzen die makroskopische Methode, was namentlich für Nabelschnurblut wichtig ist, da hier die Blutkörperchen oft verkleben, was zu Täuschung Anlaß geben kann. Es könnte auch von Bedeutung sein, ob man das Nabelschnurblut oder das Blut aus der Ferse nimmt. Wie wir gefunden haben (s. später), nehmen im Retroplacentarblut diejenigen Isoantikörper ab, die gegen das Blut des Kindes gerichtet sind. Vielleicht handelt es sich hier um eine Hemmung, bewirkt durch gelöste von der Frucht stammende und durch die Placenta hindurch diffundierte Isoagglutinogene. Es wäre daher denkbar, daß auch der entgegengesetzte Vorgang stattfindet und die schwachen, durch die Frucht ge-

[1]) Teilweise mitgeteilt in Klin. Wochenschr. 1925, Nr. 24, und ausführlich in Gynekol. polska.

[2]) Im Falle 51 von Dossena liegt offenbar ein Irrtum vor, da das Serum der Mutter *A* das Blut des Kindes der Gruppe *O* agglutiniert.

bildeten Isoantikörper, falls sie gegen das Mutterblut gerichtet sind, abgeschwächt werden. Ich rechne mit dieser Möglichkeit zur Erklärung mancher Widersprüche, trotzdem bei uns Säuglinge bis zum 6. Monat meistens keine Isoantikörper enthalten. Ich kann mir daher die Befunde von Koller nicht erklären, der in über 70% der Fälle bei Neugeborenen die Gruppe „ausgebildet" findet.

Politzer und De Biasi betonen ebenfalls, daß das Serum der Neugeborenen das mütterliche Blut nicht agglutiniert; Hara und Wakao fanden, daß die Isoagglutinine der Neugeborenen innerhalb der ersten Wochen aus dem Serum verschwinden, was ebenfalls für ihre passive Provenienz von der Mutter spricht. Die Frage, ob geringe Mengen der Isoantikörper im embryonalen Leben gebildet werden können, hat somit widersprechende Ergebnisse gezeitigt. Nach unserer Erfahrung lassen sich im Nabelschnurblut keine Antikörper nachweisen, die sich nicht auf die Mutter zurückführen ließen. Dieser Mangel ermöglicht eine scharfe Feststellung der mütterlichen Beimischung im kindlichen Blut und gibt daher einen Maßstab der elektiven Durchlässigkeit der Placenta bzw. einer differenten Absorbierbarkeit der Antikörper.

Ich berühre nicht die Frage der Durchlässigkeit der Placenta für Immunantikörper, da die durch künstliche Immunisierung angereicherten Antikörper eine biologische Abnormität darstellen und daher das Problem der physiologischen Durchlässigkeit zu wenig berühren. Der Übergang normaler Diphtherieantitoxine ist von Groer und Kassowitz, Küttner, Ann und Bret Ratner, der Scharlachstreptokokkenantitoxine durch Zingher, der Tetanusantitoxine durch Tenbroeck und M. Bauer festgestellt. Die Durchlässigkeit der Placenta für normale Diphtherieantitoxine ist von der Gruppenzugehörigkeit unabhängig (unveröffentlichte Versuche). Dagegen zeigt Tab. 57, daß der Übergang der Isoantikörper bei verschiedenen Gruppen quantitativ variiert. Die Isoantikörper gehen bei den Kombinationen Mutter O, Kind O in fast 90% der Fälle auf die Frucht über, bei $A \times A$ nur in 10%, bei den Kombinationen $B \times B$ finden wir Isoantikörper bei den Neugeborenen in 30%. Treffen die Gruppen A oder B mit der Gruppe O zusammen, so liegt die Häufigkeit des Überganges etwa dazwischen, als ob der Grad der Durchlässigkeit eine additive Eigenschaft wäre, bestehend aus der spezifischen Durchlässigkeit oder Absorbierbarkeit der beiden Gruppenbestandteile.

Der Nachweis der Antikörper bei der Frucht ist bis zu einem gewissen Grade unabhängig davon, wie stark der Titer der Isoantikörper im mütterlichen Serum ist. Aus diesem Grunde können die Differenzen im Nachweis der Isoantikörper beim Kinde nicht allein auf eine gleichmäßige Verminderung beim Übergang durch die Placenta zurückgeführt werden. Es wäre aber nicht ausgeschlossen, daß neben dem Titer auch Differenzen in der Absorbierbarkeit der Antikörper vorhanden wären.

Die Hammelbluthämolysine gehen nur teilweise durch die Placenta durch, irgendwelche Zusammenhänge mit der Blutgruppe bzw. mit dem Übergang der Isoantikörper waren nicht nachweisbar. Wir sehen demnach, daß der Übergang der Isoantikörper eine Eigenschaft ist, die bei verschiedenen Gruppen verschieden zu sein scheint. Wir dürfen in der Undurchlässigkeit der Placenta einen wichtigen Mechanismus erblicken, der die Frucht von dem fremden Blut der Mutter mit ihrem besonderen Gehalt an Salzen, Eiweißkörpern und Antikörpern schützt.

Unsere Versuche mit Zborowski ergaben, daß der Titer der Isoagglutinine im Retroplacentarblut für die Gruppe des Kindes gewöhnlich niedriger ist als durchschnittlich. Die Befunde sind ganz besonders deutlich, wenn die Mutter der Gruppe *O* gehört. Bezeichnet man den Titer 1 : 4 als normal, darunter als pathologisch schwach, so erhalten wir Resultate, die in folgender Übersichtstabelle dargestellt sind:

Tabelle 58 (aus Gynekologja polska).

Gruppen		Anzahl der Fälle	Isoagglutinine fehlen bzw. haben Titer unter 1/4 in % der untersuchten Fälle	
Mutter	Kind			
O	*O*	85	Anti-*A*	5,9
			Anti-*B*	12,9
	A	38	Anti-*A*	57,0
			Anti-*B*	10
	B	16	Anti-*A*	12
			Anti-*B*	50
A	*O*	42	Anti-*B*	21
	A	69	Anti-*B*	10
	B	14	Anti-*B*	50
	AB	10	Anti-*B*	70
B	*O*	26	Anti-*A*	11
	A	13	Anti-*A*	100
	B	34	Anti-*A*	5,8
	AB	6	Anti-*A*	66

Diese Abschwächung ist allerdings nur im Retroplacentarblut deutlich, im Kreislauf ist die Differenz sehr wenig ausgesprochen. (Negative Resultate von Collon s. später.)

Vielleicht handelt es sich nicht um eine Abwesenheit bzw. Abnahme der Isoantikörper an sich, sondern um eine spezifische Hemmung, die von gelösten gruppenspezifischen Substanzen der Frucht bewirkt wird. Gewisse Analogien würden dafür sprechen. Die Spermatozoen sind nämlich ebenfalls gruppenspezifisch differenziert, sie lassen sich zwar nicht unmittelbar agglutinieren, wohl aber bewirken sie eine spezifische Hemmung der Blutisoagglutination, wie dies zuerst Yamakami feststellte und unabhängig von ihm auch Landsteiner und Levine. Ähnlich wirken auch manche andere Flüssigkeiten des Organismus, z. B. Speichel usw. Bei mir hat Weisberg diese Befunde bestätigt (unv. Versuche). Ich halte es nicht für ausgeschlossen, daß dies eine tiefere biologische Bedeutung hat, indem irgendwelche von der Frucht ausgehenden gelösten Substanzen gleichsam einen Mantel um die gruppenfremde Frucht bilden und sie dadurch vor Isoagglutininen der Mutter schützen. Dieser Befund würde die einfachste Erklärung für die Tatsache geben, daß die Isoagglutinine im retroplacentaren Blut für die Blutgruppe des Kindes abgeschwächt sind.

Trotzdem frühere Autoren den Übergang der Isoantikörper von der Mutter auf die Frucht nicht systematisch untersuchten, finden wir bei Durchsicht ihrer Protokolle ähnliche Angaben. So z. B. finden wir bei Dossena bei Kombinationen Mutter *O*, Kind *O* auf 12 untersuchte Fälle 4 mal den Durchgang, bei $A \times A$ auf 12 nur 1 mal, bei Dycke und Budge bei $O \times O$ 14 mal Durchgang, 27 mal nicht, bei $A \times A$ nur 1 mal, 16 mal nicht. Bei Rech und Wöhlisch Mutter O, Kind O in 80% Übergang, A und O 20%, A und A 20% u. dgl.

Es fällt mir schwer, die Arbeiten der Gynäkologen über die Bedeutung der heterospezifischen Schwangerschaft zu referieren, da Verfasser häufig nur die Tatsache der Gruppenfremdheit zwischen Mutter und Frucht angeben ohne nähere Präzisierung der Gruppenzugehörigkeit.

Worauf die evtl. ungünstigen Momente der heterospezifischen Schwangerschaft beruhen, ist unbekannt. Die Differenzen isoagglutinabler Eigenschaften sind wohl nur ein am leichtesten faßbarer Ausdruck der biochemischen Unterscheidbarkeit der Menschen, die jedenfalls viel tiefer geht.

Wir sehen nun, daß gewisse Schutzmechanismen existieren, die die heterospezifische Frucht schützen, wie z. B. die relative Undurchlässigkeit der Placenta und die Abschwächung der Isoantikörper in dem die Frucht umspülenden mütterlichen Blut. Es liegt nahe anzunehmen, daß solche Mechanismen manchmal versagen, und daß die heterospezifische Frucht besonderen Gefahren ausgesetzt sein kann. Es ist schwer, hierfür sichere Belege zu finden. Wie wir noch sehen werden, hat man auf die Gruppenfremdheit zwischen Mutter und Kind eine Reihe von schweren pathologischen Symptomen zurückführen wollen, wie Eklampsie, Schwangerschaftstoxikose und dergleichen. Die meisten Untersuchungen haben dies nicht bestätigt. Und trotzdem wäre es durchaus möglich, daß geringe pathologische Symptome während der Schwangerschaft auf Gruppenfremdheit zwischen Mutter und Frucht zurückzuführen sind, und daß auch Kinder auf irgendwelche Weise darunter leiden, wenn sie sich in einem gruppenfremden Milieu entwickeln müssen. Es kann nur als ein erster Schritt bezeichnet werden, daß man die nächstliegenden, am leichtesten faßbaren Symptome, wie etwa die Gewichte der Kinder u. dergl., festzustellen sucht. Wir haben mit Zborowski dies unternommen und die Gewichte von 720 Neugeborenen bestimmt.

Wir haben uns nicht begnügt, Durchschnittsgewichte zu berechnen. Die Gewichte wurden in 10 Rubriken verteilt und in jeder Rubrik die Anzahl der Kinder vom entsprechenden Gewicht unter Berücksichtigung der Gruppe der Mutter und der Kinder angegeben.

Diese Tabelle umfaßt im Augenblick die größte Anzahl der Untersuchungen und soll daher in extenso mitgeteilt werden, trotzdem für statistische Analyse ein größeres Material verlangt werden muß.

Die Tabelle 59 zeigt, daß die Anzahl der Kinder von einem bestimmten Gewicht eine binomiale Variationskurve bildet. Der Gipfel liegt für die homospezifischen Kinder in Polen in der 5. Rubrik. Wir sehen nun, daß der Gipfel der Kurve bei den heterospezifischen Kindern sich bei manchen Gruppenkombinationen nach links verschiebt. Die homospezifischen Kinder weisen somit einen größeren Prozentsatz der Gewichte über 3200 g als die heterospezifischen, wie die Zusatztabelle zeigt. Diese Feststellung gilt zunächst bei den Blutgruppen O und A in ihren gegenseitigen Beziehungen, wo auch die Zahlen am größten und relativ am beweisendsten sind. Für die Gruppe B sind die Ergebnisse nicht übersichtlich. Die Gewichte der B-Kinder in A-Müttern weisen sogar relativ größere Werte als

Tabelle 59. Gewichte der Neugeborenen und Gruppenzugehörigkeit.

Gruppen		Zahl der Kinder																				Übersicht				Zusammen	Durchschnittsgewich in g
		1. von 2000 g bis 2299 g		2. von 2300 g bis 2599 g		3. von 2600 g bis 2899 g		4. von 2900 g bis 3199 g		5. von 3200 g bis 3499 g		6. von 3500 g bis 3799 g		7. von 3800 g bis 4099 g		8. von 4100 g bis 4399 g		9. von 4400 g bis 4790 g		10. von 4800 g bis 5100 g		weniger als 3200 g		mehr als 3200 g			
Mutter	Kind	abs.	%	abs.	%	abs.	%	abs.	%	abs.	%	abs.	%	abs.	%	abs.	%	abs.	%	abs.	%	abs.	%	abs.	%		
O	*O*	3	1,9	9	5,6	21	13,0	36	22,4	**45**	27,9	26	16,1	17	10,6	4	2,5					69	42,9	92	**57,1**	161	**3236**
	A	2	3,2	4	6,4	11	17,7	15	24,2	11	17,7	9	14,5	7	11,3	2	3,2			1	1,6	32	51,6	30	48,3	62	3173
	B			2	7,4	5	18,5	9	33,3	8	30,0	2	7,4	1	3,7							16	59,2	11	40,7	27	3080
A	*O*	5	5,4	8	8,6	9	9,7	27	29,0	17	18,3	17	18,3	7	7,5	2	2,1			1	1,0	49	52,7	44	47,2	93	3163
	A	5	3,6	5	3,6	24	17,5	22	16,0	**43**	31,4	23	16,8	8	5,8	4	2,9	2	1,4	1	0,7	56	40,7	81	**59,3**	137	**3250**
	B			3	12,5	3	12,5	4	16,7	3	12,5	5	20,8	4	16,7	1	4,1	1	4,1			10	41,7	14	58,3	24	3334
	AB					4	23,5	4	23,5			6	35,8	3	17,6							8	47,0	9	52,9	17	3284
B	*O*			12	4,7	4	9,5	9	21,4	8	19,0	10	23,8	4	9,5	4	9,5	1	2,4			15	35,6	27	64,2	42	3225
	A					3	11,5	9	34,6	8	30,7	3	11,5	2	7,7	1	3,8					12	46,1	14	53,9	26	3240
	B	3	5,2	4	6,9	9	15,5	11	18,9	**15**	25,8	10	17,2	5	8,6			1	1,7			27	46,5	31	**53,3**	58	3168
	AB	1	10,0	1	10,0	1	10,0	3	30,0	1	10,0	3	30,0									6	60,0	4	40,0	10	3033
AB	*O*											1												1		1	
	A	1	3,8	2	7,7	4	15,4	4	15,4	6	23,0	6	23,0	3	11,5							11	42,3	15	57,7	26	3135
	B			2	9,5	2	9,5	4	19,0	7	33,3	5	23,8	1	4,7							8	38,2	13	61,8	21	3223
	AB	1	6,6	1	6,6	1	6,6	3	20,0	6	40,0			3	13,3	1	6,6					6	40,0	9	**60,0**	15	**3234**
																										720	**3211** [1]

[1]) Allgemeines Durchschnittsgewicht.

in *B*-Müttern auf, und auch die *A*-Kinder bzw. *O*-Kinder scheinen sich in den *B*-Müttern „ungestört" zu entwickeln. Es scheint somit, daß die *B*-Mütter für alle Kinder gleich gute Entwicklungsbedingungen liefern, sowie auch, daß die *B*-Kinder sich in gruppenfremden Müttern zurechtfinden. Wir möchten daher den Befund, daß die Heterospezifität einen gewissen ungünstigen Einfluß auf das Gewicht der Frucht auszuüben scheint, zunächst nur auf die Gruppe *A* und *O* in ihren gegenseitigen Beziehungen beschränken. Die Zahlen für die Gruppe *AB* sind zu gering, die Biologie der *AB*-Schwangerschaft wurde auf Grund des von uns gesammelten genetischen Materials bereits besprochen.

Es liegen bis jetzt keine ausreichenden Nachuntersuchungen über den Einfluß der Gruppenfremdheit der Mutter auf die Gewichte der Neugeborenen vor. Ohnesorge gibt zwar an, daß das Durchschnittsgewicht bei homospezifischen Kindern 3313 g, in heterospezifischen 3327 g beträgt, also anscheinend in Gegensatz zu unserer Feststellung. Doch wurde eine genaue Einteilung in bezug auf einzelne Gruppen nicht vorgenommen. Klaften hat in der Wiener gynäkologischen Klinik sein Material unter Berücksichtigung der Gruppenkombinationen untersucht, sie vorläufig nur summarisch publiziert, stellte mir aber liebenswürdig seine Protokolle zur Verfügung, die ich in derselben Weise zusammenstelle wie in der Arbeit mit Zborowski. Die Tabelle 60 bestätigt unsere Befunde.

Tabelle 60. Gewichte der Neugeborenen und Gruppenzugehörigkeit nach Klaften. (Nach Originalprotokollen zusammengestellt.)

Gruppen		Zahl der Kinder											
Mutter	Kinder	1. von 2000 g bis 2299 g	2. von 2300 g bis 2599 g	3. von 2600 g bis 2899 g	4. von 2900 g bis 3199 g	5. von 3200 g bis 3499 g	6. von 3500 g bis 3799 g	7. von 3800 g bis 4099 g	8. von 4100 g bis 4399 g	9. von 4400 g bis 4790 g	Weniger als 3200 g	Mehr als 3200 g	Zusammen
O	*O*			1	8	13	5	2	1		9 = 31%	20 = 69%	29
	A			2	9	8	4	1	1		11 = 44%	14 = 56%	25
	B	1		1	1	5	1				2	6	8
A	*O*		1	2	6	6	3	3	1		9 = 41%	13 = 59%	22
	A	3	2	3	9	19	10	8	1		17 = 31%	38 = 69%	55
	B		1	2	4	4	2	1	1		7	8	15
	AB				2		1				2	1	3
B	*O*			1	1	2	1				2	2	5
	A		1	1			3				2	3	5
	B		1	3	3	9	2				7	11	18
	AB				4	2	2				4	4	8
AB	*B*												1
	AB				1	1		1					2

Collon hat unlängst 157 Fälle untersucht und fand für gruppengleiche Kinder ein Durchschnittsgewicht von 3415, für gruppenfremde 3385 g. Abgesehen von der ungenügenden Anzahl der Beobachtungen, werden die Resultate nicht genau angegeben, sondern nur das Durchschnittsgewicht. Auch unsere Feststellung über die Abnahme der Isoagglutinine im Retroplacentalblut konnte er nicht bestätigen. Mangel der genauen Protokolle ermöglicht mir nicht die Ursache dafür aufzuklären. Nun soll eine Nachprüfung ein zahlreicheres und besser analysiertes Material enthalten als die erste Arbeit, die nach Gesichtspunkten und Technik suchen muß, nicht umgekehrt. Wir werden im Studium der gruppenfremden Schwangerschaft ohne klinische Vertiefung nicht weiter kommen; es genügt nicht, nach auffälligen pathologischen Symptomen zu suchen, es gilt auch die geringeren Symptome zu berücksichtigen. Unsere Untersuchungen, die über 700 Fälle umfassen, bedeuten den ersten Versuch, müssen an geeigneten Stellen weiter geprüft und erweitert werden[1]).

Auf welche Weise sich der relative ungünstige Einfluß geltend macht, wäre zu untersuchen. Diese Befunde legten die Vermutung nahe, daß die durch die Heterospezifität bedingten Störungen in ihrem extremen Grad auch die Entwicklung der Frucht ganz unmöglich machen können. Wenn dem so ist, so müßte der ungünstige Einfluß der Heterospezifität auch darin seinen Ausdruck finden, daß die Kinder häufiger die Gruppe der Mutter aufweisen als diejenige des Vaters, da ein Teil der heterospezifischen Kinder nicht zur Entwicklung kommen könnte. Die Zusammenstellung auf S. 51 zeigt in der Tat, daß bei den Ehen $O \times A$ durchschnittlich die Gruppe der Mutter häufiger auf das Kind übertragen wird als die Blutgruppe des Vaters (die Mutter A hat mit Vater O Kinder A in 65,4%, während die Mutter O mit Vater A die Kinder A in 56,3% hat). Die Differenz übersteigt den dreifachen wahrscheinlichen Fehler ($7{,}26 \pm 1{,}92$). Berechnet man dies auf die absolute Häufigkeit der Übertragung, so würden diese Zahlen beweisen, daß die Mutter A um ca. $^1/_8$ größere Wahrscheinlichkeit hat, ihre Gruppe dem Kinde zu übergeben, als der Vater A.

Die Tabelle 19, S. 51, zeigt den merkwürdigen Befund, daß in den Ehen $O \times AB$ alle Ausnahmen gegen die Bernsteinsche Regel bei den Müttern AB festgestellt wurden; wir sehen in dieser Rubrik keinen einzigen Fall AB bei den Müttern O[2]). Einige solche Fälle finden sich im geburtshilflichen Material bei Schneider, Klaften, Ohnesorge, Koller, bei uns, werden aber in der letzten Arbeit von Preger im Schiffschen Laboratorium geleugnet. Manche Autoren (Schiff, Thomsen, Snyder) führen daher die Fälle, wo Mütter AB O-Kinder und Mütter O AB-Kinder haben, auf irgendwelche Versuchsirrtümer zurück. Ich habe eingangs erwähnt, daß die Bernsteinsche Erbformel sich quantitativ mehr der Realität nähert und daß daher diese letzte Annahme diskutierbar ist. Wir können aber anderseits an abnorme Genkonstellationen denken oder an einen „falschen" Allelomorphismus, bei welchem die Gene für A und B an die gegenseitigen Allelomorphen gekoppelt sind; es wäre denkbar, daß bei anderen Koppelungen, also wo A mit B auftritt, keine Entwicklung möglich ist, eben wegen einer eventuellen Unmöglichkeit die O-Frauen zu befruchten u. dgl. Die serologische Unverträglichkeit zwischen Mutter und Frucht in der oben erwähnten Kombination könnte dann sowohl vererbungstheoretisch wie auch klinisch in Betracht kommen. Serologische Untersuchungen von nicht ausgetragenen Föten wären hier von großem Interesse.

Wir sehen demnach: erstens, daß nur manche Gruppenkombinationen ungünstig zu sein scheinen; zweitens, daß gewisse Schutzmechanismen eine gruppen-

[1]) Anmerkung bei der Korrektur. Koller fand keinen Zusammenhang zwischen Gruppenfremdheit und Pathologie der Schwangerschaft.

[2]) Anmerkung bei der Korrektur. Ein solcher Fall findet sich bei Klieve und Nagel.

fremde Schwangerschaft ermöglichen. Doch ist das Problem meiner Ansicht nach erst angebahnt; ich betrachte die von uns erhobenen Befunde als einen ersten und unvollkommenen Versuch, die Physiologie gruppenfremder Schwangerschaft unter Berücksichtigung auch der geringeren abnormen Symptome zu erfassen.

In der Literatur wurde die Frage diskutiert, ob die Eklampsie öfters bei heterospezifischer Schwangerschaft auftritt bzw. durch sie bedingt wird. Die erste Arbeit ging auf Dienst zurück. Diese Arbeit, auf die namentlich Ottenberg aufmerksam machte, blieb unbeachtet. Diesbezügliche Untersuchungen wurden 1915 von Ottenberg vorgenommen und schließlich durch McQuarrie, der im Jahre 1923 die Schwangerschaftstoxikosen in 70% der Eklampsiefälle bei heterospezifischer Schwangerschaft fand. Die meisten Autoren fanden jedoch keine Koinzidenz (Chavasse, Allens, Trawlos, Guérin, Vallman, Caudier-Etoinan, Dossena, Collon, Pistudi, Zottermann und Wildner, Ohnesorge, Cathala und Le Bassle u. a.). Ich konnte mit Zborowski mich ebenfalls nicht von den Zusammenhängen zwischen Heterospezifität der Schwangerschaft und Eklampsie überzeugen.

Schließlich hat Wilmer Allen 375 Gesunde und 104 Toxämien untersucht und fand eine heterospezifische Schwangerschaft bei Gesunden in 20,8%, bei Toxämien 21,4%, also keine Differenz; ebensowenig Heim. Trotzdem findet man einige Angaben, die dafür sprechen könnten, daß eine Gruppenfremdheit einen erschwerenden oder krankheitauslösenden Faktor darstellt. So z. B. gibt Schneider an auf 7 Eklampsiefälle 4mal Mutter *O*, Kind *AB*; Klaften publizierte 5 Fälle, davon 2mal Mutter *O*, Kind *AB*.

Meiner Überzeugung nach ist die Biologie der gruppenfremden Schwangerschaft noch nicht genügend erforscht. Auch auf geringere Symptome muß geachtet werden. Nicht die Tatsache der Heterospezifität an sich hat unter Umständen Bedeutung, sondern nur der Zusammenbruch der Schutzmechanismen, die die Gruppenfremdheit erst zu einem pathologischen Agens erheben. So z. B. halte ich nicht für ausgeschlossen, daß das syphilitische Gift, welches zuerst an den Gefäßen angreift, die Schranke zwischen Mutter und Frucht durchbrechen läßt und daß an dem Tode der Frucht die serologische Unverträglichkeit zwischen mütterlichem und kindlichem Blute mitschuldig ist. Der ungleichmäßige Übergang der positiven Wassermannschen Reaktion auf die Frucht hängt vielleicht mit diesen oder ähnlichen Vorgängen zusammen. Dafür sprechen manche Beobachtungen von mir und Zborowski über einen differenten Ausfall der WaR. bei Neugeborenen verschiedener Gruppen, das Material ist aber für bindende Schlüsse noch nicht groß genug, die Angaben von Klaften (17 Fälle) sprechen eher dagegen[1]). Die Möglichkeit, daß bei großen serologischen Differenzen die Befruchtung oder die Entwicklung der Frucht gefährdet ist, könnte eine große praktische Bedeutung haben, da sie die Unfruchtbarkeit mancher Ehen bedingen könnte. Es fällt z. B. auf, daß die Anzahl der Ehen, wo Mann und Frau bestimmten Gruppen angehören — und vice versa — Unterschiede aufweisen, und vielleicht

[1]) Es wäre von großem Interesse, die unerklärten Differenzen in der Wassermannschen Reaktion bei Zwillingen in dieser Richtung zu prüfen.

spielen hier nicht Zufälle, sondern tiefere biologische Gründe eine Rolle[1]). Bei manchen Rassenmischungen steigt selbstverständlich die Anzahl heterospezifischer Schwangerschaften an, die oben erwähnten ungünstigen Momente hätten dann eine große, nicht nur individuelle, sondern soziale Bedeutung, da manche konstitutionelle, anthropologische oder physiologische Merkmale, die mit den isoagglutinablen evtl. gemeinsam vererbt werden, bei Rassenmischungen beeinflußt und dem Untergange geweiht sein könnten. Auch für die Tierzucht könnte die Tatsache, daß manche heterospezifischen Kombinationen ungünstig sind (Früchte von geringerem Gewicht geben u. dgl.), vielleicht eine größere Bedeutung gewinnen. Daher sollte das Problem, welchen Einfluß die Heterospezifität auf die Pathologie der Schwangerschaft und Lebensaussichten der Kinder hat, noch vertieft werden.

Anhang.

Mehrere Verfasser beschäftigten sich mit den Antikörpern, die man in der Milch vorfindet. Harra Minoru und Rimpei Wakao fanden ungefähr in der Hälfte der Fälle in der Milch dieselben Isoagglutinine wie im Serum; 20% der Frauen hatten negative Milch, 20% enthielten dagegen Agglutinine gegen alle, sogar gegen das Blut *O*. Bei den Frauen der *O*-Gruppe findet sich in der Milch das Anti-*A* häufiger als das Anti-*B* und auch fehlen die Isoagglutinine bei *A*-Frauen häufiger wie bei *B*-Frauen. Das Colostrum agglutiniert die Blutkörperchen aller Gruppen in $^1/_3$ der Fälle. Heim sah, daß die Muttermilch dieselben Isoantikörper enthält wie das Serum, in wenigen Fällen fehlen sie. Im Colostrum ist nach Heim die Gruppenreaktion verwischt: es treten fast immer Zusammenballungen auf, selbst bei Zusatz von Eigenblut. Klare Agglutinationsbilder kamen in dem viscösen Medium selten heraus. Wurden die Kinder nicht angelegt, so verwischten sich die Agglutinationsbilder allmählich auch im Serum und nach 8—14 Tagen verhielt sich das Sekret wieder wie Colostrum.

Wir haben einige hundert Fälle untersucht und fanden, daß bei der *A*- und *B*-Gruppe die Isoagglutinine ungefähr in der Hälfte der Fälle fehlten; bei der *O*-Gruppe waren sie fast immer vorhanden. Die Fettkügelchen scheinen die Agglutination unspezifisch zu hemmen (unv. Versuche).

Die Bedeutung der Gruppengleichheit der stillenden Frau und des Kindes ist bis jetzt noch nicht untersucht worden, trotzdem das Problem von großem theoretischem und praktischem Interesse ist. Wir haben gesehen, daß die Organflüssigkeiten, Speichel, Vaginasekrete u. dgl., gruppenspezifische Hemmungen ausüben, also daß sie gruppenspezifisch differenziert sind; vermutlich trifft das auch

[1]) Es ist merkwürdig, daß wieder in denselben Kombinationen $O \times A$ und $O \times AB$ Differenzen herauszukommen scheinen (bei Furuhata findet man das gleiche).

Vater	Mutter	Zahl der Ehen
O	*A*	$233 \pm 9{,}5$
A	*O*	$275 \pm 10{,}2$
		$d = 42 \pm 13{,}9$
O	*AB*	$53 \pm 4{,}8$
AB	*O*	$35 \pm 3{,}9$
		$d = 18 + 6{,}2$

Man sollte in Zusammenhang damit die Geschlechtsverteilung der Gruppen einer erneuten Prüfung unterziehen (siehe auch Oppenheim und Voigt).

für die Milch zu. Es wäre zu untersuchen, ob die Gruppenfremdheit oder das Vorhandensein der Isoantikörper in der Milch gegen das Blut des Kindes doch nicht gewisse, wenn auch geringe mittelbare Schädigungen hervorruft. Auf eine Möglichkeit möchte ich noch hinweisen: Wir wissen, daß die Antikörper, die von einer fremden Tierart stammen und passiv dem Organismus zugeführt werden, nur kurze Zeit zirkulieren. Es wäre denkbar, daß sich dies auch auf Gruppenfremdheit bezieht und daß daher Antikörper, die das Kind von der gruppenfremden Amme bekommt, weniger „haltbar" sind. Falls dies richtig ist, so wären gruppengleich gestillte Kinder im Kampfe ums Dasein etwas besser gestellt als die gruppenfremden, und zwar in der Zeit, wo die Kinder noch über keine eigenen Antikörper verfügen. Es wäre daher von Interesse, die Antikörperwerte etwa von gruppengleichen und gruppenfremden Ammen gestillten Säuglingen zu verfolgen.

8. Über die chemische Charakterisierung isoagglutinabler Substanzen des Menschenblutes.

Die Arbeiten der letzten drei Jahre von Landsteiner und van der Scheer, Schiff und Adelsberger, Sachs und seinen Mitarbeitern Dölter und Witebski haben unsere Kenntnisse von der chemischen Struktur isoagglutinabler Substanzen wesentlich erweitert. Der Fortschritt wurde namentlich dadurch bedingt, daß man gruppenspezifisch wirkende Immunsera benutzte und dadurch schärfere Ausschläge erhielt als mit den normalen Isoantikörpern. Ich möchte daher in einigen Worten über die gruppenspezifischen Heteroimmunagglutinine berichten.

v. Dungern und Hirszfeld haben zuerst (1911) gruppenspezifische Immunagglutinine dargestellt. Im Jahre 1921 folgten die Arbeiten von Kollmer und Trist und namentlich von Hoocker und Anderson. Man erhält durch Immunisierung mit Menschenblut zunächst Sera, die mit den Blutkörperchen aller Gruppen reagieren, trotzdem der Titer für die homologe Blutart gewöhnlich höher ist. Absorbiert man ein solches Serum mit Menschenblut der Gruppe *O*, so lassen sich häufig stark wirkende, gruppenspezifische Immunagglutinine nachweisen. Es ist bemerkenswert, daß manchmal nach Injektion des Menschenblutes der Gruppe *O* Agglutinine entstehen, die das betreffende *O*-Blut stärker fällen (Hoocker und Anderson, eigene Beobachtungen). Dasselbe läßt sich auch manchmal mit Hilfe normaler tierischer Sera beobachten. Für Bildung von Anti-*A* eignen sich hauptsächlich solche Tiere, die normale Anti-*A* bereits enthalten (Dölter, Hirszfeld und Halber).

Verfasser, die sich um die Klarlegung der chemischen Grundlagen besonders verdient gemacht haben, gingen von verschiedenen Gesichtspunkten aus. Landsteiner und van der Scheer stellten fest, daß die Forssmanschen Lipoide durch Schweineserum zu einem Vollantigen verwandelt werden können. In Fortsetzung dieser Arbeiten fanden sie, daß auch in den Blutkörperchen, die kein Forssmansches Antigen enthalten, in Alkohol Substanzen übergehen können, die, mit Schweineserum injiziert, Antikörper hervorrufen; es existieren somit verschiedene Lipoide auch von nicht Forssmanschem Typus, die den Haptencharakter haben (s. auch Sachs und seine Mitarbeiter). Bei systematischer Untersuchung stellte sich nun heraus, daß die gruppenspezifischen Substanzen ebenfalls alkohollöslich sind und mit gruppenspezifischen Immunagglutininen Fällungen geben. Schiff und Adelsberger haben andererseits beobachtet, daß nach Immunisierung mit *A*-Blut

Antikörper gegen Hammelblut und Forssmansches Antigen entstehen, sowie daß Hammelblutamboceptoren gruppenspezifische Differenzierung des Menschenblutes *A* ermöglichen. Dölter bestätigte und erweiterte die Befunde von Schiff und Adelsberger, indem er namentlich auf Komplementbindung mit alkoholischen Extrakten aus dem Menschenblut *A* bzw. *B* untersuchte.

Die alkoholischen Extrakte aus Menschen- und Hammelblutkörperchen zur Komplementbindung und Ausflockungsreaktion werden nach der Vorschrift von Dölter in folgender Weise zubereitet: Die defibrinierten Blutkörperchen bzw. die zerkleinerten Blutkuchen werden dreifach mit Kochsalzlösung gewaschen und zentrifugiert; zum Sediment 95 proz. Alkohol im Verhältnis 1 : 6 zugefügt, tüchtig aufgeschüttelt, zunächst 8 Tage im Brutschrank (37°) aufbewahrt und schließlich durch Papierfilter filtriert. Zur Reaktion werden die Antigene mit physiologischer Kochsalzlösung im Verhältnis 1 : 6 verdünnt, wobei 1 Teil Kochsalzlösung schnell und nach 20 Sekunden die übrigen 4 Teile Kochsalzlösung schnell zugefügt werden.

Landsteiner und van der Scheer bereiten die Extrakte auf folgende Weise:

20 ccm Oxalatblut zentrifugiert und dreimal gewaschen, zum Bodensatz 50 ccm 95 proz. Alkohol langsam unter Schütteln zugesetzt. 24 Stunden bei Zimmertemperatur stehenlassen, abfiltrieren, zum Bodensatz 20 ccm 95 proz. Alkohol zusetzen. Die beiden alkoholischen Extrakte werden filtriert und auf 10 ccm konzentriert, nach Abkühlen wieder filtriert. Der gebrauchsfertige Extrakt wird durch Zusatz von 5 Teilen Kochsalz zu 1 Teil Extrakt hergestellt, wobei die Stabilität des Extraktes durch die Geschwindigkeit des Zusatzes reguliert wird. Die verschiedenen Blutsorten verhalten sich etwas verschieden, was kleine Änderungen in der Technik notwendig macht.

Nach den Untersuchungen von Brahn und Schiff scheint es, daß die Sache etwas komplizierter ist. Eine gruppenspezifische Fraktion ist alkohollöslich und unlöslich in Äther und Wasser: gruppenspezifisches Lipoid. Außerdem scheint aber noch eine gruppenspezifische Eiweißfraktion zu bestehen, Fraktion *R*. Diese letzte reagiert mit normalen Isoagglutininen, während die alkoholische Fraktion normale Isoagglutinine nicht bindet, wohl aber eine Komplementbindung mit Immunseren gibt.

Die Alkohollöslichkeit der gruppenspezifischen Bestandteile legte den Gedanken nahe, daß es sich um Substanzen handelt, die dem Forssmanschen Antigen ähnlich sind. Die isoagglutinablen Substanzen sind auch in der Tat koktostabil und können auf 120° erhitzt werden (Schiff und Adelsberger, Dölter). Nach der Immunisierung mit *A*-Blut entstehen viel häufiger Hammelbluthämolysine als nach Injektion des *O*- oder *B*-Blutes. Es fragt sich somit, inwieweit dieselbe gruppenspezifische Substanz, die in Alkohol übergeht, mit dem isoagglutinablen Receptor identisch ist und inwieweit die isoagglutinablen Substanzen eine Verwandtschaft mit dem Forssmanschen Antigen haben. Ich habe mich mit Frl. Halber mit der Frage befaßt, und wir kamen zu Schlüssen, die in manchen Punkten von der Auffassung von Schiff und Adelsberger und Dölter abweichen. Immunisiert man Tiere mit *A*-Blut, so entstehen im Sinne von Schiff und Dölter Antikörper, die unter Komplementbindung mit *A*-Extrakten reagieren, ohne die geringste Komplementbindung mit den *O*- oder *B*-Extrakten zu geben. Die Fällungsreaktionen sind hier häufig weniger spezifisch. Solche Anti-*A*-Sera geben häufig Komplementbindung und Fällung mit den Extrakten aus Meerschweinchen oder Pferdeniere und enthalten Hammelbluthämolysine, manchmal aber lösen sie das Hammelblut auf, reagieren aber nicht mit dem Forssmanschen Antigen sensu strictu. Ähnliche Beobachtungen erhoben Landsteiner und van der Scheer sowie Hesse. Andererseits sind große Widersprüche in bezug auf die Anwesenheit der Anti-A-Antikörper in Hammelblutamboceptoren vorhanden, Schiff und Adelsberger beschrieben solche Sera, Dölter fand sie in einem Fünftel der Fälle, wir dagegen auf Dutzende von Seren, die wir darauf untersuchten, nur ganz selten. Wir sehen somit, 1. daß es Anti-A-Sera gibt, die mit dem Forssmanschen Antigen nicht reagieren, 2. daß es Anti-Hammelblutsera gibt, die das Menschenblut A nicht beeinflussen. Schließlich wurde auch wiederholt festgestellt, daß das Menschenblut A aus den Anti-Hammelseren keine wesentlichen Mengen der Hammelhämolysine wegnimmt und daß das Hammelblut aus den Anti-A-Seren keine Antikörper für das Menschenblut A absorbiert. Durch Absorption mit den A-haltigen Schweineblutkörperchen konnten die gegen das Menschen-A gerichteten Antikörper absorbiert werden, während die unempfindlichen Schweineblutkörperchen keine Antikörper absorbieren, das Hammelblut absorbierte dagegen diejenigen gegen das Forssmansche Antigen gerichteten Antikörper, nicht aber gegen das Menschenblut A (Witebsky). Sachs und seine Mitarbeiter erklären dies im Anschluß an Schiff dadurch, daß die Blutkörperchen eine Strukturmosaik darstellen, wobei manche Receptoren zwischen dem Menschen-A-Blut und Forssmanschem Antigen usw. identisch sind. Wir haben aufmerksam gemacht, daß eine solche Auffassung nur dann zwingend ist, wenn sich Zusammenhänge immer nachweisen lassen. Nun aber gibt es starke Antihammelsera ohne Anti-A und Anti-A-Sera ohne Forssmansche Antikörper. Die angeblichen gemeinsamen Receptoren lassen sich demnach häufig gar nicht nachweisen. Wir können nicht sagen, ob es sich um einen ähnlichen Grundbau mit teilweise differenten einzelnen Seitenketten handelt, oder ob unabhängige Elemente, die häufig (aber nicht immer) durch ein besonderes Prinzip zusammengehalten werden. Eine einfache Identität zwischen dem Bestandteil A und dem Forssmanschen Antigen läßt sich aber unmöglich postulieren. Die Verschiedenheit der Ergebnisse zwischen den einzelnen Forschern muß einen tieferen biologischen Grund haben, sie hängt anscheinend von individuellen Eigenschaften der benutzten Blutsorten und der immunisierten Kaninchen ab. Wir haben mit Frl. Halber einige Hypothesen zur Erklärung dieser Differenzen zur Diskussion gestellt, die ich hier in Kürze wiedergeben möchte. Es wäre möglich, daß das Forssmansche Antigen bei manchen Menschen als ein von A verschiedener Bestandteil vorhanden ist, der aber mit A häufig zusammen vorkommt. Andererseits müssen wir betonen, daß der A-Bestandteil bei Schweinen, Hammeln, ja sogar bei Rindern (wo das Forssmansche Antigen fehlt) nachgewiesen wurde; die Injektion eines Hammel-A-Blutes müßte bei geeigneten Tieren (mit normalem Anti-A) eine Anti-A-Bildung bewirken, daraus kann man aber noch nicht schließen, daß das Forssmansche Antigen und A identisch seien. Es ist somit möglich, daß A bei den Hammeln in Deutschland häufiger vorkommt, wodurch die Differenzen zwischen den Befunden von Schiff und Sachs einerseits, uns andererseits erklärt werden könnte. Es schien uns nicht möglich, auf Grund des gemeinsamen Vorkommens allein identische Strukturelemente anzunehmen, da uns die Vererbungsforschung viele Beispiele gibt, daß phänotypisch durchaus differente Merkmale zusammen vererbt werden können.

Die Differenzen könnten auch durch verschiedene Reaktionsfähigkeiten der immunisierten Kaninchen erklärt werden. Nur manche Tiere liefern nach der

Injektion von A - Blut Anti-Forssman-Sera. Nun wissen wir, daß nach Injektionen von A-Blut auch Anti-B-Antikörper gelegentlich entstehen können (Dölter). Dölter betont, daß hauptsächlich solche Kaninchen nach der Immunisierung mit Hammelblut Anti-A-Antikörper produzieren, die normale Anti-A-Agglutinine enthalten. Wir konnten nun mit Frl. Halber feststellen, daß unspezifische Reize (Milch, Pferdeserum) bei geeigneten Tieren eine Anti-A-Erhöhung bewirken, die der Injektion mit Hammelblut nicht nachstand. Wir vermuten also, daß die Zelle auf bestimmte Reize mit einer vorgebildeten, serologischen Leistung reagiert, ohne daß spezifische Beziehungen zwischen der injizierten Substanz und den durch sie ausgelösten Reaktionskörpern bestehen. Über die Ursache und nähere Gesetzmäßigkeiten solcher „unspezifischen" Reaktionen werde ich in dem Kapitel über die Konstitutionsserologie nähere Vorstellungen zu entwickeln versuchen.

Die Autoren, die eine „teilweise" Identität postulieren, nehmen dagegen an, daß die zwischen dem Forssmanschen Antigen und dem Bestandteil A gemeinsamen Elemente nur in dem einen Antigen zur Geltung kommen, im anderen dagegen im gewissen Sinne unterdrückt werden. Da der A-Bestandteil häufig Anti-Forssman-Sera gibt, die Anti-Forssman-Sera aber nur selten Anti-A- Antikörper (wenigstens bei unseren Tieren), so müßte man annehmen, daß die Substanzen des Hammelblutes oder Meerschweinchenniere polyvalente, antigen sehr wirksame Substanzen enthalten, die die zwischen A und Forssmanschem Antigen gemeinsame Bestandteile nicht zur Geltung kommen lassen (Konkurrenz der Antigene).

Dieses Problem, daß eine Substanz X Anti-Y-Antikörper hervorruft, trotzdem durch homologe Anti-Y-Sera das Antigen Y im X nicht oder wenigstens selten nachweisbar ist, hat eine prinzipielle Bedeutung, und eine sichere Erklärung kann dafür noch nicht gegeben werden; es können mehr Möglichkeiten in Betracht kommen, die man noch nicht im einzelnen experimentell verifiziert hat.

Während es mit Leichtigkeit gelingt, in vitro den gruppenspezifischen Charakter namentlich der A-Lipoide zu demonstrieren, ist dies viel schwerer durch die Immunisierung nachweisbar.

Witebsky gelang es, gruppenspezifische Lipoidantisera durch Injektion von Gruppenlipoiden zu erzeugen. Die Protokolle von Witebsky, sowie unsere eigenen zeigen jedoch, daß dies relativ selten gelingt. Die derart gewonnenen Lipoidantisera weisen manchmal eine so starke Allgemeinquote auf, daß es häufig nicht gelingt, ein Überwiegen des homologen Extraktes zu erkennen. Die Lipoid-A-Antisera waren in den Versuchen von Witebsky den Antierythrocytenseren durchaus ähnlich. Sie lösten das Menschenblut der Gruppe II, das Hammelblut, sowie diejenigen Schweineblutkörperchen, die den Receptor A enthielten, auf.

Es fällt aber auf, daß in diesen Fällen nach der A-Lipoidinjektion eine Agglutininbildung für die Blutkörperchen A auftritt. Wir sehen sonst, daß nach Injektion von Blut- oder Bakterienlipoiden keine Agglutinine für Zellenarten, aus welchen die betreffenden Lipoide extrahiert werden, entstehen.

Es ist außerdem merkwürdig, daß die Anti-A-Antikörper lediglich mit alkoholischen Extrakten, und zwar schon ohne Absorption, aus A-Blut reagieren, während die Antisera, die man durch O- oder B-Blut erzeugt, wahllos Extrakte aus allen Blutsorten beeinflussen. Der gemeinsame Bestandteil zwischen *A*-, *O*- und *B*-Extrakt kommt somit nach der Injektion des *A*-Blutes nicht zur Geltung. Ich möchte die verschiedenen Erklärungsmöglichkeiten hier nicht diskutieren und verweise auf unsere Mitteilung mit Frl. Halber (Zeitschr. f. Immunitätsforsch. u. exp. Therapie, Orig. Bd. 48, S. 34. 1926).

Die Alkohollöslichkeit isoagglutinabler Substanzen ist sicher, und nur die Beziehungen zum Forssmanschen Antigen unterstehen der Diskussion.

Die Tatsache der Alkohollöslichkeit und Koktostabilität isoagglutinabler Substanzen läßt es als möglich erscheinen, daß evtl. bei Mumien die isoagglutinablen Substanzen nachgewiesen werden. (Die Bedeutung derartiger Untersuchungen liegt auf der Hand.)

Ich möchte noch auf den Vorgang der Isoagglutination eingehen.

Die Suspensionsstabilität der Erythrocyten hängt von ihrer Ladung ab; physikalisch unterscheidet sich die Isoagglutination nicht von anderen Formen der Agglutination und beruht anscheinend auf Ladungsänderungen (Schütz und Wöhlisch).

Genauere diesbezügliche Untersuchungen wurden von russischen Forschern angesetzt. Vera Schröder hat zuerst mit Skadowski die Potentialdifferenz der menschlichen Erythrocyten verschiedener Gruppen in den isoagglutinierenden Seren festgestallt.

Es wurde die Kataphoresekammer von Northrop unter Anwendung des Gleichstroms von 110 V einer Stromstärke von 3 Milliampère und Potentialgefälle 4 V per Zentimeter benutzt. Die Erythrocyten in einer 8proz. Sacharoselösung mit Phosphatpuffer p_H 7,8 gewaschen. Nach 30 Minuten langem Verweilen im Serum kamen sie samt dem Serum in die Kataphoresekammer, wo ihre Bewegungsgeschwindigkeit in einem Fünftel der Kammertiefe mit Hilfe eines Metronoms gemessen wurde, durch die Anzahl der Sekunden ausgedrückt, welche nötig war, um die Erythrocyten über ein bestimmtes Intervall des Okularmikrometers — 88 zu transportieren.

Die geringste absolute Ladung (12—18 Millivolt) wurde für die Erythrocyten der Gruppen *A*, *B* und *AB* im Serum *O* bei starker Agglutination beobachtet, die größte absolute Ladung 25—26 Millivolt bei den Erythrocyten im Serum der Gruppe *AB* bzw. bei Erythrocyten der Gruppe *O* in anderen Seren. Die Isohämagglutination wird demnach stets von einer Verminderung der Erythrocytenladung begleitet. Die Ladung muß demnach bis zu einem kritischen Potential herabgesetzt werden, damit die Agglutination eintritt. Es wurde auch die Wirkung der aktuellen Reaktion auf die Erythrocytenladung studiert, indem das Serum durch Zufügung von Phosphorsäure angesäuert und dadurch eine Agglutination bedingt wurde. Bei p_H 6,5—6,7 wird die negative Erythrocytenladung sehr stark herabgesetzt. Die Überführung der Erythrocyten zu einer schwach positiven Ladung und eine mittelstarke Agglutination wurde schon bei p_H 5,6 beobachtet.

Die Koeffizienten Albumin-Globulin bzw. Pseudoalbumin, Pseudoglobulin sind aus folgender Tabelle ersichtlich:

Tabelle 61.

	O	*A*	*B*	*AB*
Mittelwert Albumin-Globulin . .	1,77	1,74	1,45	1,71
Mittelwert Pseudo-Euglobulin .	5,36	5,16	3,98	4,39

Der Koeffizient in der Gruppe *B* scheint niedriger zu sein, was auf einen reicheren Gehalt an Globulinen hinweisen würde. Es scheint, daß, je reicher ein Serum an Globulin ist, desto intensiver geht die Agglutination vor sich, doch ist die gruppenspezifische Agglutination nicht mit der Verschiedenheit der Koeffizienten zu verknüpfen. Absorbiert man die Isoagglutinine, so verbindet sich der relative Gehalt an Globulinen bzw. Euglobulinen. Die Euglobuline sind demnach mit den Isoagglutininen zu verknüpfen[1]). Die Tatsache der Euglobulinverminderung im Serum nach der Agglutination wird als Resultat eines Absorptionsprozesses angesehen. Die Erythrocytenagglutination findet bei einer Reaktion p_H 7,35—7,45 statt, wobei die Globuline, und zwar die Euglobuline, nahe ihrem isoelektrischen Punkt sind und daher leicht absorbiert werden. Es läßt sich aber noch nicht entscheiden, ob primär die Isoagglutinine gebunden werden, wobei die Euglobuline, die sich nahe ihrem isoelektrischen Punkt befinden, absorbiert wurden, oder ob die Euglobulinabsorption als ein primärer Vorgang die Erythrocytenladung vermindert.

Interessante Untersuchungen und Überlegungen stammen auch von Konikow her. Die Erythrocyten können als ein amphoteres Eiweiß betrachtet werden, mit dem isoelektrischen Punkt p_H 5. Bei höheren Werten von p_H funktioniert das Stromeiweiß als Anion. Verfasser vermutet, daß das Agglutinin als Kation fungiert. Er erklärt das Phänomen, daß unterhalb p_H 5 die Agglutination verschwindet, damit, daß bei diesem p_H das Stromeiweiß nicht mehr als Anion sondern als Kation auftritt. Nun stellt Verfasser fest, daß oberhalb p_H 9 die Agglutination ebenfalls ausbleibt. Dies wird dadurch erklärt, daß oberhalb p_H 9 das Agglutinin seinerseits nicht mehr als Kation, sondern als Anion auftritt, und daher mit dem Stroma Anion nicht zu reagieren vermag. Folgendes Schema demonstriert das Gesagte:

Tabelle 62.

p_H	10	9	8	7	6	5	4	3
Agglutinine	—	+	+	+	+	+	+	+
Stroma	—	—	—	—	—	+	+	+

Das Schema zeigt, daß nur zwischen p_H 6—9 das Stroma und das Agglutinin entgegengesetzt geladen sind und daher miteinander reagieren können. (Siehe auch Szent-György, v. Groer.) Verschiedene Antigene bzw. Agglutinine haben wahrscheinlich differente isoelektrische Punkte, so daß das Schema nur annähernd gelten kann. Die Wirkung der Elektrolyte bei der Agglutination wurde bekanntlich von Bordet so aufgefaßt, daß die Elektrolyte für die Fällung nicht aber für die spezifische Bindung notwendig sind. Nach den Versuchen des Verfassers nimmt aber das Salz Anteil an der Verbindung Antigen-Antikörper. Bei schwachen Salzkonzentrationen fehlt die Agglutination bzw. ist schwach. Von einem bestimmten Punkt steigt der Titer des Serums steil an und erreicht das Maximum, um bei weiterem Salzzusatz abzunehmen. Nur bei bestimmten Salzmengen, z. B. für NaCl zwischen $^m/_{160}$ und $^m/_{180}$ wird die Kurve gerade und drückt damit eine Proportionalität zwischen der zugesetzten Salzmenge und der Agglutination aus. Ein jedes Salz hat eine charakteristische Schwellen-

[1]) Anm. b. d. Korr. Nach Bleyer befinden sich die Isoagglutinine hauptsächlich an den Euglobulinen, ganz wenig an den Pseudoglobulinen.

konzentration, wo es eben zu wirken beginnt, und eine andere, wo es die maximale Wirkung entfaltet. Verfasser stellt sich vor, daß das Salz an der Verbindung teilnimmt, so daß die Verbindung Antigen-Antikörper folgende Formel hat:

```
Stroma—Na
  |     |
Agglutinin—Cl,
```

wobei Nebenvalenzen denkbar sind. Das Zustandekommen der Agglutination wäre somit an das Vorhandensein einer negativen Ladung des Stromas, positiven Ladung des Agglutinins und einer gewissen Salzmenge notwendig, wodurch der Schwellenwert des letzten erklärt wird. Die Erhöhung der Salzkonzentration über ein gewisses Maß vermindert nach dem Massenwirkungsgesetz die elektrolytische Dissoziation der reagierenden Substanzen, wodurch Verfasser die Salzoptima und Abschwächung der Reaktion beim Überschreiten einer gewissen Salzmenge erklärt. Das Salz wirkt demnach bis zu einem gewissen Grade als ein Zement für die Verbindung Antigen-Antikörper.

9. Gruppenforschung in der Pathologie.

Rein historisch gehen die Beobachtungen über die Isoagglutination bei Menschen auf die Klinik zurück. Bekanntlich glaubte man, daß der Vorgang der Isoagglutination bei bestimmten Krankheiten auftritt (Krebs, Malaria und dergleichen). Diese Deutung wurde nun durch die Landsteinersche Entdeckung zunächst widerlegt, so daß man lange Zeit nicht mehr an einen Zusammenhang mit den pathologischen Vorgängen gedacht hat. Erst der Aufschwung der modernen Konstitutionslehre hat es bewirkt, daß man nach Zusammenhängen zwischen Anfälligkeit für bestimmte Krankheiten und Gruppenzugehörigkeit gesucht hat. Diesbezügliche Literatur ist in ständigem Wachstum begriffen; ich werde einige Arbeiten referieren, trotzdem sie weder theoretisch noch experimentell den Sachverhalt erschöpfen.

Alexander untersuchte je 50 Fälle von Tuberkulose, Lues und Tumor und fand in Prozenten folgende Zahlen:

Verf. schließt, daß die Tumorkranken häufiger die Gruppe B und AB aufweisen als der Durchschnitt der Bevölkerung.

Tabelle 63.

Gruppen	Normal	Tuberkulose	Lues	Tumoren
O	46	50	48	28
A	38	34	36	28
B	12	12	12	32
AB	4	4	4	12

Größere Versuchsreihen verdanken wir Buchanan und Higley, die gleichzeitig auch die Nationalität der Kranken berücksichtigten. Verff. untersuchten über 2800 Patienten, die insgesamt folgende Tabelle ergeben:

Tabelle 64.

O	*A*	*B*	*AB*
46,85	40,45	9,09	3,31

Die Zahlen entsprechen ungefähr dem Durchschnitt der gemischten Bevölkerung in Amerika, eine größere Krankheitsresistenz irgendeiner Gruppe läßt sich hier nicht konstatieren. Die Gruppenzahlen im Zusammenhang mit der Nationalität sind ziemlich groß und müssen im Original nachgelesen werden. Ich greife einige Krankheitsbilder heraus, die besonders zahlreich repräsentiert sind:

Tabelle 65.

	O	*A*	*B*	*AB*	Zusammen
Carcinom	47,94	40,75	7,53	3,76	292
Perniziöse Anämie	41,35	44,20	10,06	4,37	457
Sekundäre Anämie	42,26	42,26	10,72	4,63	194
Gallenblasenkrankheiten .	53,91	35,39	7,38	3,40	176
Chronische Geschwüre . . .	59,30	31,97	4,65	4,07	172
Gelbsucht	36,99	47,97	11,56	4,04	173

Verff. selbst schließen einen Zusammenhang mit der Gruppe aus, da der Vergleich zwischen der Gruppenhäufigkeit der Nationalität, zu denen die Kranken gehörten, ungefähr der Gruppenformel der Kranken entsprach. Man sieht immerhin auffallend hohe Zahlen für die *O*-Gruppe bei chronischen Geschwüren, bei Gallenblasenkrankheiten, und es können hier noch nicht näher bekannte Stoffwechselanomalien und dergleichen in Betracht kommen.

Johannsen fand in Dänemark für Krebs folgende Zahlen:

Tabelle 66.

	O	*A*	*B*	*AB*	Zusammen
Tumoren	38	49	8	5	263
Normale Bevölkerung . . .	43	42	12	3	512

Es scheint somit vielleicht, daß in Dänemark die Gruppe *A* anfälliger und die Gruppe *B* im Gegenteil weniger empfänglich ist (im Gegensatz zu Alexander). Die Abweichungen wiederholen sich bei bestimmten Tumoren. So z. B. auf 107 Frauen mit Uteruscarcinom wurde gefunden $O = 35\%$; $A = 54$; $B = 7$; $AB = 4$. Die aufgestellten Zahlen gelten für Eingeweidekrebse und Sarkom, nicht für Hautepitheliome. Im Greisenalter soll eine Verschiebung der Gruppenformel stattfinden, indem die Prozentzahlen für *O* und *B* steigen (s. später Thomsen S. 172).

Dossena und Lenzara geben für Italien an (gyn. Material):

Tabelle 67.

	O	*A*	*B*	*AB*	Zusammen
Benigne Tumoren	41,3	43,6	12,6	2,29	87
Maligne Tumoren	47,2	39,7	10,5	2,6	76
Zusammen Tumoren	44,1	41,7	11,6	2,4	163

Die Zahlen geben vielleicht eine Erhöhung bei der *O*-Gruppe.

Über die Gruppenhäufigkeit und Krebs sind zuletzt folgende Arbeiten erschienen:

Tabelle 68.

Krebs	*O*	*A*	*B*	*AB*	Zusammen
Hans Hirschfeld u. A. Hittmair (Berlin)	37,5	40,0	17,0	5,5	150
Schiff und Ziegler (normal)	37,8	39,4	16,4	6,4	
Otto Hoche und Paul Moritsch (Wien)	35,2	35,2	11,4	18,0	
Normale Bevölkerung	33,1	39,9	20,1	6,9	

Dujarric de la Riviere und Kossovitz fanden bei 50 Krebskranken dieselben Werte wie normal. Weitzner und Berndieu finden bei den Krebskranken auffallend viel *AB*; man muß aber, wie dies Schiff richtig bemerkte, an die durch das Senkungsphänomen bewirkte Täuschung der *AB*-Gruppe denken. Auch Pfahler und Wiemann konstatieren keine besondere Prädisposition irgendeiner Blutgruppe für Tumoren. Streng und Ryti finden eine leichte Erhöhung der *A*-Gruppe bei Carcinom- und Sarkomkranken:

Tabelle 69.

	O	*A*	*B*	*AB*	Zusammen
Carcinomkranke	26,7	51,7	16,7	5,0	60
Normale.	32,8	43,5	17,0	6,7	5132

Verff. ziehen aus dieser Differenz keine Schlüsse und regen weitere Untersuchungen an.

Mironescu und Stefanay teilen eine kleine Statistik über die Gruppenverteilung bei Infektionskrankheiten mit:

Tabelle 70.

	O	*A*	*B*	*AB*	Zusammen
Masern	17	35	8	4	64
Keuchhusten	8	5		1	14
Scharlach	6	14	13	5	36
Typhus	5	17	8	6	36

Die Deutung solcher Protokolle unabhängig von der geringen Zahl der Fälle ist dadurch erschwert, daß wir nicht die Disposition, sondern die Erkrankung selbst statistisch berücksichtigen, so daß der Einfluß äußerer Momente in unberechenbarer Weise hineinspielt. Ich habe daher mit meiner Frau und Dr. Brokman die Beziehungen zwischen den Gruppen und der Schickschen Reaktion untersucht. Unsere Befunde ergaben keinen direkten Zusammenhang. Da die Zahlen relativ niedrig waren, hat auf meine Veranlassung Dr. Kaczyński die Schicksche und Dicksche Reaktionen bei Soldaten unter Berücksichtigung der Gruppe angesetzt.

Tabelle 71. Schicksche Reaktion und Gruppenverteilung.

Gruppen	Positiv	Negativ	Pseudoreaktion		Zusammen
			positiv	negativ	
O	13,8	49,2	10,6	26,3	376
A	17,3	48,4	9,2	24,8	466
B	13,2	54,2	10,6	21,9	234
AB	12,0	48,0	18,6	21,3	75
				Summa	1151

Tabelle 72. Dicksche Reaktion und Gruppenverteilung.

Gruppen	Positiv	Negativ	Pseudoreaktion		Zusammen
			positiv	negativ	
O	18,6	61,9	5,8	13,6	381
A	25,2	56,6	2,2	15,9	480
B	24,8	50,8	8,1	16,2	246
AB	19,5	59,7	8,5	12,1	82
				Summa	1189

Es wäre denkbar, daß im erwachsenen Alter bei Angehörigen verschiedener Gruppen keine Differenzen in der Empfänglichkeit für Diphtherie oder Scharlach nachweisbar sind, wohl aber bei kleinen Kindern, bedingt durch Unterschiede im Tempo der serologischen Reifung. Diesbezügliche Untersuchungen in ausreichender Menge liegen aber nicht vor.

Die bisherigen Ergebnisse sprechen jedenfalls gegen einen direkten Zusammenhang zwischen der Disposition für Scharlach und Diphtherie und der Gruppenzugehörigkeit.

Straszyński fand in Polen bei Prurigo Zahlen, die vielleicht eine gewisse Unempfänglichkeit der Gruppe *A* anzeigen.

Tabelle 73.

	O	*A*	*B*	*AB*	Zusammen
Prurigo Hebrae	48,7 % 19	10,2 % 4	38,4 % 15	2,5 % 1	39
Tbc. cutis	28 % 7	52 % 13	20 % 5	0 % 0	25
Psoriasis	28,1 % 9	43,7 % 14	18,7 % 6	9,3 % 3	32
Dermatosis	34,2 % 39	39,5 % 45	16,6 % 19	9,7 % 11	114
Normale Bevölkerung Polens	32,6 %	37,8 %	20,5 %	9,1 %	12 000

Poehlman findet bei 100 Psoriasiskranken eine leichte Prädisposition der *O*-Gruppe (54% gegenüber Normalen 41,5%, *A* 28% gegenüber 42,3%).

Frl. Amsel und Frl. Halber haben in meinem Institut die Zusammenhänge zwischen dem Ergebnis der Wassermannschen Reaktion und der Gruppenzugehörigkeit an über 2900 Fällen untersucht. Wir haben die Blutgruppen zunächst bei allen Patienten bestimmt, die mit luetischer Anamnese zur Wassermann-Reaktion geschickt wurden. Das Ergebnis illustriert folgende Tabelle:

Tabelle 74.

Gruppe	Lues		Gesunde Bevölkerung	
	absolut	%	absolut	%
O	552	31,2	4002	32,6
A	668	38,4	4651	37,8
B	371	21,3	2526	20,5
AB	145	8,3	1116	9,1
Summa	1736		12 295	

Die Versuche ergeben, daß keine größere Empfänglichkeit irgendeiner Gruppe für Luesinfektion besteht, da die Gruppenverteilung bei luetischen Individuen dem Durchschnitt der Bevölkerung entsprach. Sehr interessante Resultate wurden dagegen gewonnen, als man das Material nach dem Ergebnis der Wassermannschen Reaktion und der Anamnese geordnet hatte.

Tabelle 75. Ergebnis der Wassermannschen Reaktion bei Individuen verschiedener Blutgruppen nach Amsel-Halber.

Gruppen	Unbehandelte Lues				Behandelte Lues				Zweifelhafte Fälle			
	positiv		negativ		positiv		negativ		positiv		negativ	
	abs.	%	abs.	%	abs.	%	abs.	%	abs.	%	abs.	%
O	55	94	2	3,6	135	30	312	70	48	10	430	90,0
A	51	98	1	2,0	258	47	286	52	72	13	451	86,3
B	25				155	49	159	50	32	13	212	86,9
AB	2		1		62	51	58	48	23	19	98	81,0

Die Tabelle zeigt, daß die unbehandelten Fälle immer oder fast immer nach Wassermann positiv reagieren. Erst die behandelten Fälle weisen Unterschiede bei den Vertretern einzelner Gruppen auf. Bezeichnet man die Zahl der positiven im Verhältnis zu der Gesamtzahl der behandelten Fälle bei der Gruppe *O* mit 1, so erhalten wir folgendes:

$$O : A : B : AB = 1 : 1{,}5 : 1{,}6 : 1{,}7.$$

Schütz und Wöhlisch haben früher in Kiel keine Unterschiede im Ergebnis der Wassermannschen Reaktion bei Individuen verschiedener Gruppen nachweisen können. Straszyński hat auf meine Veranlassung an der hiesigen dermatologischen Klinik behandelte Luesfälle, bei denen die Zeit der Ansteckung, der klinische Befund und die Stärke der Wassermannschen Reaktion genau bekannt waren, auf Gruppenzugehörigkeit untersucht. Die Befunde von Frl. Amsel und Frl. Halber wurden an 618 genau untersuchten Fällen bestätigt. Bezeichnet man das Verhältnis der positiven zu den negativen Fällen bei der Gruppe *O* als 1, so erhielt Straszyński:

$$O : A : B : AB = 1 : 1{,}36 : 1{,}48 : 1{,}72.$$

Besonders illustrativ waren die Verhältnisse, als Straszyński die Grenzfälle aussuchte, wo die Wassermannsche Reaktion nach 1—2 Kuren verschwand bzw. wo sie trotz der Behandlung persistierte. An diesem 325 Personen umfassenden Material war, falls man wiederum das Verhältnis der positiven zu den negativen Fällen innerhalb der Gruppe *O* als 1 bezeichnet:

$$O : A : B : AB = 1 : 1{,}63 : 2 : 2{,}4.$$

Diese Befunde, die bereits an größerem Material gewonnen wurden, sind so beträchtlich, daß sie nicht auf einem Zufall beruhen können. Wichmann und Paal aus Köln konnten unsere Angaben zum Teil bestätigen, wie folgende Tabelle zeigt:

Tabelle 76. In %.

	O	*A*	*B*	*AB*	Zusammen
Positive Sera	25,4	57,6	12	4,0	500
Durchschnitt der Bevölkerung . .	42,0	44,5	11	2,5	1100

Auch diese Tabelle ergibt, daß namentlich bei den Individuen der Gruppe *O* die Wassermannsche Reaktion seltener positiv ist, bei *A* häufiger.

Weitere Untersuchungen über die Wassermannsche Reaktion innerhalb verschiedener Blutgruppen haben allerdings noch nicht zu ganz eindeutigen Resultaten geführt. Karnauchowa und Firjukowa haben in Rußland in Perm 3500 Wassermannsche Proben untersucht. Die luetischen Fälle zeigten Gruppenhäufigkeit: $O = 28,0$; $A = 34,0$; $B = 29,6$; $AB = 7,6$. Dies entsprach der normalen Verteilung, eine Prädisposition einzelner Gruppen für luetische Infektion ließ sich somit nicht nachweisen. Die Verteilung der positiven Fälle innerhalb der einzelnen Gruppen zeigte folgende Werte: $O = 60,9$; $A = 66,2$; $B = 66,0$; $AB = 67,0$. Also vielleicht etwas weniger Positivität innerhalb der O-Gruppe. Größere Differenzen wurden erst gefunden, als Verfasser das luetische Material eingeteilt haben in: unbehandelt, unvollständig behandelt (eine Schmierkur und eine bis zwei Spritzkuren im Jahre bzw. innerhalb mehrerer Jahre 4—5 Schmierkuren), gut behandelt (mindestens 6 Schmierkuren, Salvarsan und Bismut). Die Zahlen gibt folgende Tabelle wieder:

Tabelle 77.

	Unbehandelt		Unvollständig behandelt		Gut behandelt	
	pos. in Proz.	zusammen	pos. in Proz.	zusammen	pos. in Proz.	zusammen
O	91,2	182	57,4	284	32,0	158
A	94,0	199	63,1	355	41,2	177
B	96,7	184	63,2	302	35,3	153
AB	90,9	55	58,5	70	49,0	41
		620		1011		529

Bezeichnet man das Verhältnis der positiven zur Gesamtheit der untersuchten Fälle innerhalb der O-Gruppe bei „gutbehandelten“ als 1, so erhalten wir $O:A:B:AB = 1:1,29:1,1:1,53$. Andere Verfasser haben meistens ihr Material nur nach dem Ergebnis der Wassermannschen Reaktion zusammengestellt ohne Spezifizierung und fanden keine Differenzen: Grötschel an 228 Wassermann positiven Fällen, ebensowenig Leveringhans und Kruse. In der letzten Zeit berichtete Gundel über die Ergebnisse der Wassermannschen Reaktion im Zusammenhang mit der Blutgruppe an 16000 Fällen. An dem gesamten Material fanden sich keine Unterschiede (durchschnittlich 16% der positiven), wohl aber dann, wenn nur solche Fälle berücksichtigt wurden, wo die Reaktion nach kurzer Behandlung verschwindet.

Tabelle 78.

	O	A	B	AB	Zusammen
Anzahl der Negativen	43,8	33,9	9,3	7,0	247

Die von Amsel und Halber sowie Straszyński gefundenen Differenzen, daß die Wassermann-Reaktion bei der Behandlung innerhalb verschiedener Blutgruppen ungleichmäßig verschwindet, wurde somit bestätigt, ja selbst die Reihenfolge der Blutgruppen in bezug auf die Leichtigkeit des Umschlages der Reaktion scheint dieselbe zu sein. Es ist mir daher nicht verständlich, warum Gundel seine Befunde so hinstellt, als ob sie zu den unsrigen in Gegensatz ständen.

Man gewinnt den Eindruck, daß größere Differenzen nur dann zum Vorschein kommen, wenn man, wie dies Straszyński und Karnauchowa und Firjukowa sowie zuletzt Gundel getan haben, die Intensität der Behandlung berücksichtigt. Und es wäre daher denkbar, daß Unterschiede in den Ergebnissen in verschiedenen Laboratorien auf der Auswahl des Materials beruhen. (Frische bzw. wenig behandelte Fälle u. dgl.)

Die Tatsache der gruppenspezifischen Differenzierung von Blut evtl. Organlipoiden könnte vielleicht auch eine Bedeutung in der Technik der Wassermannschen Reaktion gewinnen, und zwar auf Grund folgender Überlegungen.

Während die Immunisierung mit *A*-Blut häufig solche Antikörper hervorruft, die mit Meerschweinchenniere reagieren, sehen wir nach der Immunisierung mit *O*- oder *B*-Blut im Gegenteil eine Reaktion mit Menschen- oder Rinderherz, nicht aber mit Organen, die das Forssmansche Antigen enthalten (Meerschweinchen oder Pferd). Ich halte es nicht für ausgeschlossen, daß wir hier eine biologische Erklärung dafür haben, warum manche Wassermannsche Sera mit dem einen, andere wieder mit dem anderen Antigen besser reagieren. Geht man von der in der letzten Zeit verfochtenen Anschauung aus, daß die Wassermannsche Reaktion auf den Autoantikörpern beruht, so könnte man erwarten, daß diejenigen Reaktionsarten, die nach der Immunisierung der Kaninchen mit *A*-Blut erzeugt werden, auch bei Luetikern der Gruppe *A* auftreten werden, und daß somit positive Sera der Gruppe *A* oder *AB* häufiger mit Antigenen, die das Forssmansche Antigen enthalten, reagieren werden. Unsere Untersuchungen mit Frl. Halber über die Flockungsreaktionen schienen zuerst diese Annahme zu bestätigen. Weitere Versuche mit der Komplementbindung gelangen bei einigen Antigenen, bei anderen haben sie versagt, so daß wir von einer Publikation zunächst Abstand genommen haben.

Falls sich die bisherigen Befunde über das ungleichmäßige Verschwinden in der Wassermannschen Reaktion während der Behandlung bei anderen Volksgruppen bestätigen, so würde die Deutung der Ergebnisse Rücksicht auf die Gruppenzugehörigkeit der Kranken nehmen müssen. Inwieweit hier Unterschiede in der Heilbarkeit oder lediglich ein leichterer Schwund der Wassermannschen Reaktion vorliegt, muß erst untersucht werden.

Die Tatsache, daß die Wassermannsche Reaktion innerhalb der *AB*-Gruppe am schwersten verschwindet, legte den Gedanken nahe, daß dies für die metaluetischen Prozesse von Bedeutung sein kann. Man könnte sich die Beziehungen so vorstellen, daß Individuen der *AB*-Gruppe ein konstitutionell labileres Nervensystem haben, oder auch, daß eine länger persistierende Wassermannsche Reaktion dadurch schädlich wirkt, indem die Lipoidantikörper in vivo an den lipoidreichen Organen angreifen[1]). Wilczkowski untersuchte größeres Paralytikermaterial in Warschau und fand wirklich gewisse Unterschiede in diesem Sinne.

Tabelle 79.

	O	*A*	*B*	*AB*	Zusammen
Paralysis progr. ew. Taboparalysis u. Lues cerebri . .	34,0	34,8	18,1	13,1	138
Paralysis progr. ew. Taboparalysis	31,1	36,2	18,4	14,3	119
Desgl., die 3 jährige Krankheitsdauer nicht überschreitend	27,0	32,0	23,1	17,9	78
Normale (Halber und Mydlarski)	32,5	37,5	20,8	9,1	12000

[1]) Wie wir in Zeitschr. f. Immunitätsforsch. u. exp. Therapie, Orig. Bd. 48, 69, 1927 ausgeführt haben, wäre es denkbar, daß metaluetische Prozesse eine Folge der Wassermannschen Antikörper sind.

Es scheint, daß namentlich bei stürmisch verlaufenden Paralysefällen mehr *AB* vorkommen. In Deutschland hat Jacobson im Schiffschen Laboratorium dagegen keine in diese Richtung gehenden Unterschiede gefunden.

Tabelle 80.

	O	*A*	*B*	*AB*	Zusammen
Paralytiker	33,0	47,0	17,0	3,0	100
Normale (Schiff) . .	33,9	46,0	14,3	5,8	1750

Gundel in Kiel fand bei den Paralytikern folgende Werte:

Tabelle 81.

	O	*A*	*B*	*AB*	Zusammen
Paralytiker	34,5	34,5	22,2	8,7	242
Normale	37,6	44,0	13,1	5,2	10 531

Bunker und Meyers fanden bei 91 Fällen normale Werte.

Jacobson hat 33 Patienten mit Malaria geimpft, die Verteilung auf die Blutgruppen unter Berücksichtigung des Heilerfolges ergibt sich aus der nachstehenden Tabelle:

Tabelle 82.

Blutgruppe	Mit Erfolg geimpft	Ohne Erfolg geimpft	Gestorben	Zusammen
O	1	8	—	9
A	6	12	1	19
B	1	2	1	4
AB	—	1	—	1
				Zusammen 33

Auffallend ist, daß mit Erfolg nur 1 Fall der *O*-Gruppe geimpft wurde. Dürfte man verallgemeinern, so wäre zu schließen, daß die Gruppe *O* gerade schlechtere Erfolgsaussichten bei der Malariabehandlung hat. Vielleicht spielen hier Gruppenbeziehungen eine Rolle (s. Wendelberger-Wethmar).

In Rußland wurden größere Untersuchungen über die Gruppenhäufigkeit bei Tuberkulose und Malaria angesetzt. Ich entnehme einem Referat aus der Dtsch. med. Wochenschr., daß Lachowiecky verschiedenen Verlauf bei Malaria beobachtete.

Die Befunde von Lachowiecky wurden allerdings von Leisermann bei Rubaschkin nicht bestätigt. Verfasser fanden:

Tabelle 83.

	O	*A*	*B*	*AB*	Zusammen
Frische Fälle.	30	37	12	4	83
Chronische Fälle	47	68	42	12	169
Zusammen	77	105	54	16	252
in %	30,5	41,4	21,4	6,3	

Was dem Durchschnitt entsprach.

Während die Bedeutung der Gruppen bei spontaner Malaria noch unklar ist, scheinen sie bei der Impfmalaria eine Rolle zu spielen. Dörr und Kirschner erwähnen bereits in ihrer Arbeit 1921 theoretisch die Möglichkeit, daß die Isohämolysine des Blutes hierbei eine Bedeutung haben könnten. Wendelberger fielen häufige Fehlimpfungen bei Impfmalaria auf, und er führte das unregelmäßige Verhalten auf eine Schädigung zurück, die bei unverträglichen Blutgruppenverhältnissen das Spenderblut und mithin die in ihm enthaltenen Malariaplasmodien erleiden. Pilcz in der Wagner-Jaureggschen Klinik konnte die Beobachtungen Wendelbergers hinsichtlich der Impfversager nicht bestätigen. Die Inkubationszeit sah er allerdings bei unverträglichen Spendern verlängert. Wethmar fand einen Zusammenhang zwischen der Blutgruppenzugehörigkeit von Spender und Empfänger und der Länge der Inkubationszeit, den Inkubationsverlauf und dem Fiebertypus. Bei ungünstigen Blutgruppenverhältnissen zwischen Spender und Empfänger wird selbst bei intravenöser Impfung die Inkubationszeit fast um das Doppelte der Tage in die Länge gezogen, ähnlich auch bei den intracutan Geimpften. Die Duplexform mit täglichen Anfällen findet sich am häufigsten bei den intravenös Geimpften mit günstigen Blutgruppenverhältnissen. Die vom Kliniker erwünschten reinen Simplexformen finden sich am häufigsten bei den intracutan Geimpften mit ungünstigen Gruppen. Also je günstiger das Angehen, um so häufiger die Duplexform. Folgende interessante Tabelle demonstriert die Befunde von Wethmar.

Tabelle 84.

	Anzahl	Mittlere Inkubation in Tagen	Fiebertypus		Gemischt
			Duplex	Simplex	
Günstige Intravenöse . .	22	4,5	10 = 46%	6 = 27%	6 = 27%
Ungünstige Intravenöse .	16	8,2	1 = 6%	13 = 82%	2 = 12%
Günstige Intracutane . .	15	9,8	2 = 13%	10 = 67%	3 = 20%
Ungünstige Intracutane .	12	15,1	1 = 8%	11 = 92%	—
Zusammen	65				

Rubaschkin und Dermann stellten ein großes Material von Typhuserkrankungen zusammen. 576 Patienten haben Typhus durchgemacht, 181 nicht. Die Zusammenstellung ergab folgende Tabelle:

Tabelle 85.

	O	*A*	*B*	*AB*	Zusammen
An Typhus erkrankt	30,8	38,1	23,8	7,3	576
An Typhus nicht erkrankt	19,9	49,7	23,7	6,7	181

Vielleicht also eine gewisse Resistenz der Individuen der *O*-Gruppe.

Wichmann und Paal fanden ein Prävalieren der Hypertoniker innerhalb der *B*-Gruppe, wie folgende Tabelle zeigt:

Tabelle 86.

	O	*A*	*B*	*AB*	Zusammen
Hypertoniker, Männer.	34,0	37,6	16,0	12,1	239
Normale	39,1	48,2	9,7	3,0	517
Hypertonische Frauen.	41,0	36,4	14,6	8,0	261
Normale	43,4	42,5	12,1	2,1	583

Pantschenkowa und Agte geben an, daß Differenzen im Verlauf der Tuberkulose vorhanden sind, indem die Gruppen *B* und *AB* mehr fibröse Formen aufweisen. Nach Kolcow haben Individuen der Gruppe *O* seltener

Malariarezidive und weniger Tuberkulose als der Durchschnitt der Bevölkerung. Dossena und Lanzara konnten allerdings nur an 30 Tuberkulosen diese Befunde nicht bestätigen.

Streng und Ryti haben in Finnland große Untersuchungsreihen angesetzt, die ich im Auszug wiedergebe:

Tabelle 87.

	Anzahl	*O*	*A*	*B*	*AB*
Infektionskrankheiten	615	37,6	37,2	16,9	8,3
Nervenkrankheiten	274	35,4	42,7	15,3	6,6
Herzkrankheiten	296	30,1	43,2	17,9	8,8
Nierenkrankheiten	118	35,6	42,4	13,6	8,5
Arteriosklerosis	113	30,1	45,1	16,8	8,0
Bronchitis	144	38,9	42,5	13,2	5,6

Streng und Ryti haben besonders genau ihr Material analysiert. Vergleicht man verschiedene Krankheitsgruppen, so finden sich kleine Unterschiede und Abweichungen von den Durchschnittszahlen, die vielleicht zufällig sind. Verfasser hatten nun bei der Arbeit den Eindruck gewonnen, als wären Leute der *AB*-Gruppe überhaupt etwas weniger resistent gegenüber Krankheiten. Um diese Minderwertigkeit irgendwie durch Zahlen auszudrücken, haben sie, da die *AB*-Gruppe sehr selten ist, für einige Krankheiten die Anzahl der *AB*-Individuen mit der ganzen Anzahl der *AB*-Individuen verglichen. Dieselbe Berechnung wurde auch bei anderen Blutgruppen vorgenommen. Bei solcher Berechnung haben die Zahlen als solche keine Bedeutung, so daß die Werte einer Krankheitsgruppe mit denen einer anderen nicht zu vergleichen sind, nur innerhalb einer jeden Krankheitsgruppe haben sie Geltung. Die Resultate gehen aus folgender Tabelle hervor:

Tabelle 88.

Krankheit	Summe	Verhältnis der Krankheitsgruppe zum Total der Kranken	Desgl., aber innerhalb der Blutgruppen			
			O	*A*	*B*	*AB*
Tuberkulosis . . .	928	24,7	22,8	25,2	24,7	31,9
Lues	519	13,8	14,7	12,6	14,7	15,7
Vitium cordis . .	296	7,9	7,3	7,8	8,3	10,5
Necropathien . . .	118	3,1	3,4	3,0	2,5	4,0
Nervenkrankheiten	274	7,4	7,9	7,1	6,6	7,3
Tumoren	88	2,3	2,1	2,4	2,5	2,8
Bronchitis	144	3,8	4,6	3,7	3,0	3,2
Arteriosklerosis . .	113	3,0	2,8	3,1	3,0	3,6

Verfasser machen nun auf die interessante Tatsache aufmerksam, daß, während die Zahlen für die *O*-, *A*- und *B*-Gruppen bald größer bald kleiner sind als die Mittelwerte, sind die Zahlen für die *AB*-Gruppe im allgemeinen größer als die durchschnittlichen. Die sehr kritischen Verfasser ziehen daraus keine Schlüsse und stellen zur Diskussion, ob vielleicht die Sera oder die Blutkörperchen infolge der Krankheit mehr oder weniger empfindlich werden und deshalb leichter als sonst zu Fehlbestimmungen in betreff der Gruppenzugehörigkeit Veranlassung geben können. Immerhin werden die später zu referierenden, wichtigen Arbeiten von Oppenheim und Voigt zeigen, daß wir mit der Möglichkeit differenter Lebensaussichten innerhalb verschiedener Gruppen rechnen müssen.

Ich fand mit Frl. Halber in Polen zunächst bei 300 Tuberkulösen keine Differenzen, Swider und Kon haben aber gewisse Unterschiede festgestellt.

Tabelle 89.

	O	A	B	AB	Zusammen
Tuberkulöse (Swider und Kon) .	30,7	47,3	13,7	8,3	600
Normale (Halber und Mydlarski)	32,9	34,9	22,9	9,2	12000

Holló und Lénard haben in Budapest 200 erwachsene Lungentuberkulose mit positivem Auswurf untersucht:

Tabelle 90.

	O	A	B	AB	Zusammen
Normale	34	38	22,5	5,5	200
Tuberkulose	31	42,5	21	5,5	200

Streng und Ryti fanden in Finnland bei 928 Tuberkulösen keine Unterschiede. Die Berücksichtigung der Altersgruppen bei Tuberkulösen ergab:

Tabelle 91.

		O	A	B	AB	Zusammen
Tuberkulose	0—20 Jahre	27,6	47,1	17,1	8,2	293
	20—30 Jahre	32,0	43,1	15,4	9,4	350
	über 30 Jahre . . .	29,8	43,5	18,9	7,7	285

Raphael, Theophile, Olive M. Searle und Tom N. Horan fanden keine wesentlichen Differenzen, wie Tabelle 92 zeigt:

Tabelle 92.

	O	A	B	AB	Zusammen
Nichttuberkulöse					
Durchschnitt	44,2	38,7	11,3	5,8	9600
Europäerdurchschnitt	39,2	43,4	12,8	4,6	8325
Tuberkulöse					
Durchschnitt	44,0	40,2	13,5	2,3	400
Astheniker	45,0	35,8	15,8	3,4	120
Nichtastheniker	43,6	42,1	12,5	1,8	280

Dujarric de la Riviere und Kossovitz fanden bei Hämoptoë eine Erhöhung der *AB*-Werte, bei 150 Tuberkulösen vielleicht eine Zunahme von *A* (*A* 48,7 gegenüber 42,6 normal, *AB* 10% gegenüber 3% bei Normalen).

Vielleicht liegen hier ähnliche Verhältnisse vor wie bei Lues, indem nur bei näherer Betrachtung des klinischen Verlaufes gewisse Unterschiede im Ergebnis der Wassermannschen Reaktion herauszukommen scheinen. Alperin hat nämlich sein Material nach der Schwere der Erkrankung angeordnet und fand:

Tabelle 93.

	O	A	B	AB	Zusammen
Stadien nach Turban: I	33,3	35,0	20,4	11,3	231
II	35,8	36,7	22,0	5,5	109
III	29,2	44,8	18,2	1,8	127
Gutartig	36,3	34,0	20,7	9,0	176
Übergangsform	31,1	41,2	18,6	9,2	119
Bösartig	22,9	48,6	20,2	8,3	72

Die Beteiligung der Blutgruppen wäre demnach in den verschiedenen Tuberkulosestadien verschieden, indem in der II. Gruppe (*A*) der Prozentsatz des dritten Stadiums um 9,8 den des ersten Stadiums übertrifft. Die Berücksichtigung des klinischen Verlaufes im Sinne eines Fortschreitens oder einer dauernden Latenz ergab ähnliche Werte, indem die malignen Formen um 14,6% häufiger bei der Gruppe *A* auftraten. Verfasser berechnete auch sein Material unter den hereditär Belasteten und denjenigen, die längere Zeit im Kontakt mit Schwerkranken waren und fand auch ein Prävalieren der *A*-Gruppe, ähnlich auch bei Knochentuberkulose. Die Unterschiede gehen in derselben Richtung bei Slaven, sowie bei Juden. Vielleicht sind die Gruppen *O* und *AB* zu Lungenblutungen disponiert.

Connerth in Deutschland konnte allerdings dies nicht bestätigen. Seine Werte an 667 weiblichen Tuberkulösen waren:

Tabelle 94.

	Gruppe I %	Gruppe II %	Gruppe III %	Gruppe IV %
Stadien nach Turban-Gerhardt: I	41,6	42,0	12,7	3,7
II	44,1	37,7	13,0	5,2
III	38,0	38,0	13,0	6,6
Tuberkulose Art: Produktive.	42,0	41,4	12,2	4,7
Cirrhotische	42,2	36,7	19,0	2,1
Exsudative.	40,2	39,4	13,9	6,5
Normale Kontrollen (560 Personen) .	38,1	39,6	16,4	5,9
Knochentuberkulose (205 Personen) .	49,5	38,5	9,1	2,9

Ein wesentlicher Unterschied im Hervortreten einzelner Blutgruppen bei Tuberkulösen war demnach nicht vorhanden, auch die Verteilung der Blutgruppen bei Lungen-, Knochen- und Gelenktuberkulösen in der Stadieneinteilung nach Turban und Gerhardt und in pathologisch-anatomischer Formeleinteilung ließ keine Differenzen erkennen.

Hermanns und Kronberg untersuchten 402 Patienten in München auf Gruppenzugehörigkeit, die Zahlen für Hyperthyreose sind auffallend, denn sie zeigen eine Präponderanz der *O*-Gruppe, die über die Fehlerquellen hinausgeht:

Tabelle 95.

	O	*A*	*B*	*AB*	Zusammen
Basedow	3				3
Hyperthyreose . . .	24	1			25
Struma	18	66	9	6	99

Dr. Orel aus Wien stellte mir liebenswürdig die Ergebnisse seiner Untersuchungen über die Blutgruppen bei mongoloider Idiotie zur Verfügung:

Tabelle 96.

	O	*A*	*B*	*AB*	Zusammen
Mongoloide Idiotie	34,1	47,7	15,9	2,3	44
Normale n. Hoche und Moritsch	33,1	39,9	20,1	6,9	

Einen bemerkenswerten Versuch, die Blutgruppenforschung in die pathologische Anatomie einzuführen, unternahmen Oppenheim und Voigt. Die Verteilung der Blutgruppen auf die Geschlechter zeigte, daß in der Gruppe *AB* auf 14 weibliche nur 4 männliche Individuen geboren wurden, von denen übrigens 2 innerhalb der ersten drei Monate starben. Verfasser diskutieren, daß *AB*-Individuen in der Bevölkerung häufiger weiblichen als männlichen Geschlechtes sind und denken an geschlechtsgebundene Vererbung, vielleicht an geschlechtsgebundene Letalfaktoren. Blutgruppenstudien an Kinderleichen werden im Hinblick auf die starke Übersterblichkeit der Knaben befürwortet. Die Ausscheidung nach dem Alter ergibt, daß das Maximum der Sterblichkeit bei der Gruppe *A* und *O* in das sechste, bei der Gruppe *B* in das fünfte Dezennium fällt. Tabelle 97 demonstriert die Tatsache, die nach Art einer Sterbetafel geordnet ist.

Tabelle 97.

	O	*A*	*B*
0	100	100	100
10	94	94	95
20	91	92	95
30	81	83	81
40	71	71	70
50	57	55	44
60	34	33	28
70	17	14	12
80	3,4	3,2	—

Bis zum Alter von 40 Jahren machen sich keine Unterschiede in der Sterblichkeit der drei Gruppen bemerkbar, von dann an ist die Sterblichkeit in der Gruppe *A* größer als in der Gruppe *O*, in der Gruppe *B* größer als in der Gruppe *A*. Die durchschnittliche Lebensdauer der Blutgruppen ergibt Tabelle 98[1]).

---

[1]) Thomsen untersuchte alte Leute in Kopenhagen und fand:

Gruppe	Alter 65–74 M.	W.	75–84 M.	W.	85–94 M.	W.	94 M.	W.	Zusammen M.	W.	=	absolut	%
O	100	120	84	140	12	46	2	4	198	310	=	508	44,1
A	112	100	88	144	4	46	0	2	204	292	=	496	43
B	19	18	13	28	8	8	1	0	41	54	=	95	8,3
AB	12	10	10	16	0	4	0	0	22	30	=	52	4,5
Zusammen	243	248	195	328	24	104	3	6	465	686	=	1151	100

Vergleicht man mit dem Durchschnitt der Bevölkerung in Kopenhagen nach Johansen, so erhalten wir:

	O	*A*	*B*	*AB*
Alte Leute	44,1	43,0	8,3	4,5
Durchschnitt	43,1	41,7	11,8	3,0

Thomsen schließt, daß keine Unterschiede in den Lebensaussichten der Individuen verschiedener Gruppen bestehen und daher keine Zusammenhänge zwischen Krankheitsdisposition und Gruppenzugehörigkeit erwartet werden können. Doch ergibt die Betrachtung seines Materials eher das Gegenteil. Berechnet man den mittleren Fehler

$$E_1 = 0{,}67449\sqrt{\frac{n(N-n)}{N}} \quad \text{und} \quad E(d) = \sqrt{E_1^2 + E_2^2},$$

so findet man für die Gruppe *B*: Durchschnitt $11{,}8 \pm 0{,}54848$

alte Leute $8{,}3 \pm 0{,}96164$

$d = 3{,}5 \pm 1{,}10705$

Die Differenz 3,5 übersteigt den dreifachen wahrscheinlichen Fehler (3,32). Will man daher aus diesem Protokoll was schließen, so müßte man eine geringere Lebensaussicht der *B*-Gruppe postulieren, was in Rücksicht auf die gleichsinnigen Beobachtungen von Oppenheim und Voigt sehr bemerkenswert wäre. Die Deutung dieser Erscheinung verlangt natürlich eine viel tiefere Analyse.

Tabelle 98/99.

	Männlich	Weiblich	Zusammen	
Gruppe *O* . . .	52,2	54,1	53,1	196 Fälle
„ *A* . . .	51,7	53,9	52,5	204 „
„ *B* . . .	49,9	50,4	50,2	54 „

Die Verteilung der Blutgruppen auf einige anatomischen Diagnosen muß im Original nachgelesen werden, größere Unterschiede namentlich in bezug auf Krebs wurden nicht gefunden. Es seien einige Krankheiten, die zahlreicher vertreten sind, wiedergegeben:

Tabelle 100.

Krankheit	*O*	*A*	*B*	*AB*	Zusammen
Maligne Tumoren . . .	38,0	45,0	13,0	5,0	119
Endokarditis	38,0	44,0	15,0	3,0	99
Arteriosklerose	38,0	46,0	13,0	3,0	145
Tuberkulose	47,0	43,0	6,0	4,0	77
Struma	47,0	37,0	14,0	2,0	124

Wegen der Beziehungen der Hämolyse zur Sepsis sowie der Rolle, die man der Milz in der Produktion der Antikörper zuschreibt, wurde nach Korrelation zwischen Milzgewicht und Blutgruppe gesucht. Verfasser untersuchten 126 Personen über 20 Jahre alt und fanden bemerkenswerte Unterschiede, sie verlangen aber ein fünfmal größeres Material, ehe sichere Schlüsse gezogen werden. Die gefundenen Werte gibt Tabelle 101 wieder.

Tabelle 101.

Blutgruppe	Durchschnittsgewicht	Anzahl
O	145	59
A	175	49
B	210	15
AB	—	3

Gundel in Kiel fand, daß Kranke aus der Nervenklinik einen größeren Prozentsatz der *B*-Individuen aufweisen als der Durchschnitt der Bevölkerung Schleswig-Holsteins:

Tabelle 102. (Nach Gundel.)

	O	*A*	*B*	*AB*	Zusammen
Medizinische Klinik . .	47,5	36,8	10,3	4,9	164
Frauenklinik	37,8	44,6	11,9	5,5	235
Nervenklinik	28,3	39,3	25,1	7,2	402

Der Prozentsatz positiver Wassermann-Fälle, berechnet auf die Gesamtzahl untersuchter Individuen der betreffenden Gruppe, ergibt:

Tabelle 103.

	O	*A*	*B*	*AB*	Positiv	Zusammen
Schleswig-Holstein . .	18,2	18,7	18,5	24,7	595	3156
Land	23,8	23,8	20,8	41,9	182	743
Mittlere Städte	21,5	24,7	13,8	41,7	136	582
Nervenklinik	8,2	10,8	16,9	8,7	30	268

Mit einer evtl. Labilität des Nervensystems steht das Problem in Zusammenhang, ob dies sich nicht auch auf anderen Gebieten bemerkbar macht und namentlich in sozialer Unterwertigkeit dokumentiert. Nach Schütz und Wöhlisch soll die A-Gruppe besonders geistig tüchtige Elemente aufweisen. Gundel untersuchte nun, ob vielleicht bei Insassen der Strafanstalten ähnliche Verhältnisse vorliegen wie bei den Nervenkranken. Untersucht wurden die Gefangenen der Strafanstalten Neumünster, Rennsburg, Altona, Glückstadt und Flensburg. Folgende Tabelle ergibt den Tatbestand:

Tabelle 104.

	O	A	B	AB	Zusammen
Männer	33,5	43,9	18,6	1,8	803
Frauen	25,9	46,9	23,4	3,7	81
Zusammen Verbrecher	34,6	34,2	19,1	2,0	884
Normale	37,3	43,7	13,4	5,7	8662

Man sieht eine gewisse Zunahme der B-Gruppe. Interessant sind die Beziehungen der Blutgruppen zu den Straftaten: Es scheint nämlich, daß gerade die schweren Verbrecher, die für Mord, Totschlag oder Raub bestraft wurden, größere B-Werte aufweisen, als nur für Diebstahl oder Hehlerei, nämlich 30% B bei 110 schweren Verbrechern, 18% B auf 477 für Diebstahl bestraften. Verfasser gibt kleine, aber nicht destoweniger interessante Tabellen an, daß die Blutgruppe B bei den rückfälligen und den Schwerverbrechern relativ viel häufiger ist. Demonstrativ wird dieser Befund auf folgender Tabelle, in der die Häufigkeit der Blutgruppen in Beziehung zu der Art der Vorstrafen gesetzt wird.

Tabelle 105.

Vorstrafen	O	A	B	AB	Zusammen
A 27 Fälle	25,9	11,1	62,9	—	27
B	23,8	38,1	38,1	—	21
C	31,3	48,9	18,7	1	479

Erklärung: Vorstrafen A = Raub, Aufruhr, Jagdvergehen, Widerstand.
B = Sittlichkeitsverbrechen, Zuhälterei.
C = Diebstahl, Hehlerei.

Böhmer fand bei 150 Verbrechern in Kiel ebenfalls gewisse Abweichungen ($O = 20\%$, $A = 52\%$, $B = 20\%$, $AB = 8\%$). Die Verteilung des ganzen Materials (mit Gundel) auf die Straftaten ergab:

Tabelle 106.

	O	A	B	AB
1. 100 außer Kiel	35,4	34,5	30,0	0
23 Kiel	17,4	56,5	17,4	8,7
2. 477 außer Kiel	33,1	46,1	18,2	2,5
119 Kiel	21,0	49,0	21,9	8,1
3. 31 außer Kiel	45,1	51,6	3,2	0,0
8 Kiel	12,0	63,0	—	2,5

Straftat: 1. Mord, Totschlag, Raub, Körperverletzung;
2. Diebstahl, Betrug;
3. Brandstiftung.

Es scheinen gewisse Beziehungen zu den Kretschmerschen Typen zu bestehen, indem die *B*-Gruppe bei Asthenikern prävaliert (die asthenisch-athletischen repräsentieren die Roheitsverbrecher):

Tabelle 107 (auf 100 Untersuchte):

	O	*A*	*B*	*BA*
Asthen. .	13,4	46,6	26,6	13,4
Athlet. .	18,2	50,0	18,2	13,6
Unbest. .	15,7	87,9	15,7	10,7

Verf. selbst verlangt größere Zahlen.

Diese Befunde wurden meines Wissens in großem Maßstabe nicht nachgeprüft, Verfasser, die sich damit gelegentlich befaßten, konnten sie nicht bestätigen. So gibt Schusteroff eine Statistik aus einer russischen Besserungsanstalt an, daß Differenzen in der Gruppenverteilung in verschiedenen Verbrechergruppen nicht vorhanden waren. Kruse hält die Überwertigkeit der *A*-Gruppe und Unterwertigkeit der *B*-Gruppe auf Grund seiner Beobachtungen eher für einen Zufall. Snyder fand bei Epilepsie, Irrsinn und Geistesschwäche normale Werte. Die Frage ist somit als noch nicht abgeschlossen zu betrachten. Und doch sind die Beobachtungen vielleicht richtig, man darf sie nur nicht verallgemeinern. Vielleicht stammen gerade in Norddeutschland die sozial minderwertigen Elemente aus Osten, wo *B* häufiger vorkommt, während in anderen Ländern diese Eigenschaft mit anderen psychischen Anlagen verbunden ist.

Ich gehe nun zu der Frage über, ob unter pathologischen Umständen eine Gruppenänderung möglich ist. Bekanntlich wurde dies von Eden, Vorschütz, Diemer, Levine und Segal, Moldawskaja und Pauli, Schwarz und Nemzowitzky, Feldmann und Elmanowitsch behauptet und in der letzten Zeit findet Quater und Raphalkes namentlich bei schwer septischen Zuständen bei gebärenden Frauen dies. Zweifellos wird ein Teil dieser Beobachtungen auf Arbeiten mit nicht standardisierten Seren beruhen. Es fällt auf, daß diese Änderungen teilweise bei Zuständen beschrieben wurden, wo eine erhöhte Senkungsgeschwindigkeit leicht zu Trugschlüssen Veranlassung geben kann, Rubaschkin und Derrman haben die beschriebenen Änderungen bei Malaria nachgeprüft und nicht bestätigt.

Ich muß bekennen, daß ich auf Grund meiner über siebzehnjährigen Erfahrung solche Beobachtungen für unrichtig hielt und sie auf quantitative Änderungen der Agglutinabilität zurückzuführen geneigt war. Moldawskaja und Pauli geben ja selbst an, daß während des malarischen Anfalls eine starke Zunahme des Agglutinintiters eintritt, die nach dem Anfall verschwindet. Man könnte dies auf eine vorübergehende Globulinvermehrung zurückführen und mit Änderung der Agglutinabilität in Beziehung setzen. Ich glaube aber jetzt, daß wir auch mit ganz unbekannten Faktoren hier rechnen müssen. Anläßlich von Vererbungsstudien, die ich mit meiner Frau auf dem Lande in der Nähe von Warschau treibe, konnte ich bei mehreren Familien, welche an einem Tage untersucht wurden, ein so starkes Überwiegen der *AB*-Gruppe beobachten, daß ein größerer Teil der untersuchten Bevölkerung *AB* aufwies. In diesen Ehen *AB* auf *AB* bzw. *O* auf *AB* waren die meisten Kinder *O* oder *AB*, so daß ich bereits dachte über Verwandte zu verfügen, bei welchen die Gene A und B miteinander gekoppelt sind. Bei der großen theoretischen Bedeutung dieser Erscheinung habe ich nun den Versuch wiederholt und aus der Vene bei den betreffenden Individuen Blut entnommen und zu meiner größten Verwunderung gefunden, daß das steril entnommene Blut meistens der Gruppe O gehörte. Da ich nun die agglutinablen Blutkörperchen aus der Fingerbeere noch in der Hand hatte, so konnte ich die alten und die frischen steril entnommenen Blutkörperchen mit denselben Seren untersuchen und in der Tat feststellen, daß die ersten sich anscheinend wie AB verhielten. Da auch die von auswärts zugezogenen, nicht ansässigen Familien dasselbe Verhalten boten, so sah die Sache so aus, als ob unter dem Einfluß eines äußeren Agens die meisten Blutkörperchen agglutinabel geworden wären. Ich habe nun das agglutinable Blut zu meinem eigenen O-Blut zugesetzt und festgestellt, daß es nach einigen Stunden schwach, aber deutlich agglutinierte. Nun existierten 2 Beobachtungen, die mit dieser Erscheinung in Zusammenhang stehen könnten. Schiff und Halberstädter haben einen interessanten Fall beschrieben, wo das Blut der Gruppe B, nachdem es einige Tage im Eisschrank gestanden ist, eine Agglutinabilität gegenüber allen Seren, auch dem eigenen, erwarb. Die Agglutination trat bei Zimmertemperatur und im Eisschrank, nicht oder sehr schwach bei 37° auf. Das Agglutinin war spezifisch und konnte durch Absorption dem Serum entzogen werden. Von 23 untersuchten Personen konnte eine solche vorübergehende Agglutinabilität in 3 Fällen beobachtet werden. Außerdem existierten interessante Beobachtungen von Thomsen, daß manchmal die Blutkörperchen O nach 18—24 Stunden eine deutliche Agglutination mit den Seren aller Gruppen geben, auch durch das eigene sowie AB-Serum. Verfasser stellte nun fest, daß 1 Tropfen des modifizierten Blutes, zugesetzt zur frischen Suspension, sie innerhalb von 24 Stunden so verändert, daß sie panagglutinabel wird. Das Agens verträgt die Erhitzung auf 50 bis 65°, wird zerstört beim Kochen, verträgt die Trocknung und findet sich an den Blutkörperchen selbst nach dem Waschen. Die günstigste Temperatur für die Blutveränderung ist 10 bis 20°, weniger 0 bis 10°, fast nie 37°. Die modifizierten Blutkörperchen, die morphologisch keine Änderung aufweisen, absorbieren aus dem Serum das betreffende Agglutinin. Thomsen vermutete, daß das Prinzip einen latenten Receptor in den Blutkörperchen frei macht. Die zugehörigen Antikörper finden sich bei den meisten Menschen, wenn auch in verschiedenen Konzentrationen. Als praktische Forderung, daß man nur frische Blutkörperchen verwendet, und, falls man dies nicht tun kann, soll man das Serum AB heranziehen, welches mit dem „latenten" Receptor auch reagiert, nicht aber mit dem Blut A und B. Verfasser vermutete, daß das Prinzip bakterieller Natur ist, und in der Tat konnte sein Schüler Friedenreich aus dem getrockneten Blut ein schwach grampositives, schwach bewegliches mit einer Geißel behaftetes Stäbchen isolieren. Das Wachstum auf gewöhnlichen Nährböden ist schwach, nach einigen Tagen bemerkt man eine gelbgrünliche Verfärbung, Zucker werden nicht fermentiert. Wachstum von 2 bis 37°, ist für Laboratoriumstiere nicht pathogen. Nach Friedenreich ist die Geschwindigkeit der Beeinflussung von der Bakterienmenge abhängig. Tote Bakterien bewirken keine Gruppenänderung, die Bakterien selbst werden von den Menschenseren nicht agglutiniert.

Diese interessanten Beobachtungen verdienen vertieft zu werden. Sie erklären vielleicht, warum bei einzelnen Verfassern so viel *AB* beobachtet wurde. Das Wesen dieser eigenartigen Veränderung ist allerdings unklar und wir wissen nicht, in welche näheren Wechselbeziehungen die Bakterien zu den Blutkörperchen treten. Die Bezeichnung „latenter Receptor" setzt voraus, daß die Bakterien bzw. das Prinzip gleichsam präexistierende Funktionen der Blutkörperchen zum Vorschein bringen. Wir wissen aber nicht, ob es sich nicht um neue Eigenschaften oder Verbindungen handelt. Es ist wohl auch wahrscheinlich, daß auch bei manchen anderen Bakterien diese Eigenschaft angetroffen wird. Man darf weiteren Arbeiten des Verfassers mit Interesse entgegensehen.

Es scheint, daß die Gruppenangehörigkeit auch bei der Deutung des Senkungsphänomens eine gewisse Rolle spielen kann. Dimantstein teilte nämlich mit, daß die Schwankungsbreite der Senkung bei gesunden Individuen verschiedener Gruppen verschieden ist. Verfasser gibt für 115 untersuchte Gesunde folgende Werte an:

Tabelle 107.

	O	*A*	*B*	*AB*
Die Senkung schwankt zwischen	12—15	6—9	5—7	3—5

Diese Befunde würden dafür sprechen, daß gewisse physikalische Eigenschaften des Serums, namentlich seine Kolloidlabilität bis zu einem gewissen Grade konstitutionell sind. Akute Entzündungen und Tumoren, die die Senkungsgeschwindigkeit abnorm erhöhen, lassen diese Differenzen verschwinden. Immerhin muß man bei Unterschieden in der Senkungsgeschwindigkeit diesem Befund Rechnung tragen. (Eine Bestätigung dieser Angaben liegt noch nicht vor.)

Die Koagulationsgeschwindigkeit des Blutes und Retraktibilität des Koagulums sind nach Popov und Sernicki bei verschiedenen Gruppen gleich.

Ich habe die bisherigen Erfahrungen unter Angabe der Protokolle zusammengestellt, um den Forschern Einsicht in das bereits gewonnene Material zu erleichtern. Man muß bekennen, daß die Resultate kein klares Bild ergeben und wahrscheinlich auch keiner einheitlichen Betrachtung unterzogen werden können. Die Empfänglichkeit für eine Krankheit hängt ja von vielen Umständen ab, wie normale Immunität, Durchseuchungsresistenz, erworbene Immunität und dergleichen. Falls eine Volksgruppe oder eine soziale Schicht andere Gruppenverhältnisse aufweist und dabei einer Infektion in verschiedenem Grade ausgesetzt ist, so würde der Vergleich mit dem Durchschnitt der Bevölkerung Korrelationen zeigen, die mit der Blutgruppe als solcher gar nichts zu tun haben. Möge z. B. eine kleine Tabelle über die Gruppenverteilung in Warschau in den Volksschulen und den Privatgymnasien das Gesagte demonstrieren (unv. Vers.):

Tabelle 108.

	O	*A*	*B*	*AB*	Zusammen
Volksschulen . . .	33,3	38,3	21,1	7,1	756
Privatschulen . . .	37,9	36,6	17,5	7,7	398

Die Tabelle ergibt etwas höhere B-Werte in den Volksschulen. Wie leicht könnte man solche Differenzen mit irgendeiner Krankheit, die im Proletariat mehr verbreitet ist, in Beziehung bringen! Ich würde es aber für gewagt halten, ohne weiteres Material und eingehendere statistische Analyse hier reelle Unterschiede zu postulieren.

Die individuellen Differenzen der Empfänglichkeit kommen dann zum Ausdruck, wenn der Infektionsreiz nicht zu stark ist. Es wäre daher wieder möglich, daß an Orten, wo gewisse Krankheitserreger weniger virulent sind, oder wo die Infektionsgelegenheit oder die Erregermenge geringer ist, bestimmte Differenzen gefunden werden, die an anderen Orten dann nicht „bestätigt“ werden. Die Epidemien stellen einen Faktor dar, der eine Population in der Richtung der Selektion verschiebt. Populationen, die aus einer verseuchten Gegend stammen, sind widerstandsfähiger, sei es durch die Durchseuchungsresistenz, sei es, daß sie die Auslese relativ immuner Individuen darstellen. Es wäre daher denkbar, daß bestimmte anthropologische oder serologische Typen je nach ihrer epidemiologischen Vergangenheit oder nach der gegenwärtigen sozialen Lage über differente immunologische Eigenschaften verfügen. Bei den anatomischen Merkmalen begegnet man doch ebenfalls oft widersprechenden Ergebnissen: nach Beddoe sind in England Individuen mit hellerer Pigmentierung empfänglicher für Tuberkulose, wogegen in Schweden nach Lundborg dunkeläugige Individuen häufiger erkranken. Aus all diesen Gründen wollte ich nicht die bisherigen Erfahrungen mit der wegwerfenden Bemerkung abtun, daß sie „widersprechend“ seien und nicht „bestätigt“ werden können.

Wollen wir diejenigen Krankheiten betrachten, die eine soziale Bedeutung haben und daher selbst bei statistischer Betrachtung der Gruppenhäufigkeit berücksichtigt werden müßten. Bei der Tuberkulose sehen wir bereits widersprechende Verhältnisse. Manche Verfasser geben an, daß die A-Gruppe etwas empfänglicher sei, was in Rücksicht auf gewisse Beziehungen zu dem blonden nordeuropäischen Typus noch begreiflich wäre; andere Verfasser fanden hier keine Differenzen. Mir scheinen die Befunde mancher Autoren von Interesse, daß bei Berücksichtigung des klinischen Verlaufes gruppenspezifische Unterschiede festgestellt werden können. Dies verdient genaueste Nachprüfung und Vertiefung. Die Befunde über die verschiedene Empfänglichkeit der Individuen verschiedener Gruppen für Malaria wurden zwar von Rubaschkin und Leisermann nicht in vollem Umfange bestätigt, doch auch hier wäre eine klinische Analyse notwendig. In beiden Fällen müssen wir mit der Möglichkeit rechnen, daß bei zu starken Infektionen evtl. vorhandene Differenzen nivelliert werden. Die bemerkenswerten Angaben von Oppenheim und Voigt über die differenten Lebensaussichten der Individuen verschiedener Gruppen, und namentlich über die evtl. höhere Mortalität der AB-Knaben, verdienen die größte Beachtung; diese letzten Befunde sollten bei der statistischen Analyse der Gruppenverteilung Berücksichtigung finden.

Am zahlreichsten und teilweise noch am besten bestätigt sind die Befunde über das ungleichmäßige Verschwinden der Wassermannschen Reaktion innerhalb verschiedener Blutgruppen unter dem Einfluß der Behandlung, die Frl. Halber und Frl. Amsel bei mir zuerst gefunden und dann Straszyński, Karnauchowa und Firjukowa und Gundel bestätigten. Die negativen Befunde von Schütz und Wöhlisch, Grötschel, Kruse und Leveringhans sind vielleicht durch eine andere Auswahl des Materials zu erklären (mehr frische diagnostische, weniger behandelte Fälle). Auch hier sind Widersprüche vorhanden in bezug auf die Gruppen *A* und *B*: bei uns ist eine gleichmäßige Abnahme von der I. bis zur IV. Gruppe, bei Karnauchowa und Firjukowa sind die Werte für die *O*- und *B*-Gruppe fast gleich, bei Gundel enthält die *B*- und *AB*-Gruppe am meisten positive Fälle. Die große Differenz zwischen den Gruppen *O* und *AB* scheint mir aber unverkennbar.

Die von Gundel und Böhmer beschriebene erhöhte Labilität des Nervensystems der Gruppen *B* und *AB*, die merkwürdige Präponderanz bei den Gefängnisinsassen stützt sich auf ein größeres Material und verdient Beachtung und eingehende Nachprüfung bei anderen Volksgruppen.

Der Theoretiker, der in diesem Wirrwarr widersprechender Befunde und Beobachtungen nach einem erklärenden Prinzip sucht, findet keine einheitlichen Gesichtspunkte. Für das ungleichmäßige Verschwinden der Wassermannschen Reaktion innerhalb verschiedener Blutgruppen können wir wenigstens einige Denkmöglichkeiten hypothetisch diskutieren. Nach der Injektion der *A*-Antigene entstehen andere Antikörper als bei Injektion des *O*-Blutes: wir finden differente Affinitäten zum Forssmanschen Antigen u. dgl. Akzeptiert man die Vorstellung von Weil und Braun, Sachs und seiner Schule, daß die Wassermannsche Reaktion auf der Resorption der eigenen Lipoide beruht, so könnte man erwarten, daß die Tatsache der Alkohollöslichkeit isoagglutinabler Substanzen in der Eigenart der ausgelösten Reagine einen Ausdruck finden wird. Da *AB* am meisten gruppenspezifische Lipoide enthält, so könnte man kausale Zusammenhänge hier vermuten. Die *AB*-Individuen würden demnach gleichsam mehr Zündstoff enthalten, welcher die positive Wassermannsche Reaktion nährt. Man könnte ähnliche Vorstellungen auch für die Labilität des Nervensystems bestimmter Gruppen hypothetisch diskutieren und dies auf Antikörper zurückführen, die gegen lipoidreiche Organe gerichtet sind. Allerdings sind hier Zusammenhänge auch anderer Art denkbar (rassenmäßige Unterschiede mit *B* oder *AB* zufällig korreliert und dergl.).

Für manche Fälle wäre es am einfachsten, Zusammenhänge in der Art zu postulieren, daß eine Empfänglichkeitsanlage durch das Gruppengen mitbedingt oder auch in der Nähe des einen Gruppengens, also in dem Gruppenchromosom, ihren Sitz hat. Im letzten Falle wäre es denkbar, daß solche empfänglichkeitsbedingenden Mutationen wiederholt auftreten, und zwar in der Nähe beider Allelomorphen. Aber selbst wenn eine solche Krankheitsanlage nur in der Nähe des einen Allelomorphen aufgetreten wäre, so könnte sie auch auf andere Allelomorphe durch crossing over übergehen, falls die Koppelung keine absolute ist. Selbst daher bei einer Koppelung eines Gruppengens mit einer bestimmten Krankheitsanlage wird sie, eine genügende Anzahl von Generationen vorausgesetzt, schließlich auch auf andere Gruppen verteilt werden können.

Die größte Schwierigkeit in der Betrachtung beruht aber darauf, daß wir den Mechanismus der Empfänglichkeit und der Immunität so wenig kennen. Die Immunität für Diphtherie ist von angeborenen Anlagen abhängig, außerdem aber von der Geschwindigkeit, mit welcher diese Anlagen im Phänotypus realisiert werden. So wäre es denkbar, daß Kinder, die verschiedenen Gruppen angehören, über ein verschiedenes Tempo der Entwicklung normaler Antikörper verfügen, so daß in der Kindheit Differenzen gefunden werden könnten, die in späteren Jahren bereits ausgeglichen werden. Dieses rein hypothetische Beispiel zeigt uns, daß man zuerst versuchen muß, in das Getriebe der pathologischen Konstitution, wenigstens für manche Krankheiten, einzudringen und nicht nur die Erkrankungen, sondern vor allem die Reaktionsfähigkeiten des Organismus zu studieren. Damit betrete ich ein neues Kapitel, welches mit teilweise anderen Voraussetzungen arbeitet. Diese Richtung wird sich noch nicht auf die Literatur und die Experimente in dem Maße stützen können wie die anderen von mir besprochenen Probleme, und man darf an diese Feststellungen noch nicht das gleiche Maß quantitativer Begriffe und exakter Vorstellungen anwenden wie etwa an die Vererbung der Blutgruppen.

10. Über die theoretischen Grundlagen der Konstitutionsserologie.

Motto: Das Problem definieren, heißt mit seiner Lösung beginnen.

Frühere Versuche, die Konstitutionslehre zu der Immunitätsforschung in Beziehung zu bringen, bezogen sich in erster Linie auf die Eruierung bestimmter Zusammenhänge zwischen Konstitutionstypen und serologischer Reaktionsfähigkeit. Stiller z. B. glaubt, daß der asthenische Typus durch eine Minderwertigkeit in bezug auf die Antikörperproduktion ausgezeichnet ist, Barath behauptet dies bei der Entstehung der Typhusagglutinine. Stern gibt an, daß asthenische Tabetiker häufiger eine negative Wassermannsche Reaktion aufweisen. Nach Barath tritt bei Asthenikern keine Lymphocytose nach der Typhusimmunisierung auf, wogegen teilt Bornhardt mit, daß Astheniker nach Injektion der Nucleinsäure eine stärkere Leukocytose zeigen. Nach Stuber produzieren nervöse Individuen mit labilen Vasomotoren besonders leicht Antikörper und dergleichen.

Diese Befunde erschöpfen keineswegs die Aufgaben und Bedeutung der Konstitutionsserologie. Bei Asthenikern haben wir mit einer Minderwertigkeit des Mesenchyms zu tun, welches die Hauptrolle bei Entzündungsvorgängen und Antikörperproduktion hat. Es ist daher wahrscheinlich, daß die immunologischen Fähigkeiten bei Asthenikern ebenfalls schwächer sind. Die Probleme der Konstitutionsserologie möchte ich keineswegs auf die Zusammenhänge mit einer solchen allgemeinen und nichtdifferenzierten Reaktionsfähigkeit mancher Organe oder Organkomplexe beschränkt wissen.

Wir haben gesehen, daß die isoagglutinablen Substanzen sich nach dem Mendelschen Gesetz vererben. Da die Isoantikörper an den Mangel der isoagglutinablen Substanzen gebunden sind, so vererben sie sich jedenfalls. Wir finden in der Literatur eine wichtige Angabe über die Vererbung des Komplementes. Man trifft manchmal Meerschweinchen ohne Komplement. F. A. Rich und Downing sowie Hyde haben die komplementlosen Tiere mit den komplementhaltigen gekreuzt und bei über 2000 Individuen gefunden, daß das Komplement sich nach dem Mendelschen Gesetz vererbt, wobei seine Anwesenheit dominant ist. Ich habe mit Frl. Seydel wiederholt gesehen, daß komplementhaltige Kaninchen einzelne komplementlose Junge hatten, die ständig ohne Komplement geblieben sind, was ebenfalls für die Recessivität spricht.

Van der Scheer und Cooke, Levine, Adkinson zeigten, daß die Idiosynkrasie wahrscheinlich vererbbar ist, indem bei den Idiosynkratikern in über 50% belastete Aszendenz festgestellt wurde. Wir sehen somit, daß die isoagglutinablen Substanzen, das Komplement und höchstwahrscheinlich die Idiosynkrasie konstitutionell bedingt sind. Es ist doch nicht wahrscheinlich, daß nur diese drei Funktionen bzw. Substanzen des normalen Serums vererbbar sind. Es frägt sich vor allem, ob wir noch andere serologische Differenzen innerhalb der Art kennen. Nun wissen wir in der Tat, daß einzelne Menschen und Tiere durchaus differente immunologische Eigenschaften aufweisen können. Bei einer Epidemie erkrankt nur ein Teil einer Population. Es unterliegt keinem Zweifel, daß manche Formen dieser Unempfänglichkeit hereditär sind. Ich erinnere nur an die differente Empfänglichkeit mancher Hammelrassen für Antrax, mancher Mäuserassen für transplantable Tumoren. In den Versuchen von Topley, Flexner, Amoss und Webster war die Mortalität verschiedener Mäuserassen bei Infektion mit Typhusstämmen verschieden. Die Bedeutung des konstitutionellen Momentes tritt besonders schön in den Arbeiten von Webster hervor. Verf. beobachtete eine Kaninchenepidemie, hervorgerufen durch Bacillus lepisepticus, wobei manche Kaninchen schwere pneumonische Erscheinungen, andere nur katarrhalische Symptome aufwiesen, bei manchen waren dagegen die Bacillen überhaupt nicht nachweisbar. Es konnten nun durch Kreuzung immuner Individuen Kaninchenrassen herausgezüchtet werden, die eine normale, absolute Immunität zeigten. Der Mechanismus dieser Immunität ist unbekannt. Bei drei Krankheiten der Menschen konnte er mit großer Wahrscheinlichkeit aufgedeckt werden.

Schick zeigte bekanntlich, daß manche Menschen auf die intracutane Injektion des Diphtherietoxins in geeigneter Dosis mit keinen Symptomen reagieren, während andere Individuen lokale, entzündliche oder nekrotische Reaktionen aufweisen. Brokman zeigte dies in hiesiger Kinderklinik und in unserem Institut für das Dysenterietoxin Shiga-Kruse und schließlich Frau und Herr Dick für das Streptokokkentoxin. Die Beobachtungen bei Diphtherie und Scharlach sprechen entschieden dafür, daß wir hier einen Ausdruck der Immunität vor uns haben, da Menschen mit negativer Reaktion nicht erkranken. Die epidemiologische Bedeutung der negativen Brokmanschen Reaktion ist noch unbekannt. Es frägt sich, worauf in diesen Fällen die Unempfindlichkeit für Toxine beruht. Bekannt sind die älteren Befunde der Immunologie, daß das Tetanustoxin, unempfänglichen Tieren injiziert, im Blute kreist, ohne an die Organe gebunden zu werden. Coca zeigte dasselbe für das Diphtherietoxin, welches z. B. an Rattengewebe in vitro nicht gebunden wird, wohl aber an Meerschweinchenzellen. Man könnte sagen, daß die Arten sich gegen Toxine durch eine Reaktionsunfähigkeit schützen, man könnte hier von einer areaktiven Immunität sprechen. (Manchmal findet man kompliziertere Schutzmechanismen, von welchen ich hier absehe.) Ist aber eine Tierart für das betreffende Toxin empfindlich, so treten, wie es scheint, andere Schutzmechanismen in Kraft. Von Groer, Schick und Kassowitz stellten nämlich fest, daß Menschen mit negativer Schickscher Reaktion ein normales Antitoxin im Blute aufweisen, welches den Schick-positiven Individuen fehlt. Dasselbe zeigte Zingher für die Dicksche[1]) und Brokman und Przesmycki

---

[1]) Damit soll nicht gesagt werden, daß die Pathogenese beider Krankheiten die gleiche ist (es sind hier gewisse bemerkenswerte Unterschiede [Brokman, v. Groer] nachweisbar), sondern daß in beiden Fällen neutralisierende, gegen die betreffenden Toxine gerichtete Substanzen im Blute kreisen.

für die Brokmansche Reaktion. Wir haben hier somit, wie es scheint, mit einem allgemeinen Prinzip der physiologischen (normalen) Immunität gegen toxinbildende Bakterien zu tun, indem innerhalb der empfänglichen Spezies Individuen entstehen, deren Sera das Toxin neutralisieren können. Gegenüber der areaktiven Immunität der Art müssen wir die hyperreaktive Immunität des Individuums hervorheben. Es entsteht nun die wichtige Frage, wie eine solche individuumspezifische, hyperreaktive Immunität ausgebildet wird.

Unter diesem Gesichtspunkte betrachtet gewinnen die normalen Antikörper, die wir im Organismus auch gegen nichtinfektionstüchtige Antigene vorfinden, eine tiefere Bedeutung. Das relativ am besten untersuchte Beispiel der normalen Antikörper sind die Isoantikörper. Ihr Mangel steht im Zusammenhang mit der Anwesenheit der vererbbaren Blutstrukturen. Worauf aber ihre Anwesenheit beruht, wissen wir nicht. Es frägt sich daher, ob, abgesehen von den anscheinenden Hemmungsmechanismen, die durch die Anwesenheit der Blutstrukturen bedingt sind, auch eine bestimmte Reaktionsfähigkeit, eine Isoantikörperbildungsbereitschaft vorhanden ist. Bei Menschen war die Realisierung dieser Gesichtspunkte dadurch erschwert, daß fast alle Menschen Isoantikörper enthalten, die Defekte sind bekanntlich äußerst selten; daher ist eine Kreuzung von Individuen mit diesbezüglichen verschiedenen Merkmalen kaum möglich.

Anders liegen die Verhältnisse bei Tieren, wo Individuen ohne den Bestandteil *A* (Gruppe *O*) manchmal Anti-*A* enthalten, ein anderes Mal nicht. Ich konnte mit Przesmycki diese Befunde bei Pferden, meine Mitarbeiter Białosuknia und Kączkowski bei Hammeln, außerdem Szymanowski und Wachler bei Schweinen erheben. Es existieren somit Tiere der Gruppe *O*, von denen manche Anti-*A* enthalten, andere nicht, so daß hier Kreuzung von differenten Merkmalsträgern möglich war. Szymanowski und Wachler publizierten nun folgende interessante Stammbäume von 5 Schweinefamilien:

Tabelle 109.

	I	II	III	IV	V
Vater	*O* Anti-*A*	*O* Anti-*A*	*O* Anti-*A*	*O* Anti-*A*	*O* Anti-*A*
Mutter	*O* Anti-*A*	*O* Anti-*A*	*A*	*O* Anti-*A*	*O*
Kind I	*O*	*O* Anti-*A*	*A*	*O* Anti-*A*	*O*
„ II	*O* Anti-*A*	*O* Anti-*A*	*O*	*O* Anti-*A*	*O* Anti-*A*
„ III	*O* Anti-*A*	*O* Anti-*A*	*A*		
„ IV	*O*	*O* Anti-*A*	*O* Anti-*A*		
„ V	*O*	*O*			
„ VI	*O* Anti-*A*	*O* Anti-*A*			
„ VII		*O*			
„ VIII		*O* Anti-*A*			
„ IX					
„ X					

Diese Befunde, zwar gering an der Zahl, könnten im Sinne der konstitutionellen Bedingtheit der Isoantikörper gedeutet werden. Nun verfüge ich über größere Versuchsreihen von Kączkowski, der an der Zuchtabteilung des Agrikulturinstitutes in Pulawy unter Leitung von Professor Prawocheński bei Hammeln zahlreiche Kreuzungen angesetzt hat.

Tabelle 110.

Gruppen der Eltern		Kinder						Junge Zusammen
		A		*O* Anti-*A*		*O* ohne Anti-*A*		
Vater	Mutter	Absolut	%	Absolut	%	Absolut	%	
A	*A*	17	89,5	—	—	2	10,5	19
O Anti-*A*	*A*	3	100	—	—	—	—	3
O	*A*	37	97,4	1	2,6	—	—	38
A	*O* Anti-*A*	10	90,9	—	—	1	9,1	11
O Anti-*A*	*O* Anti-*A*	—	—	6	85,7	1	14,3	7
O	*O* Anti-*A*	—	—	17	100			17
A	*O*	12	100					12
O Anti-*A*	*O*	—	—	2	100			2
O	*O*	—	—	—	—	105	100	105
Zusammen								214

Diese Versuche mußten leider aus äußeren Gründen unterbrochen werden, ihre Fortsetzung wäre aber von großer Wichtigkeit, da sie uns leichter als Versuche mit Antikörpern gegen infektionstüchtige Antigene über die näheren Gesetzmäßigkeiten der Vererbung der normalen Antikörper orientieren könnten. Wir sehen jedenfalls, daß die Fähigkeit oder Unfähigkeit, bestimmte Antikörper zu bilden, nicht nur an den Mangel eines zugehörigen Receptors im Blute gebunden ist. Innerhalb der *O*-Gruppe existieren Tiere mit und ohne Anti-*A* und da nun die letzten anscheinend keine Nachkommenschaft mit Anti-*A* gezeugt haben, so liegt der Gedanke nahe, daß der Mangel der Isoantikörper recessiv und ihr Vorhandensein dominant ist. Wir sehen demnach, daß die Abwesenheit eines Isoantikörpers von zwei verschiedenen Faktoren abhängig sein kann: ihr Mangel ist einerseits an die Anwesenheit der isoagglutinablen Substanz, also an eine dominante Eigenschaft gebunden, anderseits scheint ihr Mangel innerhalb der *O*-Gruppe sich recessiv zu vererben. Wir sehen, wie kompliziert die Probleme sich darstellen können. Falls uns das Wesen der Isoantikörper unbekannt wäre und wir ihre Anwesenheit an irgendwelcher physiologischen oder pathologischen Wirkung, etwa Hautreaktion od. dgl., erkennen müßten, so würden wir dann evtl. feststellen können, daß der Mangel einmal recessiv, ein anderes Mal dominant ist.

Wie vererben sich aber diejenigen Antikörper, die gegen Krankheitserreger gerichtet sind? Das Wesen der normalen Immunität ist bei den meisten Krankheiten unbekannt. Wollen wir daher diejenigen Krankheiten betrachten, die, wie erwähnt, sich noch am ehesten für eine exakte Analyse eignen, nämlich Diphtherie und Scharlach. Trotz der relativ übersichtlichen Art der Immunität ist eine präzise Beantwortung der Frage außerordentlich schwierig, denn wir haben hier mit Eigenschaften zu tun, die sich in ständiger Wechselwirkung mit der Außenwelt befinden. Das Prinzip der Diphtherieimmunität beruht in erster Linie darauf, daß unempfängliche Individuen ein normales Antitoxin enthalten. Doch liegen hier bereits bemerkenswerte Angaben von v. Groer vor, daß bei neugeborenen Schick-negativen Kindern manchmal das Serum keine Antitoxine enthält. In solchen Fällen liegt die Erklärung nahe, daß die Schick-Negativität auf einer mangelnden Affinität der Zellen zum Toxin beruht. Auch bei der negativen Dickschen Reaktion spielt nach Brokman eine Anergie der Haut manchmal eine Rolle. Die biochemische Differenzierung der Zellen, die sich in der Ausbildung bestimmter Affinitäten äußert, hat ihre eigenen meist unbekannten Wachstumsgesetze. Zu all diesen multiplen wahrscheinlich konstitutionellen Faktoren gesellt sich noch der Einfluß der Umwelt hinzu. Es ist wahrscheinlich, daß eine starke Infektion selbst bei einer relativ schwachen, spezifischen Reaktionsfähigkeit den Organismus zu einer Antikörperbildung sozusagen zwingen kann, während im Gegenteil eine gute Anlage vielleicht nicht zur Entwicklung gelangt, wenn ein adäquater Reiz vollkommen fehlt. Die exakten Arbeiten von Zingher zeigten, daß in Proletarierkreisen, wo die Durchseuchung stärker ist, der Prozentsatz Schick-negativer Individuen höher ist. In unserem Institut wurden diese Tatsachen bei der Schickschen und Dickschen Reaktion bestätigt. (Brokman, Hirszfeld, Mayzner und Przesmycki, Celarek und Sparrow. Die Beobachtungen beziehen sich auf über 30 000 Individuen.) All diese Überlegungen zeigen, daß das Wesen der Empfänglichkeit für Infektionskrankheiten als ein dynamisches aufzufassen ist. Es ist daher kein Wunder, daß ein so erfahrener Forscher wie Zingher, der sich 1917 die Frage vorlegte, ob die Schick-Positivität konstitutionell ist und sich nach dem Mendelschen Gesetz vererbt, später mehr an exogene Momente dachte und glaubte, daß wiederholte Infektionen Menschen immunisieren und sie schließlich Schick-negativ machen. v. Groer, Schick und Kassowitz haben dagegen mit bewundernswerter Intuition den Einfluß konstitutioneller Momente unterstrichen, später auch Weil und Rist, Brokman und Barański. Ich habe, um dem Problem näher zu treten, mit Frau Dr. Hirszfeld und Dr. Brokman Familienuntersuchungen angesetzt, wobei wir jedoch nicht nur eine bestimmte Reaktionsfähigkeit, sondern auch die Blutgruppen bei den Eltern und Kindern untersuchten. Unsere erste Mitteilung umfaßte 42 Familien. Ich habe dann mit meiner Frau innerhalb von drei Jahren weitere Erfahrungen gesammelt, so daß wir gegenwärtig über 116 Familien, bei welchen die Schicksche, und 55 Familien, bei welchen die Dicksche Reaktion angesetzt wurde, verfügen. Da es sich hier um den Beginn einer Arbeitsrichtung handelt und damit die einzelnen Stammbäume noch einer eingehenden Analyse unterworfen werden könnten, möchte ich sie wiedergeben, und zwar ganz unabhängig davon, ob eine Blutgruppen- und Reaktionsdiskordanz vorhanden war oder nicht.

Tabelle 111. Die Vererbung der Schickschen und Dickschen Reaktion im Zusammenhang mit der Blutgruppe. (Zeichenerklärung: V = Vater; M = Mutter; S = Sohn; T = Tochter; B = bürgerlich; L. P. = ländliches Proletariat; St. P. = städtisches Proletariat; + positiv; — negativ.)

Nr.		Alter	Gruppe	Schick	Dick	Nr.		Alter	Gruppe	Schick	Dick
Demb.	V.	31	*0*	—		Sier.	V.	34	*0*	+	—
B.	M.	30	*0*	—		B.	M.	34	*0*	—	+
	T.	2	*0*	+			S.	2	*0*	+	+
	T.	4	*0*	—			S.	8	*0*	+	—

Nr.		Alter	Gruppe	Schick	Dick
12	V.	44	*O*	—	
L. P.	M.	44	*O*	—	
	S.	4	*O*	—	
	T.	7	*O*	—	
	S.	11	*O*	—	
3	V.	41	*O*	—	
S. P.	M.	36	*O*	—	
	T.	3	*O*	+	
	S.	6	*O*	—	
	S.	11	*O*	—	
	T.	18	*O*	—	
Demb.	V.	63	*O*	—	
B.	M.	60	*O*	—	
	T.	29	*O*	—	
	T.	31	*O*	—	
	S.	32	*O*	—	
	S.	34	*O*	—	
	S.	35	*O*	—	
9	V.	35	*O*		±
B.	M.	32	*O*		+
	S.	4	*O*		+
	T.	5	*O*		+
6	V.	37	*O*		+
B.	M.	36	*O*		+
	S.	5	*O*		+
	T.	10	*O*		+
14	V.	37	*O*	+	
L. P.	M.	34	*O*	+	
	S.	7	*O*	+	
	T.	10	*O*	+	
	T.	13	*O*	+	
Brok.	V.	74	*O*	—	
V.	M.	71	*O*	+	
	T.	32	*O*	—	
	S.	36	*O*	—	
	T.	42	*O*	—	
	S.	44	*O*	—	
1	V.	27	*O*		—
B.	M.	22	*O*		+
	S.	1	*O*		+
	T.	2	*O*		+
10	V.	40	*O*		+
B.	M.	40	*O*		—
	T.	5	*O*		+

Nr.		Alter	Gruppe	Schick	Dick
Kiet.	V.	43	*O*	—	
B.	M.	35	*O*	—	
	T.	5	*O*	—	
	T.	7	*O*	—	
	T.	9	*O*	—	
4	V.	21	*O*	—	
S. P.	M.	24	*O*	—	
	T.	1	*O*	±	
2	V.	40	*O*		—
B.	M.	34	*O*		—
	T.	8	*O*		+
	S.	13	*O*		+
15	V.	40	*O*	—	
L. P.	M.	40	*O*	—	
	T.	3	*O*	—	
	T.	4	*O*	+	
	S.	6	*O*	—	
	S.	19	*O*	—	
5	V.	44	*O*	—	
S. P.	M.	42	*O*	—	
	S.	2	*O*	+	
	T.	4	*O*	—	
	T.	4	*O*	—	
	T.	7	*O*	—	
	S.	10	*O*	—	
	T.	14	*O*	—	
	T.	16	*O*	—	
	T.	18	*O*	—	
Funk	V.	40	*O*	+	+
B.	M.	28	*O*	+	+
	T.	2	*O*		+
	S.	10	*O*	+	+
8	V.	35	*O*		+
B.	M.	30	*O*		+
	T.	3	*O*		+
	T.	5	*O*		+
	T.	7	*O*		+
Ros.	V.	62	*O*	+	
B.	M.	58	*O*	+	
	T.	30	*O*	+	
	T.	31	*O*	+	
	T.	32	*O*	+	
11	V.	56	*O*		—
B.	M.	34	*O*		±
	T.	7	*O*		±
	T.	10	*O*		+
	T.	13	*O*		±
	T.	14	*O*		±

Nr.		Alter	Gruppe	Schick	Dick
7	V.	39	O		—
B.	M.	30	O		±
	S.	2	O		±
	T.	5	O		+
	S.	8	O		+
13	V.	50	O	—	
L. P.	M.	29	O	+	
	S.	5	O	+	
	T.	6	O	+	
Bor.	V.	52	A	—	
S. P.	M.	39	A	—	
	S.	2	A	+	
	S.	6	O	—	
	T.	7	A	—	
	S.	9	A	—	
	S.	10	O	—	
	S.	12	A	—	
	S.	15	A	—	
45	V.	46	A		—
B.	M.	40	A		—
	S.	3	A		+
	T.	9	A		—
	S.	12	A		+
	T.	17	A		—
	T.	21	A		—
54	V.	45	A	—	
L. P.	M.	35	A	—	
	T.	4	A	—	
	S.	6	A	—	
	T.	13	A	—	
	T.	14	A	—	
	S.	17	A	—	
58	V.	49	A	—	
L. P.	M.	44	A	—	
	S.	4	A	—	
	T.	12	A	—	
	T.	18	A	—	
60	V.	52	A	—	
L. P.	M.	48	A	—	
	S.	10	A	+	
	T.	14	A	—	
	T.	16	O	—	
64	V.	26	A	—	
L. P.	M.	26	A	—	
	S.	2	A	+	
	T.	3	A	+	
	T.	3	O	+	
Bych.	V.	58	A	—	
B.	M.	48	A	—	
	T.	17	A	+	
	S.	29	A	—	

Nr.		Alter	Gruppe	Schick	Dick
51	V.	29	A	—	
S. P.	M.	29	A	—	
	S.	5	A	—	
	T.	10	A	—	
53	V.	33	A	—	—
B.	M.	32	A	—	+
	S.	1	A	+	—
	T.	3	A	+	+
46	V.	43	A		+
B.	M.	39	A		+
	S.	10	A		+
	T.	12	A		+
	S.	15	A		+
	T.	17	A		+
48	V.	43	A		+
B.	M.	40	A		+
	T.	10	A		+
	T.	14	A		+
	T.	18	O		+
62	V.	44	A	—	
L. P.	M.	30	A	—	
	T.	2	A	+	
	S.	3	A	—	
	S.	6	A	±	
	S.	8	A	—	
	S.	12	A	—	
	S.	20	O	—	
50	V.	40	A	—	
L. P.	M.	38	A	—	
	T.	3	A	+	
	T.	8	A	—	
	T.	11	A	—	
	T.	13	O	—	
	T.	15	A	—	
55	V.	48	A	—	
L. P.	M.	39	A	—	
	T.	3	O	—	
	S.	13	O	—	
	S.	16	O	—	
	T.	18	O	—	
59	V.	52	A	—	
L. P.	M.	42	A	—	
	T.	5	A	—	
	S.	8	A	—	
	S.	11	A	—	
61	V.	45	A	—	
L. P.	M.	35	A	—	
	S.	3	A	—	
	S.	9	A	—	
	S.	14	A	—	

Nr.		Alter	Gruppe	Schick	Dick
66	V.	46	*A*	—	
L. P.	M.	40	*A*	—	
	T.	4	*A*	+	
	T.	6	*A*	+	
	T.	13	*A*	—	
65	V.	47	*A*	—	
L. P.	M.	39	*A*	—	
	S.	17	*A*	—	
	T.	20	*A*	—	
63	V.	40	*A*	—	
L. P.	M.	25	*A*	—	
	T.	2	*A*	+	
	T.	4	*A*	+	
57	V.	25	*A*	—	
L. P.	M.	23	*A*	—	
	S.	2	*A*	±	
	T.	4	*A*	—	
47	V.	47	*A*		+
B.	M.	32	*A*		+
	T.	4	*A*		+
	S.	6	*A*		+
	S.	8	*A*		+
Szym.	V.	50	*A*	+	
	M.	49	*A*	+	
	T.	13	*A*	+	
67	V.	52	*A*	—	
L. P.	M.	45	*A*	±	
	S.	7	*A*	±	
	T.	10	*O*	—	
	S.	12	*O*	—	
	T.	14	*A*	—	
	T.	16	*O*	—	
	S.	20	*A*	—	
49	V.	34	*A*		+
B.	M.	30	*A*		—
	T.	3	*A*		+
	S.	4	*A*		+
	S.	7	*A*		—
	S.	11	*A*		+

Nr.		Alter	Gruppe	Schick	Dick
Dob.	V.	37	*A*	—	
B.	M.	31	*A*	+	
	T.	3	*A*	—	
	T.	9	*A*	+	
Kot.	V.	45	*A*	—	
B.	M.	37	*A*	+	
	S.	9	*A*	—	
109	V.	35	*AB*	—	
L. P.	M.	34	*AB*	—	
	T.	3	*B*	+	
	T.	5	*B*	±	
	S.	7	*AB*	—	
	S.	15	*AB*	—	
107	V.	38	*AB*	—	
S. P.	M.	36	*AB*	—	
	T.	16	*AB*	—	
50	V.	40	*A*		—
B.	M.	40	*A*		+
	T.	3	*O*		+
	T.	5	*A*		+
	S.	11	*O*		—
	T.	14	*A*		—
Wol.	V.	47	*A*	+	
B.	M.	38	*A*	—	
	T.	6	*A*	+	
	T.	9	*A*	+	
Szw.	V.	32	*A*	+	
B.	M.	27	*A*	—	
	T.	3	*O*	+	
Bak.	V.	31	*A*	—	
S. P.	M.	26	*A*	±	
	S.	2	*A*	±	
110	V.	33	*AB*	—	
S. P.	M.	35	*AB*	±	
	S.	8 M.	*B*	±	
	S.	3	*AB*	—	
108	V.	30	*AB*	—	
L. P.	M.	28	*AB*	—	
	T.	2	*AB*	+	
	S.	4	*AB*	—	

Eltern mit Blutgruppendiskordanz.

Nr.		Alter	Gruppe	Schick	Dick
Mer.	V.	59	*O*	—	
B.	M.	57	*A*	—	
	T.	12	*A*	—	
	T.	16	*A*	—	
	T.	25	*O*	—	
	S.	27	*O*	—	
	S.	32	*A*	—	

Nr.		Alter	Gruppe	Schick	Dick
17	V.	42	*O*		—
B.	M.	38	*A*		—
	S.	8	*A*		+
	T.	10	*A*		+
	T.	12	*A*		—
	T.	14	*O*		—

Nr.		Alter	Gruppe	Schick	Dick
24	V.	51	O	—	
L. P.	M.	41	A	—	
	T.	7	A	—	
	T.	12	A	—	
	S.	15	O	—	
Wert	V.	70	O	—	
B.	M.	60	A	—	
	T.	35	A	+	
	S.	36	O	+	
	T.	37	A	+	
Dr. Lu.	V.	60	O	—	
B.	M.	50	A	—	
	T.	24	A	—	
	S.	27	A	—	
	T.	31	A	—	
	S.	32	A	—	
26	V.	40	O	—	
L. P.	M.	40	A	—	
	T.	5	A	—	
	T.	8	A	—	
	T.	13	A	—	
	T.	14	O	—	
25	V.	52	O	—	
L. P.	M.	42	A	—	
	T.	6	A	—	
	S.	8	O	—	
	S.	12	O	—	
16	V.	30	O		—
B.	M.	31	A		—
	S.	3	A		+
	T.	7	A		+
Dr. Sw.	V.	45	O	—	
B.	M.	38	A	—	
	S.	1	O	—	
	S.	6	A	—	
Dr. H.	V.	39	O	—	—
B.	M.	39	A	—	—
	T.	4	A	+	—
Kart.	V.	39	O	—	
S. P.	M.	37	A	+	
	T.	2	A	+	
	S.	3	O	—	
	T.	11	O	—	
	T.	12	O	—	
	T.	13	A	+	
23	V.	42	O		—
B.	M.	40	A		+
	S.	4	A		+
	T.	7	A		+
	S.	10	A		+
	S.	12	O		—
21	V.	47	O		—
B.	M.	35	A		+
	S.	5	A		+
	S.	8	A		+
	T.	12	O		—
Dr. S.	V.	52	O	—	+
B.	M.	36	A	+	+
	T.	10	A	+	+
	S.	13	O	+	+
Dr. End.	V.	50	O	—	—
B.	M.	35	A	+	—
	S.	10	A	+	±
	S.	15	A	+	—
22	V.	34	O		±
B.	M.	38	A		—
	T.	7	O		+
	S.	8	A		—
	T.	9	O		+
28	V.	37	O	—	
S. P.	M.	27	O	—	
	S.	7	A	—	
27	V.	34	O	±	
S. P.	M.	31	A	±	
	S.	1	O	+	
	T.	7	O	+	
20	V.	43	O		+
B.	M.	33	A		—
	T.	2	A		+
	S.	4	A		+
	S.	7	O		—
	T.	11	O		+
	S.	12	A		—
19	V.	45	O		—
B.	M.	42	A		+
	T.	4	O		—
	T.	8	A		+
	T.	10	A		+
18	V.	50	O		—
B.	M.	43	A		+
	S.	4	O		—
	T.	8	A		+
	T.	10	A		+
K. Br.	V.	44	O	—	
B.	M.	36	A	+	
	T.	6	A	+	
	T.	13	A	+	
Fr.	V.	34	O	+	
B.	M.	30	A	—	
	T.	3	A	—	
	T.	8	A	—	

Nr.		Alter	Gruppe	Schick	Dick
39	V.	40	*A*	—	
L. P.	M.	39	*O*	—	
	S.	3	*O*	+	
	T.	6	*A*	+	
	S.	10	*A*	—	
	T.	13	*O*	—	
	T.	14	*O*	—	
29	V.	44	*A*	—	
S. P.	M.	35	*O*	—	
	T.	7	*A*	—	
	T.	10	*O*	—	
	S.	12	*O*	—	
	T.	13	*A*	—	
38	V.	42	*A*	—	
L. P.	M.	40	*O*	—	
	S.	2	*O*	+	
	T.	7	*A*	—	
	T.	10	*O*	—	
	T.	13	*A*	—	
41	V.	30	*A*	—	
L. P.	M.	30	*O*	—	
	S.	3	*O*	—	
	S.	7	*A*	—	
	S.	9	*A*	—	
36	V.	29	*A*	—	
L. P.	M.	25	*O*	—	
	T.	3	*O*	+	
	T.	5	*A*	—	
P.	V.	39	*A*	—	
B.	M.	33	*O*	—	
	T.	3	*A*	—	
	T.	6	*A*	+	
43	V.	46	*A*		—
B.	M.	35	*O*		—
	T.	11	*O*		—
42	V.	30	*A*		±
B.	M.	30	*O*		+
	S.	3	*A*		+
	S.	7	*O*		+
	T.	9	*A*		+
Fei.	V.	39	*A*	+	+
B.	M.	33	*O*	+	—
	T.	4	*O*	—	+
	S.	9	*A*		+
32	V.	31	*A*		+
B.	M.	31	*O*		—
	S.	4	*A*		+
	S.	8	*O*		—
	T.	10	*A*		+

Nr.		Alter	Gruppe	Schick	Dick
31	V.	31	*A*	—	
S. P.	M.	27	*O*	±	
	T.	10 M.	*A*	+	
	S.	3	*O*	—	
	S.	5	*A*	—	
34	V.	52	*A*	—	
L. P.	M.	44	*O*	—	
	T.	2	*A*	+	
	T.	4	*O*	+	
	S.	6	*A*	—	
	T.	12	*O*	—	
	S.	16	*O*	—	
37	V.	40	*A*	—	
L. P.	M.	36	*O*	—	
	T.	6	*A*	—	
	S.	7	*O*	±	
	T.	12	*O*	±	
	T.	17	*A*	—	
40	V.	37	*A*	—	
L. P.	M.	34	*O*	—	
	T.	10	*A*	+	
	T.	13	*A*	—	
	S.	16	*A*	—	
35	V.	46	*A*	—	
L. P.	M.	43	*O*	—	
	T.	3	*A*	+	
	T.	13	*A*	—	
Dem.	V.	35	*A*	—	
B.	M.	34	*O*	—	
	S.	2	*O*	+	
	S.	3	*O*	—	
30	V.	27	*A*	—	
S. P.	M.	27	*O*	—	
	S.	2	*O*	—	
Str.	V.	29	*A*	—	
B.	M.	30	*O*	—	
	T.	4	*A*	—	
44	V.	35	*A*		+
B.	M.	32	*O*		+
	S.	3	*O*		+
	S.	4	*O*		+
Dr. W.	V.	36	*A*	+	
B.	M.	34	*O*	—	
	T.	4	*A*	+	
	T.	8	*A*	+	
	S.	10	*A*	+	
37	V.	43	*A*	+	
L. P.	M.	42	*O*	—	
	S.	6	*A*	+	
	S.	12	*A*	+	

Nr.		Alter	Gruppe	Schick	Dick
Dr. Jas.	V.	46	*A*	—	
B.	M.	40	*O*	+	
	S.	10	*A*	+	
	T.	12	*O*	+	
70	V.	45	*O*	—	
S. P.	M.	34	*B*	—	
	T.	$1^1/_2$	*B*	—	
	T.	9	*B*	—	
	S.	12	*O*	—	
Piw.	V.	39	*O*	—	
S. P.	M.	46	*B*	—	
	T.	5	*O*	—	
L—e.	V.	58	*O*	+	
B.	M.	42	*B*	+	
	S.	21	*B*	+	
	S.	23	*B*	+	
69	V.	45	*O*		—
B.	M.	40	*B*		+
	T.	2	*O*		+
	T.	6	*O*		+
	T.	10	*O*		+
Demb.	V.	32	*O*	—	
B.	M.	27	*B*	+	
	T.	2	*O*	—	
	T.	6	*B*	+	

Nr.		Alter	Gruppe	Schick	Dick
Win.	V.	53	*O*	+	
B.	M.	50	*B*	—	
	S.	12	*O*	+	
	S.	14	*B*	—	
	T.	19	*O*	+	
Dr. L.	V.	37	*O*	—	
B.	M.	35	*B*	—	
	S.	6	*B*	—	
	T.	10	*O*	+	
71	V.	36	*O*		+
B.	M.	25	*B*		+
	S.	2	*B*		+
L—y.	V.	41	*O*	+ ?	+
B.	M.	38	*B*	+ ?	+
	S.	14	*O*	+	+
	T.	17	*O*	+	+
72	V.	36	*O*		—
B.	M.	30	*B*		+
	S.	2	*B*		+
	S.	4	*O*		—
	S.	6	*O*		+
Dr. H.	V.	42	*O*	+	
B.	M.	38	*B*	—	
	T.	7	*O*	+	
	S.	9	*B*	—	

Nr.		Alter	Gruppe	Schick	Dick
Jur.	V.	80	*B*	—	
B.	M.	62	*O*	—	
	S.	23	*AB*	+	
	T.	27	*O*	—	
	S.	32	*B*	—	
73	V.	46	*B*	—	
L. P.	M.	43	*O*	±	
	T.	4	*O*	+	
	T.	12	*O*	+	
	S.	15	*B*	—	
	T.	16	*B*	—	

Nr.		Alter	Gruppe	Schick	Dick
75	V.	31	*B*		—
B.	M.	33	*O*		+
	S.	5	*O*		+
	T.	8	*B*		+
74	V.	28	*B*		—
B.	M.	29	*O*		+
	S.	3	*B*		—
	S.	4	*O*		+
	T.	6	*O*		+

Nr.		Alter	Gruppe	Schick	Dick
78	V.	34	*A*	—	
L. P.	M.	33	*B*	—	
	T.	3	*O*	—	
	S.	6	*B*	—	
	T.	7	*A*	—	
	S.	11	*AB*	—	
80	V.	37	*A*	—	
L. P.	M.	33	*B*	—	
	S.	7	*O*	—	
	S.	10	*A*	+	
	T.	12	*A*	—	

Nr.		Alter	Gruppe	Schick	Dick
79	V.	43	*A*	—	
L. P.	M.	41	*B*	—	
	T.	3	*B*	±	
	S.	6	*B*	+	
	T.	14	*AB*	—	
	T.	19	*AB*	—	
82	V.	36	*A*		—
B.	M.	35	*B*		—
	S.	1	*B*		—
	T.	5	*AB*		—
	S.	10	*B*		—

Nr.		Alter	Gruppe	Schick	Dick
83	V.	43	*A*	—	
S. P.	M.	41	*B*	—	
	S.	8	*AB*	—	
	S.	10	*A*	—	
	T.	13	*O*	—	
77	V.	40	*A*		—
B.	M.	35	*B*		—
	T.	—	*AB*		+
	S.	—	*AB*		+
81	V.	42	*A*		+
B.	M.	38	*B*		—
	S.	5	*A*		—
	S.	10	*AB*		+

Nr.		Alter	Gruppe	Schick	Dick
76	V.	34	*A*		—
B.	M.	34	*B*		—
	S.	2	*A*		+
	S.	3	*B*		+
Lac.	V.	43	*A*	+	—
B.	M.	39	*B*	—	—
	T.	13	*A*	+	+

Nr.		Alter	Gruppe	Schick	Dick
Luc.	V.	42	*B*	—	
S. P.	M.	36	*A*	—	
	S.	$1\frac{1}{2}$	*AB*	+	
	T.	5	*AB*	+	
	S.	9	*B*	—	
	T.	11	*AB*	—	
	S.	14	*B*	—	
91	V.	40	*B*	—	
L. P.	M.	38	*A*	—	
	T.	4	*A*	+	
	T.	6	*AB*	+	
	S.	14	*B*	±	
84	V.	47	*B*		—
B.	M.	35	*A*		+
	S.	5	*A*		+
	S.	11	*O*		+
	T.	13	*A*		—
87	V.	40	*B*		—
B.	M.	35	*A*		+
	S.	12	*A*		+
	S.	14	*A*		+
	S.	15	*B*		—
86	V.	43	*B*		+
B.	M.	36	*A*		—
	T.	7	*AB*		+
	T.	12	*AB*		—

Nr.		Alter	Gruppe	Schick	Dick
89	V.	64	*B*	—	
L. P.	M.	51	*A*	—	
	T.	8	*B*	—	
	T.	12	*B*	—	
	S.	16	*B*	+	
	T.	21	*A*	—	
	S.	27	*O*	—	
Ad.	V.	36	*B*	—	
S. P.	M.	37	*A*	—	
	S.	7	*A*	—	
85	V.	54	*B*		—
B.	M.	42	*A*		+
	T.	10	*AB*		+
	T.	12	*AB*		—
	S.	13	*O*		—
88	V.	52	*B*		+
B.	M.	46	*A*		—
	T.	7	*B*		—
	S.	13	*B*		—
	S.	16	*AB*		—

Nr.		Alter	Gruppe	Schick	Dick
95	V.	45	*O*	—	
S. P.	M.	41	*AB*	—	
	T.	4	*B*	+	
	S.	6	*B*	+	
	T.	10	*A*	—	
	S.	15	*A*	—	
93	V.	47	*O*	—	
L. P.	M.	48	*AB*	—	
	S.	6	*A*	±	
	S.	11	*B*	—	
	S.	15	*A*	—	

Nr.		Alter	Gruppe	Schick	Dick
92	V.	35	*O*	—	
S. P.	M.	38	*AB*	—	
	T.	3	*AB*	±	
	T.	7	*O*	—	
	S.	13	*AB*	—	
94	V.	46	*O*	—	
L. P.	M.	45	*AB*	—	
	T.	6	*B*	—	
	T.	10	*B*	+	
	S.	13	*B*	—	

Nr.		Alter	Gruppe	Schick	Dick
96	V.	39	*AB*		—
B.	M.	33	*O*		—
	S.	7	*B*		+
Kos.	V.	49	*AB*	—	
B.	M.	46	*O*	+	
	T.	17	*A*	—	
	T.	21	*A*	—	
101	V.	44	*A*	—	
L. P.	M.	36	*AB*	—	
	S.	8	*A*	—	
	T.	13	*B*	—	
	S.	16	*A*	—	
	T.	18	*AB*	—	
100	V.	36	*A*		±
B.	M.	32	*AB*		+
	T.	4	*A*		+
	S.	5	*B*		+
	S.	8	*B*		+
98	V.	40	*A*		+
B.	M.	42	*AB*		—
	S.	2	*B*		+
	T.	5	*AB*		+
	S.	6	*AB*		+
	S.	12	*B*		—
	S.	14	*A*		+
	T.	15	*AB*		—
102	V.	40	*A*	—	
L. P.	M.	38	*AB*	—	
	T.	13	*AB*	±	
	T.	16	*AB*	±	
97	V.	30	*A*		+
B.	M.	27	*AB*		—
	T.	1	*A*		+
99	V.	45	*A*		+
B.	M.	35	*AB*		—
	T.	5	*A*		—
	S.	7	*B*		—
	T.	11	*A*		—
103	V.	45	*AB*		—
B.	M.	40	*A*		—
	S.	4	*A*		+
	T.	9	*B*		+
	T.	15	*B*		+
	S.	17	*A*		±
104	V.	35	*AB*		+
B.	M.	35	*A*		—
	T.	8	*AB*		+
105	V.	62	*AB*	—	
L. P.	M.	56	*A*	—	
	S.	16	*B*	—	
	S.	19	*B*	—	
	T.	23	*B*	—	
106	V.	38	*B*	±	
L. P.	M.	37	*AB*	—	
	T.	3	*AB*	+	
	S.	7	*A*	±	
	T.	16	*B*	—	
	S.	16	*AB*	—	

Fassen wir das Ergebnis zunächst ohne Rücksicht auf die Blutgruppe zusammen:

Tabelle 112. Vererbung der Diphtherieimmunität.

Ergebnis der Schick-Reaktion	Beide Eltern positiv	Ein Elter positiv Ein negativ	Beide Eltern negativ	Zusammen
Zahl der Familien	8	26	82	116
Kinder positiv.	14—93%	36—56%	67—29%	117
Kinder negativ	1—7%	28—44%	161—71%	190
Kinder zusammen	15	64	228	307

Die Vererbung der Scharlachimmunität demonstriert folgende Tabelle:

Tabelle 113. Vererbung der Dickschen Reaktion.

Ergebnis der Dick-Reaktion	Beide Eltern positiv	Ein Elter positiv Ein negativ	Beide Eltern negativ	Zusammen
Zahl der Familien	13	29	13	55
Kinder positiv.	32—100%	55—64,7	19—38%	106
Kinder negativ		30—35,3	31—62%	61
Kinder zusammen	32	85	50	167

Die Versuche ergeben demnach, daß, falls beide Eltern Schick-positiv sind, so sind Kinder fast immer Schick-positiv; falls beide Eltern negativ sind, so finden wir ungefähr $^1/_3$ Schick-positiver Kinder. Falls der eine Elter positiv ist, der andere negativ, so findet man etwas mehr wie die Hälfte positiver Kinder. Ähnliche Befunde wurden bei der Dickschen Reaktion erhoben. Unsere Versuche schienen zu ergeben, daß die Anzahl positiver Kinder selbst in Familien, wo beide oder ein Elter negativ ist, im Proletariat niedriger ist. Ich gebe die letzten Befunde unter dem Vorbehalt, daß sie am größeren Material bestätigt werden; dagegen scheint uns das familiäre Vorkommen einer bestimmten Schick- bzw. Dickreaktion unverkennbar. Wir haben zusammen 21 Familien mit 47 Kindern, wo beide Eltern Schick- bzw. Dick-positiv sind und wir sehen, daß bis auf eins alle Kinder positiv sind und daß die Anzahl positiver Kinder abnimmt, wenn der eine Elter positiv, der andere negativ ist und schließlich am geringsten wird, wenn beide Eltern negativ sind. Dies wird natürlich teilweise auf dem Einfluß des Milieus beruhen. Die spezifischen und unspezifischen Reize vermindern die Anzahl der positiven sowohl bei den Eltern wie bei den Kindern. Die äußeren Faktoren können aber unmöglich allein den Tatbestand erklären. Schon epidemiologische Beobachtungen sprechen dagegen. So z. B. sehen wir bei der armen Bevölkerung, die im ständigen Kontakt miteinander lebt, wo die Kinder in dieselbe Schule gehen usw. einzelne Familien, in denen alle Mitglieder positiv sind. Um aber diese epidemiologischen Beobachtungen zu vertiefen, haben wir bei Familien die Gruppenzugehörigkeit und eine bestimmte Reaktionsfähigkeit notiert. Unser Material umfaßt 26 Familien, bei welchen der eine Elter die Gruppe *A* oder *B* aufwies, der andere die Gruppe *O* und wobei die Differenzen in bezug auf die Dicksche oder Schicksche Reaktion vorhanden waren. Diese Familien stelle ich in einer Übersichtstabelle zusammen, wobei wir folgende 2 Gruppen unterscheiden: a) Ein Elter *A* oder *B* und Schick- bzw. Dick-positiv, der andere *O* und Schick- bzw. Dick-negativ und umgekehrt.

Tabelle 114.

Eltern	*A*- oder *B*-Schick-positiv *O*-Schick-negativ		*A*- oder *B*-Schick-negativ *O*-Schick-positiv		*A*- oder *B*-Dick-positiv *O*-Dick-negativ		*A*- oder *B*-Dick-negativ *O*-Dick-positiv	
	Kinder				Kinder			
	positiv	negativ	positiv	negativ	positiv	negativ	positiv	negativ
A oder *B*	13	—	2	9	13	—	3	3
O	1	4	6	1	5	6	6	1
zusammen	14	4	8	10	18	6	9	4
Zahl der Familien	7		7		8		4	

Die Tabelle zeigt, daß Kinder *A* oder *B*, die von positiven Eltern der betreffenden Gruppe stammen, stets positiv waren (13 Fälle); das gleiche finden wir bei der Dickschen Reaktion (13 Fälle). Die *O*-Kinder in diesen Ehen sind dagegen positiv oder negativ, wenn auch häufiger negativ (1 positiv, 4 negativ bzw. 5 positiv, 6 negativ). Umgekehrt: sind die Eltern *A* oder *B* Schick-negativ und *O*-positiv, so war die überwiegende Zahl der *A*- oder *B*-Kinder Schick-negativ (9 negative gegen 2 positive), die *O*-Kinder dagegen meistens Schick-positiv (6 positive gegen 1 negatives). Bei der Dickschen Reaktion sind *A*- oder *B*-Kinder, die von negativen *A*- oder *B*-Eltern stammen, zur Hälfte positiv, die *O*-Kinder dann meistens positiv (6 positive, 1 negatives).

Die Versuche ergeben somit, daß innerhalb aller Gruppen sowohl positive wie negative Individuen auftreten, daß somit die Eigenschaften *A* und *B* an sich weder Empfänglichkeit noch Immunität bedingen. Falls aber ein Elter *A*- oder *B*-positiv ist, der andere *O*-negativ, so sieht man, daß bei den Kindern eine bestimmte Reaktionsfähigkeit meistens der Gruppe folgt. Mit anderen Worten, wir sehen, daß bei der Vererbung die Positivität bzw. Negativität an die Gruppe bis zu einem gewissen Grade gebunden ist, trotzdem an sich diese Eigenschaften die Blutgruppen nicht charakterisieren. Die wahrscheinliche Deutung solcher Befunde ist nun nach dem gegenwärtigen Stande der Forschung die, daß die Positivität oder Negativität konstitutionell bedingt sind und von Erbfaktoren abhängig, die irgendwie an die Gene *A* und *B* bzw. ihre Allelomorphen gebunden sind; es liegt nahe, im Sinne von Morgan dies auf die territoriale Nähe der Erbfaktoren zurückzuführen. Man könnte somit vermuten, daß die Empfänglichkeit für diese Infektionskrankheiten auf Genen beruht, die in dem „Gruppenchromosom" liegen. Nehmen wir nun an, es existiert ein Gen für die recessive Gruppeneigenschaft *O* und in der Nähe einer der Erbfaktoren „D" für die Fähigkeit bzw. Unfähigkeit, normale Diphtherieantitoxine zu produzieren. Denkt man sich z. B. die Eigenschaft *A*, als durch Mutation von *O* entstanden, also an derselben Stelle des Chromosoms liegend, so erhalten wir dieselbe Diphtherieimmunität einmal gebunden an die Eigenschaft *O*, ein anderes Mal an die Eigenschaft *A*. Umgekehrt wären auch Mutationen des „D"-Faktors denkbar, welche an dieselben Gruppen verschiedene immunologische Eigenschaften koppeln. Falls die Koppelung keine absolute ist, so könnte außerdem die Eigenschaft der Diphtherieimmunität durch crossing over auf alle Gruppen übertragen werden. In allen solchen Fällen würde man dann trotz der event. Koppelung bei der direkten Prüfung keine Korrelationen zwischen der Diphtherieempfänglichkeit und Gruppenzugehörigkeit feststellen.

Diese Überlegungen zeigen somit, daß dort, wo die Berechnung des Korrelationsindex in einer gemischten Population uns evtl. keine deutlichen Zusammenhänge ergibt, wir unter Umständen durch solche genetischen Beobachtungen die konstitutionelle Bedingtheit feststellen könnten.

Wir wissen nach Morgan, daß nicht die Ähnlichkeit der Merkmale, sondern die Nähe der Erbfaktoren über die gemeinsame Vererbung entscheidet. Wir könnten somit durch solche Untersuchungen wenigstens den Versuch wagen, gleichsam eine Chromosomenkarte bei Menschen zu entwerfen. Namentlich Schiff ging von ähnlichen Überlegungen aus und hat in einer gedankenreichen Analyse die verschiedenen Häufigkeiten in der Empfänglichkeit der Geschlechter für manche Infektionskrankheiten auf geschlechtsgebundene Anlagen zurückgeführt. Die Prüfung auf Koppelung mit Merkmalen, deren Vererbung übersichtlich ist, verspricht daher eine tiefere Einsicht. Vorderhand können nur das Geschlechts- und Gruppenchromosom zur Grundlage der Betrachtung dienen (Schiff). Bei der großen Anzahl der Chromosome bei Menschen ist die Wahrscheinlichkeit der Koppelung zwischen monohybrid sich vererbbaren Merkmalen keine große. Die Koppelung ist um so eher zu erwarten, je mehr Erbfaktoren den betreffenden Merkmalen zugrunde liegen. Über die wenigen Versuche und Beobachtungen sei im folgenden berichtet.

Levine hat in einer genauen Arbeit die Idiosynkrasie auf Koppelung mit der Blutgruppe untersucht.

Tabelle 115. Die Vererbung der Idiosynkrasie in Zusammenhang mit der Blutgruppe nach Levine.

Familie I, 5	Familie I, 2	Familie I, 1	Familie I, 8	Familie II, 9
V. 63 *A* +	V. 56 *O* +	V. 42 *A* +	V. verm. *A* —	V. 47 *A* —
M. 60 *A* +	M. 54 *A* —	M. 41 *O* —	M. 60 *O* +	M. 43 *O* +
T. 36 *O* +	S. 23 *A* +	T. 5 *A* —	T. 19 *A* —	T. 15 *O* —
T. 37 *O* —	T. 25 *O* —	S. 5 *O* —	T. 24 *A* +	S. 17 *A* —
	T. 27 *O* —	T. 13 *A* —	T. 26 *A* +	T. 19 *O* —
	T. 29 *A* —	S. 17 *A* +		T. 22 *O* —
	S. 31 *A* —			S. 24 *A* +
Familie II, 14	**Familie I, 6**	**Familie II, 11**	**Familie I, 3**	**Familie II, 15**
V. 63 *A* +	V. 46 *O* +	V. 49 *B* —	V. 56 *B* —	V. 46 *B* +
M. 55 *A* —	M. 45 *B* —	M. 43 *O* +	M. 53 *O* +	M. 36 *A* —
15 *A* —	T. 19 *O* +	19 *B* +	S. 16 *B* +	13 *B* —
17 *A* —	S. 21 *O* —		T. 24 *B* —	17 *A* —
18 *A* —				
Familie II. 13.	**Familie I, 4**	**Familie II, 10**	**Familie I, 7**	**Familie II, 12**
V. 63 *A* +				
M. ? —	V. ? —	V. ? —	V. 55 *A* +	V. ?
S. 31 *A* —	M. 52 *B* +	M. 55 *B* +	M. ? —	M. 50 *A* +
T. 33 *A* —	S. 14 *B* —	S. 14 *B* —	T. 27 *O* +	S. 9 *O* —
S. 35 *A* —	T. 16 *B* —	S. 20 *A* —	S. 29 *A* +	T. 14 *A* —
T. 38 *A* +	T. 18 *O* +	T. 25 *O* +		T. 22 *A* +
T. 41 *A* +	T. 19 *B* +			T. 23 *A* —

Stellt man die Fälle mit Reaktion und Gruppendiskordanz zusammen, so erhalten wir folgende Tabelle:

Eltern	*A* oder *B* positiv *O* negativ		*A* oder *B* negativ *O* positiv	
	Kinder			
	positiv	negativ	positiv	negativ
A oder *B*	1	2	6	5
O	—	1	1	6
zusammen	1	3	7	11

Verfasser schließt eine Koppelung aus. Inwieweit der geringeren Häufigkeit der Positivität bei *O*-Kindern eine tiefere Gesetzmäßigkeit zugrunde liegt, müssen weitere Untersuchungen zeigen.

Kubányi berichtete über eine Familie, wo die Frau A (Konduktorin) einen hämophilen Sohn A hatte, während vier Söhne B gesund waren. Außerdem hat

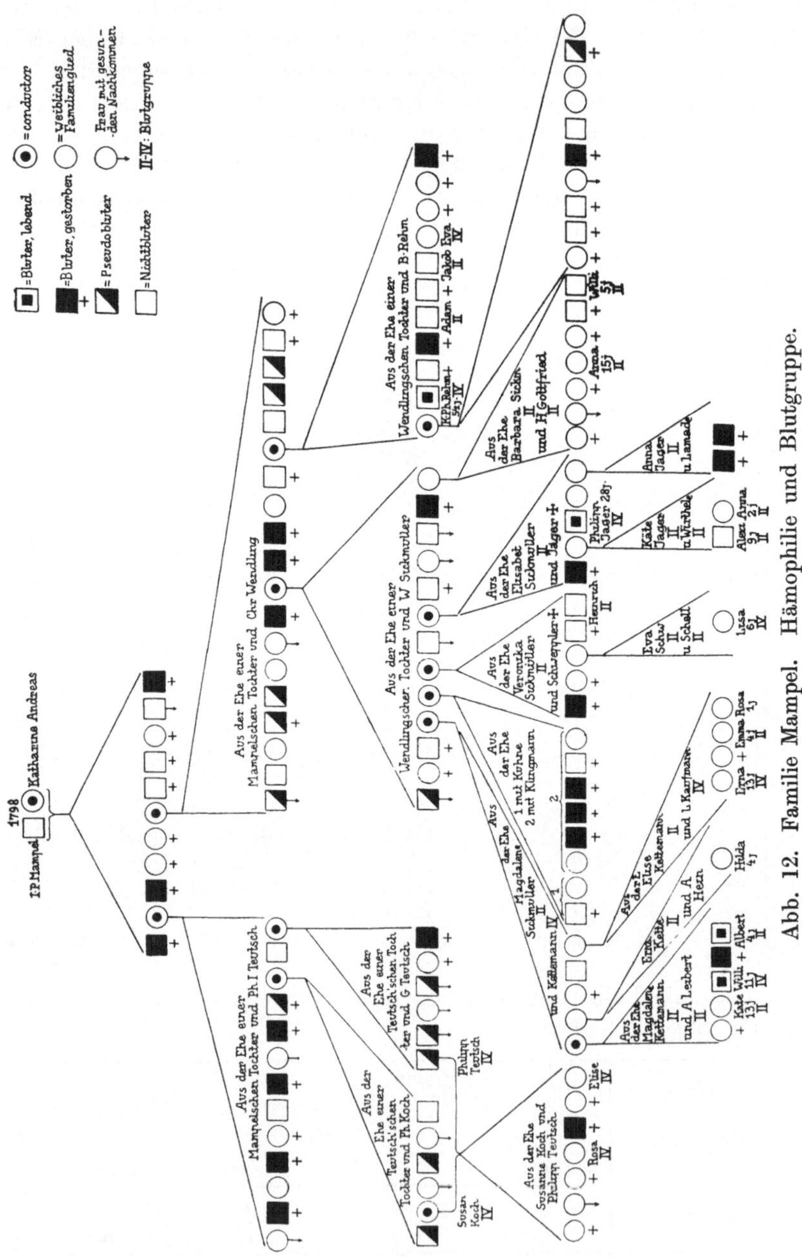

Abb. 12. Familie Mampel. Hämophilie und Blutgruppe.

Moritsch einen Stammbaum mitgeteilt, wo beide Eltern A hatten, der eine Sohn A war krank, der andere O gesund. Ich gebe die beiden Stammbäume in folgendem an:

Tabelle 116.

Stambaum von Kubányi:	Stammbaum von Moritsch:
Vater ?, vermutlich *B*	Vater *A*
Mutter *A*, Konduktorin	Mutter *A*, Konduktorin
Sohn *A*, krank	Sohn *A*, krank
Tochter *A*, gesund	„ *O*, gesund
Sohn *B*, gesund	Tochter *A*, gesund
„ *B*, „	„ *A*, „
„ *B*, „	
„ *B*, „	

Falls sich die Beobachtungen bestätigen, wäre der Hämophiliefaktor gruppengebunden. Da er nun anderseits geschlechtsgebunden ist, das „Gruppenchromosom“ von dem „Geschlechtschromosom“ verschieden ist, so müßte man hier mindestens zwei differente Anlagen annehmen, die beide für die Manifestation der Hämophilie nötig wären. Kubányi hat nun den verdienstvollen Versuch unternommen, die bekannte Familie Mampel zu untersuchen und ich gebe hier die von ihm mitgeteilten Stammbäume (siehe nebenstehende Abbildung) an. In der Familie wurden nur 2 Gruppen festgestellt, *O* und *A*, soweit ich aber die Stammbäume überblicken kann, wurden keine geeigneten Fälle mit Gruppendiskordanz bei Eltern und Kindern festgestellt. Eine Fortsetzung dieser Studien wäre von großem Interesse.

Fürst hat mehrere Stammbäume über die Vererbung von Kropf bzw. Myxödem und Gruppe publiziert, einige von den hier angegebenen Stammbäumen sind noch nicht veröffentlicht und wurden mir liebenswürdig zur Verfügung gestellt.

Tabelle 117.

Vererbung des Kropfes im Zusammenhang mit der Blutgruppe nach Fürst.

Hibler Farhand

- Vater *O*, gesund
- Mutter *B*, Kropf
- Sohn *O*, gesund
- Tochter *B*, Kropf
- Sohn *O*, gesund
- „ *O*, „
- Tochter *B*, Kropf
- Sohn, *O*, Kropf
- „ *B*, „
- „ *B*, „
- „ *B*, „
- „ *O*, gesund

Familie Pischel

- Vater *A*, gesund
- Mutter *B*, Myxödem
- Tochter *AB*, Myxödem
- „ *B*, „
- Sohn *B*, Myxödem
- „ *AB*, gesund

Familie Reiser

- Vater *B*, früher Kropf
- Mutter *A*, Kropf
- Sohn *AB*, Kropf
- Tochter *AB*, Kropf
- „ *O*, „
- Sohn *B*, früher Kropf

Familie Strobel Farhand

- Vater *A*, gesund
- Mutter *AB*, Myxödem
- Tochter *A*, gesund
- „ *AB*, Myxödem
- „ *AB*, verdächtig

Familie Lösch

- Vater *O*, Myxödem
- Mutter *O*, gesund
- Sohn *O*, Myxödem
- „ *O*, „
- „ *O*, gesund

Familie X. in München	Familie Gasperger
Vater *O*, gesund	Vater *A*, gesund
Mutter *O*, Myxödem	Mutter *A*, Kropf
Sohn *O*, Myxödem	Sohn *A*, Kropf
„ *O*, „	Tochter *A*, Kropf
Tochter *O*, gesund	„ *A*, „
Sohn *O*, Myxödem	„ *A*, „
Tochter *O*, gesund	Sohn *A*, gesund
„ *O*, „	

Eine Familie ist in der Tat bemerkenswert (Hibler Fahrhand). Fürst stellt sich den Zusammenhang so vor, daß die Empfänglichkeit für Kropf keine einheitliche Anlage voraussetzt und daß daher solche Beobachtungen nicht immer realisierbar sein werden.

Ich verfüge dank der Liebenswürdigkeit von Dr. E. Endelmann über zwei interessante Familien mit einer angeborenen Linsenluxation, bei welchen wir die Gruppe bestimmten. Eine Koppelung mit der Blutgruppe bestand nicht. (Die Stammbäume werden von Dr. Endelmann demnächst publiziert.)

Tabelle 118.

Vererbung der angeborenen Linsenluxation (Ectopia lentis congenita) nach Dr. Endelmann.

V.	verm. *B*	krank			
M.	*A*	gesund			
T.	*O*	„	Enkelkinder	*A*, *O*	gesund
S.	*O*	„	Enkelkind	*O*	„
S.	*B*	krank			
T.	*A*	gesund	„	*A*	„
S.	*A*	„	Enkelkinder	*A*, *O*	„
S.	*A*	krank			
T.		„	Enkelkind	*A*	„

V.	verm. *B*	krank			
M.		gesund			
S.	*B*	gesund			
T.	*B*	krank	Enkel	*B*	krank
S.	*O*	gesund	Enkeln	*A*, *A*	gesund
T.	*O*	„			
T.	*O*	„	Enkeln	*O*, *O*	„
S.	*O*	krank	Enkelin	*O*	krank
S.	*O*	„			

Wilczkowski untersuchte einige Familien, wo Schizophrenie hereditär war auf Blutgruppen:

Tabelle 119.

Familie I.	Familie II.	Familie III.
Vater *O* −	Vater *B* +	Vater *A* manisch depressives Irresein
Mutter *O* +	Mutter *B* −	Mutter *O* −
Sohn *O* −	Tochter *B* −	Tochter *A* Schizophrenie
„ *O* +	Sohn *B* −	
„ *O* +	„ *B* +	

Familie IV.			Familie V.		
Vater	*O*	Schizophrenie, ebenso Schwester *O*.	Vater	*A*	–
Mutter	*A*	–	Mutter	?	Schizophrenie
Sohn	*O*	–	Tochter	*A*	–
,,	*A*	–	Sohn	*O*	+
Tochter	*A*	–			
Sohn	*O*	+			
Tochter	*A*	–			

Kolb untersuchte eine Familie mit Perthesscher Krankheit. Die kranken Eltern, Geschwister gehörten folgenden Gruppen an (+ bedeutet krank):

Tabelle 120.

Schwester	+	*B*	Schwester	–	*B*
Bruder	+	*A*	Schwester	–	*A*
Bruder	+	*AB*	Schwester	+	*B*

Daraus resultierten folgende Ehen:

1)			2)			3)			4)		
Vater	–	*O*	Vater	+	*A*	Vater	+	*AB*	Mutter	+	*B*
Mutter	+	*B*	Sohn	+	*O*	Mutter	–	*O*	Sohn	+	*O*
Sohn	–	*O*				Sohn	–	*O*	Sohn	–	*B*
Tochter	–	*B*									
Tochter	+	*O*									

Eine Koppelung war somit nicht nachzuweisen.

Schließlich teilte mir Popow aus Rußland mit, daß unter seiner Leitung Vererbungsuntersuchungen über die Dicksche Reaktion angestellt und ähnliche Verhältnisse, wie wir bei der Schickschen und später bei der Dickschen Reaktion, gefunden wurden.

Die Zahl der Beobachtungen ist demnach nicht groß und trotzdem sollte diese Richtung, wie dies richtig Schiff betont, gepflegt werden, da sie uns dem Ziele näher bringt, nicht nur die konstitutionelle Bedingtheit mancher Merkmale, sondern unter Umständen die Lokalisation der Erbfaktoren festzustellen. Man muß sich aber bewußt sein, daß es sich um ein Forschungsprinzip handelt und daß es voreilig wäre, eine Erbformel daraus zu präzisieren. Wir wissen nicht, ob z. B. die Diphtherieimmunität sich einfach dominant vererbt oder auf polymeren Faktoren beruht, ja selbst physiologisch ist die Bildung der Antikörper wahrscheinlich ein komplexer Vorgang. Wir dürfen daher nicht durch Anwendung einer starren Kombinationsrechnung schon jetzt bestimmte Regeln formulieren oder gewisse Möglichkeiten ausschließen, sondern müssen unvoreingenommen auf Koppelungserscheinungen fahnden.

Bei der Zusammenstellung all dieser Tabellen haben wir die genaue Vererbungsart innerhalb einzelner Familien nicht zu analysieren versucht. Snyder wandte sich dagegen und glaubt, daß eine solche Analyse eines jeden einzelnen Stammbaumes notwendig ist, falls man auf Koppelung prüft. So z. B. wenn alle Kinder einer Familie die Eigenschaft *A* oder *B* aufweisen, schaltet sie Snyder aus, da wir in solchen Fällen nicht ausschließen können, daß der betreffende Gruppenbestandteil homozygot ist und daher bei allen Kindern auftreten wird unabhängig von der Koppelung. Snyder geht von der Voraussetzung aus, daß die Schick-Negativität einfach dominant ist und aus demselben Grund schließt er solche Familien aus, wo alle Kinder Schick-negativ sind. Nimmt man die Positivität als recessiv an, führt Snyder aus, so werden in den Fällen, wo die Empfänglichkeit an die dominante Eigenschaft *A* oder *B* gekoppelt ist, zwischen dem freien Spiel der Gene und der Koppelung keine Unterschiede möglich sein und man sollte daher solche Familien ebenfalls a priori ausschließen. Geht man von der Voraussetzung von Snyder aus, so werden in dem von uns vorgebrachten Material von 171 nur 8 Familien übrig bleiben. Man könnte in dieser Art noch weiter gehen: da jüngere Kinder positiv sein können, evtl. unabhängig von der Anlage der Eltern, nur auf Grund der serologischen Unreife (s. später), so müßte man nur solche Familien berücksichtigen, wo jüngere Kinder negativ, ältere positiv sind. In diesem Falle erhalten wir bei dem ganzen Material, welches innerhalb von 3 Jahren gesammelt wurde, nur 4 Familien (20, 22, 74 und Win). Ich glaube, daß eine solche Analyse der einzelnen Stammbäume für die menschliche Pathologie nicht anwendbar ist, da sie die Eruierung einer etwaigen Koppelung zu einer fast undurchführbaren Aufgabe machen würde. Es würde auch besser sein, nicht von der Annahme einer bestimmten Erbformel auszugehen, sondern zunächst ganz allgemein das Material zusammenzustellen. Falls wir dann eine Koppelungstendenz finden, so können wir auf die genotypische Bedingtheit schließen, ohne zunächst genauere Vorstellungen zu entwickeln. In der Menschenpathologie müssen wir uns daher vorderhand mit Wahrscheinlichkeitsschlüssen begnügen. Levine, Snyder und Thomsen z. B. betonten, daß, wenn eine als recessiv aufgefaßte Empfänglichkeit mit einer heterozygoten Unempfänglichkeit zusammenkommt, würde wenigstens manchmal das dominante Gen der Unempfänglichkeit über die recessive Empfänglichkeit dominieren; in solchen Fällen sei a priori nicht zu erwarten, daß ein recessives Gen in einer phänotypischen Empfänglichkeit seinen Ausdruck finden kann.

Nun sehen wir in unseren Protokollen, daß Kinder *A* oder *B*, die von den positiven *A*- bzw. *B*-Eltern stammen, stets positiv waren. Geht man davon aus, daß die Positivität, wenigstens teilweise, durch recessive Gene bedingt ist, so ist dieses Ergebnis natürlich auffallend. Eine sichere Erklärung setzt aber tiefere Kenntnisse über das Wesen der Immunität voraus, als wir sie gegenwärtig besitzen. Es wäre z. B. möglich, daß eine Anzahl positiver Kinder in Realität konstitutionell negativ ist, aber sich im Stadium der serologischen Unreife befindet; oder auch, daß die heterozygoten zwischen positiven und negativen nicht die absolute Dominanz der negativen, sondern eine Zwischenform zeigen, und da es sich hier um Schwellenwerte handelt, so fallen sie fälschlich zu den empfänglich-positiven u. dgl. Wie erwähnt, lassen sich solche Vorstellungen noch nicht genau diskutieren.

Wir müssen bedenken, daß die Epidemien einen mächtigen Selektionsfaktor darstellen, die eine anthropologisch und serologisch bereits differenzierte Bevölkerung treffen. Man könnte nun erwarten, daß die normalen Antikörper gegen Infektionserreger eine Folge und daher Ausdruck der epidemiologischen Leidensgeschichte der Menschheit sind. Die infektiösen Reize müssen in derselben Weise gewertet werden, wie alle anderen Reize der Umwelt; sie gehen sicherlich nicht spurlos an der Art vorüber, sondern modulieren auf unbekannte Weise die Erbmasse. Die normalen Antikörper möchte ich somit als biochemische Organe auffassen, deren phylogenetische Entstehung und ontogenetische Entwicklung denselben Gesetzen untersteht, wie die der anatomischen Merkmale.

Es frägt sich nun, ob solche auf Generationen einwirkenden infektiösen Reize lediglich eine allgemeine immunologische Responsivität, eine nicht differenzierte Leichtigkeit der Antikörperbildung bedingen oder ob die einzelnen normalen Antikörper genotypisch bedingte Strukturen des Serums darstellen, die von verschiedenen Genen ausgehen und relativ unabhängige und vererbbare Serumstrukturen bzw. Zellfunktionen darstellen. Nun haben unsere Beobachtungen an Menschen und Tieren gezeigt, daß die verschiedenen normalen Antikörper anscheinend unabhängig auftreten, daß man z. B. Schick-negativ und Dick-positiv sein kann u. dgl. Man könnte sich zwar theoretisch vorstellen, daß nur eine allgemeine Fähigkeit zur Antikörperbildung konstitutionell ist und daß individuelle Differenzen im Gehalt der Antikörper auf Umwelteinflüssen beruhen, die einmal den einen, ein anderes Mal den anderen Antikörper auslösen.

Ich halte diese Annahme aus dem Grunde für nicht genügend, weil man auch gegenüber nicht infektionstüchtigen Antigenen differente Antikörper findet. Man gewinnt den Eindruck, daß es sich um unabhängig auftretende Eigenschaften handelt. Ich nehme daher an, daß den verschiedenen normalen Antikörpern bzw. ihrem spezifischen Mangel verschiedene Erbfaktoren entsprechen.

Durch die Annahme besonderer Erbfaktoren für die verschiedenen normalen Antikörper möchte ich keineswegs postulieren, daß sie Erbeinheiten darstellen. Es wäre durchaus möglich, daß ein Erbfaktor mehrere normale Antikörper mitbedingt bzw. daß mehrere Erbfaktoren für einen normalen Antikörper notwendig sind. Wir müssen auch mit der Möglichkeit rechnen, daß die Gene für mehrere normale Antikörper sich gemeinsam vererben. Solche zusammen vererbbaren spezifischen Reaktionsfähigkeiten könnten vielleicht manche Beobachtungen über gemeinsam auftretende Immunitätserscheinungen erklären (z. B. Beobachtungen von Zingher, daß Poliomyelitis und Scharlachkranke einen höheren Prozentsatz Schick-positiver Individuen aufweisen u. dgl.).

Wir dürfen in den normalen Antikörpern den mächtigsten Immunitätsfaktor erblicken, der über den Selektionswert des Individuums, über die Lebensfähigkeit der Rasse im Kampfe mit Krankheitserregern entscheidet. Es frägt sich, ob wir die Immunkörperbildung mit diesen konstitutionell bedingten Anlagen in Zusammenhang bringen sollen. Mehrere Beobachtungen sprechen dafür. Die Erfahrungen der Serumfabriken, sehr sorgfältig durch Glanny zusammengestellt, zeigen, daß Pferde mit normalen Antikörpern besonders gute Immunsera liefern. Dölter beobachtete, daß Tiere mit normalen, gegen Menschen-A gerichteten Agglutininen besonders leicht die Immun-Anti-A produzieren. Anderseits haben wir mit Fr. Dr. Hirszfeld und Dr. Brokman wiederholt gesehen, daß Kinder Schick-positiver Eltern sich besonders schwer immunisieren lassen und selbst nach durchgemachter Infektion Schick-positiv bleiben bzw. wiederholt an Diphtherie erkranken. Alle diese Beobachtungen zeigen, daß die normalen Antikörper der Ausdruck einer besonders leichten spezifisch eingestellten Ansprechbarkeit des Organismus sind. Der Organismus ist keineswegs eine serologische Tabula rasa, auf welcher der Immunisierungsreiz wahllos alles niederschreiben kann. Wir könnten die Antikörperbildung mit einem Reflex vergleichen. Manche Reflexe sind vorgebildet, ohne daß eine individuelle Schulung notwendig ist, z. B. Saugreflex, Laufreflexe bei manchen Tieren und dergleichen. Damit steht in Analogie, daß manche normale Antikörper auch ohne spezifische Reize im Serum auftreten. Manche Reflexe sind zwar vorgebildet, müssen aber erst durch individuelle Schulung verstärkt und zum Vorschein gebracht werden. Eine Ähnlichkeit erblicke ich in denjenigen Antikörpern, die normalerweise nicht existieren, aber durch einen adäquaten Reiz hervorgerufen werden können. Die Auslösung mancher Reflexe ist durch Hemmungsmechanismen unmöglich gemacht; die Unmöglichkeit bzw. Schwierigkeit, Autoantikörper zu produzieren, stellt dafür eine Analogie dar.

Damit ist der Zusammenhang der Immunkörperbildung zur Konstitutionslehre gegeben. Die normalen Antikörper stellen demnach die „spontan" ausgereiften Zell- bzw. Serumfunktionen dar, die Immunkörperbildung ist eine Entfaltung und Verstärkung der genotypisch bedingten Zellfähigkeiten. Die Responsivität des Organismus bewegt sich in vorgebildeten Bahnen[1]).

Die Zurückführung der normalen und Immunkörperbildung auf ernährungsphysiologische Vorgänge im Sinne von Ehrlich ist sehr gezwungen. Aber auch der Begriff „normaler" Antikörper ist irreführend, er setzt voraus, daß die normalen Menschen alle das „gleiche" Serum haben. Wir müssen aber annehmen, daß die sog. normalen Antikörper eine Folge von Auslese, Kreuzungen, vielleicht auch Immunisierungsvorgängen bei der Aszendenz sind. Normal ist, was dem Durchschnitt entspricht, oder den Ablauf physiologischer Vorgänge gewährleistet. Die Tatsache der konstitutionellen Bedingtheit der normalen Antikörper würde eine andere Benennung verlangen, denn die Frage, ob antikörperhaltige oder antikörperlose Individuen ein „normales" Serum haben, läßt sich ebensowenig beantworten wie etwa, ob der Lang- oder Kurzköpfige „normal" ist. Man sollte von präformierten Antikörpern und physiologischer Immunität sprechen und sie den Immun- oder Reaktionskörpern gegenüberstellen. Ich behalte den Ausdruck „normaler" Antikörper, weil er eingebürgert ist, trotzdem er den neuen Inhalt eines konstitutionell vorhandenen genotypisch bedingten Merkmals nicht wiedergibt.

Es fragt sich, wie wir uns die Entstehung der normalen Antikörper denken können. Es ist klar, daß wir im Prinzip für alle normalen Antikörper eine ähnliche Entstehungsursache suchen müssen, so daß die Tatsache der Schick-Negativität unter ähnlichen Gesichtspunkten analysiert werden muß, wie das physiologische Vorhandensein der Isoantikörper nach Landsteiner. Bei den Antikörpern gegen Infektionserreger ist die teleologische Auffassung naheliegend. Wie sollen wir uns aber die Existenz normaler Isoantikörper erklären? Es wäre zwar denkbar, daß die normalen Isoantikörper einen Zweck haben, indem sie irgendwelche Rolle bei gruppenfremder Schwangerschaft spielen, z. B., daß sie die toxischen Produkte gruppenfremder Frucht neutralisieren u. dgl. Diese mütterliche Anstrengung könnte dann erblich fixiert sein. Diese Hypothese läßt sich aus der Erfahrung nicht begründen. Wenn sie richtig wäre, so müßten Volksgruppen, die nicht gruppenspezifisch differenziert sind, keine Isoantikörper enthalten. Die Indianer enthalten nun kein *B*. Nigg Clare gibt aber an, daß die Landsteinersche Regel auch bei Indianern Geltung hat (quantitative Untersuchungen wären hier dringend erwünscht). Wir besitzen auch normale Antikörper gegen die verschiedensten Antigene, mit welchen der Organismus nie in Berührung gekommen ist: Seeigelspermatozoen und dergleichen. Der Zweck dieser Antikörper ist ebensowenig ersichtlich wie derjenige verschiedener anatomischer Merkmale, die Serologie teilt hier die Unkenntnis mit anderen Wissenschaftszweigen.

Bei den Isoantikörpern sehen wir, daß die Anwesenheit der isoagglutinablen Substanz das Fehlen der Isoantikörper bedingt. Man könnte nun einen gewissen, sozusagen serologischen Imperialismus postulieren, indem alle Antikörper entstehen müssen, die nicht durch zirkulationseigene Antigene zurückgedrängt werden. Wir haben gesehen, daß diese Vorstellung namentlich bei Tieren nicht volle Geltung hat, indem Isoantikörperdefekte häufig sind. Wie sich die Sache

---

[1]) Die spezifische Reaktionsbereitschaft braucht weder physiologisch noch genetisch einheitlich zu sein. So kann z. B. ein Tier ein guter Antikörperbildner im allgemeinen sein, aber nicht oder wenig fähig, bestimmte Antikörper zu produzieren. Daher ist auch die Zucht solcher guten Antikörperbildner unter Umständen ein schweres Problem, welches nicht ohne weiteres gelingen wird.

bei anderen Antikörpern verhält, wissen wir nicht. Man könnte nun vermuten, daß gewisse Antigene in zirkulationseigenen Zellen bei manchen Menschen vorhanden sind, deren Mangel die Existenz normaler Antikörper sekundär nach sich zieht. Die konstitutionell bedingte Schick-Positivität und die relative Unfähigkeit, Diphtherieantitoxine zu produzieren, müßten dann auf der Existenz diphtherieähnlicher Receptoren im Organismus beruhen. In diesem Falle wäre der Immunisierungsprozeß vor allem eine Erweiterung der Isoagglutininregel. Eine solche Vorstellung ist zwar prinzipiell nicht ganz unmöglich, wie wir auf Grund heterogenetischer Antigene wissen, wurde aber experimentell nicht verifiziert. Immerhin wäre es möglich, daß manche Tiere in der Zirkulation bestimmte Substanzen, vielleicht als Haptene, enthalten und daß darauf die Unfähigkeit beruht, bestimmte normale oder Immunantikörper zu bilden[1]). Es könnte aber auch sein, daß bestimmte Reaktionstypen, ähnlich wie manche Assoziationsbahnen, bei manchen Arten oder Individuen vorgebildet sind. Dölter hat z. B. gefunden, daß lediglich Tiere mit Anti-A zur Bildung von Immun-Anti-A befähigt sind. Ich habe mit Frl. Halber Kaninchen beobachtet, die auf Injektion des Rinderblutes vor allem Hammelhämolysine bildeten u. dgl. Wir müssen somit annehmen, daß bei manchen Tieren eine bestimmte Reaktionsbereitschaft in bezug z. B. auf die Bildung von Anti-A, bei anderen in bezug auf die Forssmanschen Antikörper usw. existieren. Auf welche Weise solche individuellen Reaktionsarten entstanden sind, inwieweit sie in gegebenem Falle konstitutionell sind, läßt sich noch nicht mit Sicherheit beantworten. Die Kenntnis solcher vorgebildeten Reaktionsarten scheint uns, namentlich für den Begriff der Spezifität, von großer Bedeutung. So z. B. reagieren manche Menschen und Tiere nach den Untersuchungen von Dossena, Fleischer, Frau Dr. Hirszfeld, Halber und Mayzner besonders leicht mit einer Anti-A-Bildung; es scheint, als ob sie die bei uns gegebene serologische Reaktionsart ist.

Die Annahme der genotypischen Bedingtheit normaler Antikörper läßt die Frage auftauchen, wie ihre Wachstumsgesetze sind. Es ist eine bekannte Tatsache, daß Neugeborene keine eigenen Antikörper besitzen. Die Antitoxine, mit welchen das Kind geboren ist, stammen passiv von der Mutter her, ähnlich wie die Isoantikörper, Hammelhämolysine u. dgl. Während der Kindheit und der Jugend steigt der Titer an. Dieses Auftreten normaler Antikörper können wir unmöglich lediglich auf den Einfluß der Infektionserreger zurückführen, da Antikörper auch für nichtinfektionstüchtige Antigene im Serum angetroffen werden. Wir haben dies vor allem auf allgemeine Wachstumsvorgänge zurückgeführt: neben der morphologischen müssen wir eine Serodifferenzierung, eine Serogenese postulieren.

Die Organe entwickeln sich zuerst durch den inneren Wachstumstrieb, dann aber kommen die spontanen Wachstumsvorgänge zum Stillstand und erst der funktionelle Reiz bringt neue Wachstumskräfte in die ruhende Zelle hinein. Ich möchte in ähnlicher Weise annehmen, daß zuerst die serologischen Differenzierungsvorgänge, die Entstehung der Antikörper durch den eigenen Gestaltungs-

[1]) Anmerkung bei der Korrektur. Eine wichtige Beobachtung von Dölter könnte diese Vermutung stützen. Dölter fand nämlich, daß alkohol. Extrakte aus den roten Blutkörperchen der Meerschweinchen mit Forssmanseren eine Komplementbindung geben.

trieb vor sich geht, erst im erwachsenen Organismus ist der funktionelle Reiz der Immunisierung notwendig. Im Sinne unserer Auffassung sind die Antikörper als biochemische Organe zu betrachten; wir sehen nun, daß die Reifungsgeschwindigkeit dieser Organe bei verschiedenen Menschen und Tieren verschieden ist. Die Antikörper der Neugeborenen verschwinden innerhalb der ersten Wochen, um Ende des ersten Jahres spontan aufzutreten (s. Lattes, Sordelli, Hara und Rimpei). Der Titer der Isoantikörper nimmt im Laufe des Lebens zunächst zu, um nach den interessanten Beobachtungen von Schiff und Mendlowitsch im Alter abzunehmen, was Verfasser mit Recht als serologische Involution auffassen[1]). Die Diphtherie- oder Streptokokkenantitoxine entstehen in der Kindheit bzw. in der Jugend, wobei das Moment, in welchem eine positive Reaktion sich in eine negative umwandelt, verschieden ist. Alle Beobachtungen sprechen dafür, daß die Reifungsgeschwindigkeit verschiedener Organe, das Auftreten der Zähne, das Grauwerden der Haare konstitutionell bedingt sind, und es ist höchstwahrscheinlich, daß der zeitliche Ablauf der Serogenese ähnlichen Gesetzen untersteht.

Die immunisatorische Beeinflussung oder unspezifische Reize können die Geschwindigkeit der Serogenese bis zu einem gewissen Grade beeinflussen (Halber, Hirszfeld und Mayzner). Auch die Wachstumsgeschwindigkeit der Pflanzen können wir durch Temperatur erhöhen, ohne daß wir an den ehernen hereditären Rhythmus des Lebens zweifeln. Es scheint aber, daß die Möglichkeit, das Auftreten der Antikörper zu beschleunigen, beschränkt ist, da jüngere Kinder schwerer ihre Schick-Positivität verlieren als Erwachsene und da der Immunisierungseffekt um so schwächer ist und wahrscheinlich um so kürzer anhält, je stärker die Empfindlichkeit war [Park, Zingher, Celarek und Sparrow, Ribadeau-Dumas, Loiseau et Lacomte]. Besonders interessant sind die Arbeiten von Bailey. Verfasser beobachtete das Auftreten von normalen Antikörpern bei Hühnern und brachte dies ebenfalls mit normalen Wachstumsvorgängen in Zusammenhang. Die normalen Antikörper sind zunächst weniger spezifisch. Nun stellte Bailey die wichtige Tatsache fest, daß, solange normale Antikörper nicht vorhanden sind, das Hühnchen unfähig ist, Immunantikörper auch nach der Immunisierung zu produzieren. Diese Beobachtungen weisen auf die große Bedeutung des Alters für die Antikörperbildungsbereitschaft hin. Leider sind diesbezügliche Angaben bei Menschen recht widersprechend. Frankenstein fand, daß Neugeborene unfähig sind, Antikörper zu produzieren, ähnlich auch Corica und Pastore. Bocchini gibt dagegen an, daß Neugeborene ebenso fähig sind Immunantikörper zu erzeugen wie Erwachsene. Während nach Friedberger neugeborene Meerschweinchen schwer zu anaphylaktirisieren sind, gibt Sereni an, daß man Meerschweinchenembryonen (durch Laparatomie) aktiv anaphylaktisch machen kann. Bernek gibt an, daß Rattenembryonen Hämolysine bilden können. Nach Ribadeau gelingt die Immunisierung in den ersten 3 Jahren gegen Diphtherie überhaupt nicht. Nach Freund geben junge tuberkulöse Meerschweinchen keine Tuberkulinreaktion. Wir haben (Halber,

---

[1]) Es kommen zwar gewisse Schwankungen und pathologische Abnahme im Titer vor. Nach Moldawskaja und Kritschewskaja im malarischen Anfall, nach Schiff bei Leukämie, nach Fischer bei Menstruationen usw. Immerhin beobachtet man nach meiner Erfahrung bei Gesunden recht konstante Titerwerte.

Hirszfeld, Mayzner) diese Frage in epidemiologisch gleichem Milieu (im Kinderasyl) untersucht und fanden, daß Säuglinge auf den spezifischen Reiz fähig sind, Antikörper zu bilden, wenn auch der Titer schwächer ist als bei älteren Kindern. Nun fanden wir, daß auf unspezifische Reizung auch Isoagglutinine gebildet werden, aber nur dort, wo sie physiologisch bereits vorhanden waren. Wo die Isoantikörper vorgebildet waren, wo also die Reaktionsbahn gleichsam geebnet war, sehen wir ihre Vermehrung, und zwar scheint es wieder, daß gerade der Anti-*A*-Antikörper die am leichtesten auslösbare Reaktionsart bei uns darstellt. Folgendes Protokoll zeigt den Isoantikörpertiter, den wir bei Kindern in verschiedenem Alter durch unspezifische Reizung erhalten haben.

Tabelle 121.

Alter	Titer der Isoantikörper						
	0	1/1	1/2	1/4	1/8	1/16	1/32
0—12 Monate .	9[1]	10	5	2	1	4	—
2—5 Jahre . .	—	—	—	1	2	7	6

Man gewinnt daher den Eindruck, daß unspezifische Reize vorgebildete Reaktionsbereitschaft mobilisieren und zwar umso stärker, je geebneter die betreffende Reaktionsbahn war, also je stärker der normale Antikörper ausgeprägt ist. Man könnte dies so ausdrücken, daß das Wachstum normaler Antikörper eine aufsteigende Kurve darstellt: die serologische Beeinflußbarkeit des Organismus, wenigstens in gewissen Altersgrenzen, scheint davon abhängig zu sein, auf welchen Punkt der aufsteigenden Kurve der antigene Reiz den Organismus trifft. Ich glaube, daß dadurch bei der Beurteilung der Spezifität ein neues Moment kommt, welches bis jetzt nicht genügend berücksichtigt wurde. Die am meisten „ausgereiften" Antikörper lassen sich am leichtesten unspezifisch hervorrufen und zwar nicht nur auf Grund einer serologischen Receptorengemeinschaft der angewandten Substanzen, sondern eben, weil sie vor ihrer spontanen Ausreifung (evtl. Ausstoßung) standen.

Man sieht, wie kompliziert die Probleme sind und daß eine Antikörperbildungsbereitschaft auf mehreren Momenten beruhen kann. Alle diese Vorgänge wurden in bezug auf die Gruppen noch nicht genügend analysiert. Wir wissen nicht, ob die Reifungsgeschwindigkeit der normalen Antikörper bei verschiedenen Gruppen, Völkern oder Rassen, verschiedenen sozialen Schichten verschieden verläuft. Eine vergleichende Konstitutionsserologie, die Prüfung, ob verschiedene Rassen die gleiche Fähigkeit haben, bestimmte normale oder Immunantikörper zu bilden — und zwar in Zusammenhang mit manchen epidemiologischen Beobachtungen[2]) — sind die nächstliegenden Aufgaben der Konstitutionsserologie.

[1]) Die Zahlen bedeuten die Anzahl der Kinder, die den gegebenen Titer aufweisen.

[2]) Ich erinnere z. B., daß nach den Beobachtungen von Zoeller die gelbe Rasse meist Dick-negativ ist; Bais und Verhoef teilten mir mit, daß die Sera der Eingeborenen einen höheren Isoantikörpertiter zu enthalten scheinen als die weiße Rasse. Andererseits soll auch Diphtherie bei Eingeborenen selten sein. Dr. Coca teilte mir mit, daß nach den Beobachtungen von Heimbecker die Eskimos den gleichen Prozentsatz Schick-negativer Individuen aufweisen, trotzdem dort keine Diphtherie herrscht. Man sieht, daß diese Probleme, die den Gegenstand einer vergleichenden Konstitutionsserologie bilden, die Grundlage einer exakten Epidemiologie sein sollten.

Die Zusammenhänge mit den Krankheiten stellen bereits komplizierte Probleme dar, eine etwaige Korrelation wäre wirklich zufällig und ihre Deutung schwierig. Daher schien es mir notwendig, zunächst die Gesetze der angeborenen und erworbenen Reaktionsfähigkeit zu studieren.

Wir können die antikörperbildenden Zellen etwa mit gespannten Bögen vergleichen, jederzeit fähig, Pfeile — Antikörper — loszulassen. Die Ursache der Aufspannung und ihr Grad mag vom Alter, also von Reifungsgrad und von äußeren Faktoren mit abhängig sein, die Leistungsfähigkeit des Bogens, die prinzipielle Fähigkeit der Erneuerung und der Spannkraft ist aber das vererbbare Gut der Familie. Unter diesen Voraussetzungen möchte ich einige Regeln formulieren, die meiner Ansicht nach die serologische Reaktionsfähigkeit des Organismus beherrschen.

Regeln der Konstitutionsserologie.

1. In dem Kapitel über die immunbiologischen Grundlagen der Isoantikörper wurde bereits auseinandergesetzt, daß zirkulationseigene Zellen keine Antigene sind. Ich verweise auf das Kapitel und möchte nur die Formulierung hier wiederholen, daß Antikörper weder vorhanden sind noch entstehen können, die mit den in der Zirkulation anwesenden kreisenden oder festsitzenden Zellen unter physiologischen Bedingungen reagieren.

Diese Regel beherrscht das qualitative Auftreten der Antikörper. Nur haben Morgenroth und Bieling diskutiert, daß bei einer teilweisen Ähnlichkeit der körpereigenen und der als Antigen benutzten Zellen die antigene Kraft von der Anzahl unähnlicher Receptoren abhängig ist. Diese Regel steht noch nicht fest, es wäre denkbar, daß durch die Ähnlichkeit nicht die Antikörperstärke an sich, sondern nur ihre Reaktionsbreite bedingt ist, da die Antikörper sich gleichsam gegen die algebraische Summe von Antigen und zirkulationseigenen Substanzen richten. Immerhin sei als eine mögliche Regel formuliert, daß der Titer des Immunserums ceteris paribus von der Anzahl unähnlicher Receptoren zwischen dem Antigen und zirkulationseigenen Zellen abhängig ist. Die serologischen Eigenschaften der immunisierten Tiere sind demnach für die Entstehung und die Spezifität der Antikörper von derselben Bedeutung wie die Eigenschaften des injizierten Antigens selbst.

Es ist zu bemerken, daß nach den Untersuchungen von Weil, einem Schüler von Sachs, und Hirszfeld und Halber manche Antigene in einer reaktionsunfähigen Form vorhanden sind, so daß sie zuerst zustandsfremd werden müssen, um antigen zu wirken bzw. zu hemmen.

2. Wir haben auseinandergesetzt, daß von dem Reifungsgrad der Zellen bzw. des Serums die spezifische Responsivität abhängig ist. Da Schick- oder Dick-negative Kinder immun sind, so verlangt diese Tatsache eine besondere begriffliche Formulierung. Ich möchte nun den Zeitpunkt, in welchem normale Antikörper als Zeichen einer abgeschlossenen Entwicklungsperiode im Serum auftreten und z. B. die Schick-Positivität in Negativität umschlägt, die Manifestationszeit der betreffenden Antikörper oder den immunologischen Wendepunkt nennen. Es scheint nun, daß bei gegebener konstitutioneller Fähigkeit der Antikörperproduktion ihre

Intensität und Dauer von der Entfernung vom immunologischen Wendepunkt, oder auch vom Reifungsgrad der normalen Antikörper abhängig ist.

Warum die Reifungsvorgänge für verschiedene Antikörper verschieden sind und nicht in demselben Tempo ablaufen, wird teilweise auf äußere Reize zurückzuführen sein, teilweise entzieht es sich unserer Kenntnis.

3. Innerhalb der Spezies haben sich gruppenspezifische Bestandteile differenziert, die, wie es scheint, teilweise lipoider Natur sind. Ihr Nachweis mittels der Isoantikörper wird bei Menschen durch die Landsteinersche Regel umschrieben. Die gruppenspezifischen Substanzen vererben sich nach der Mendelschen Regel, wobei ihre Anwesenheit dominant ist. Eine genaue Erbformel läßt sich noch nicht aufstellen.

Die Isoantikörper sind an den Mangel isoagglutinabler Eigenschaften, also an die Recessivität der Bluteigenschaft gebunden.

4. Abgesehen von den isoagglutinablen Substanzen existieren auch andere serologische Differenzierungen innerhalb der Art, die sich durch die Anwesenheit bzw. Mangel normaler Antikörper, des Komplementes usw. dokumentieren. Bei Tieren stellt man häufig den Mangel der Isoantikörper auch dort fest, wo sie nach der Landsteinerschen Regel vorhanden sein sollten. (*O* ohne Anti-*A*.) Die Abwesenheit eines Isoantikörpers kann somit sowohl auf der Anwesenheit des zugehörigen Gruppenreceptors im Kreislauf, wie auf einer primären, relativen Unfähigkeit seiner Bildung beruhen.

5. Die normalen Antikörper stellen gleichsam spontan ausgereifte, serologische Reflexe dar. Die Immunkörperbildung ist vor allem eine künstlich hervorgerufene Entfaltung und Verstärkung genotypisch bedingter Zellfähigkeiten.

6. Die Reaktionsfähigkeiten des Organismus, die sich in dem Auftreten normaler Antikörper dokumentieren, werden als konstitutionell aufgefaßt. Die bisherigen Beobachtungen bei Tieren der Gruppe *O* mit und ohne Isoantikörper weisen nämlich darauf hin, daß diese Eigenschaft vererbbar und daß ihr Vorhandensein wahrscheinlich dominant ist. Ähnlich sieht man, daß Schick- oder Dickpositive Eltern positive Kinder zeugen. Negative Eltern haben meistens negative Kinder, es können aber namentlich jüngere positiv sein. Die Beobachtungen weisen darauf hin, daß bei Gruppen und Reaktionsungleichheit eine bestimmte Reaktionsfähigkeit meist mit der Gruppe vererbt wird. Damit ist die konstitutionelle Bedingheit immunologischer Vorgänge wahrscheinlich gemacht, trotzdem eine genaue Vererbungsart noch unbekannt ist.

Das Auftreten Schick-positiver Kinder bei negativen Eltern wurde als Zeichen der serologischen Unreife aufgefaßt, es wäre aber nicht ausgeschlossen, daß es sich in manchen Fällen um die Recessivität der Eigenschaft handelt. Der Mangel der Antikörper in jungen Jahren kann somit auf eine vorübergehende Unreife zurückgeführt werden, während im erwachsenen Alter er eher eine dauernde, höchstwahrscheinlich vererbbare Eigenschaft darstellt. Inwieweit hier bestimmte Zusammenhänge bestehen, läßt sich noch nicht sagen. Vielleicht ist für den Verlauf einer Antikörperkurve eine gewisse quantitative Potenz, die Energie der Anlage, aus der sie entspringt, im Sinne von Goldschmidt maßgebend, so daß die Vermehrung der normalen Antikörper und ihr Vorhandensein oder Mangel in späterem Alter, die Antikörperbildungsbereitschaft unter dem Einfluß von spezifischen oder unspezifischen Reizen, die Funktion einer Anlage ist. Die näheren Gesetzmäßigkeiten der Vererbung immunologischer Eigenschaften sind daher unbekannt; wir wissen nicht, ob die Anwesenheit oder der Mangel der Antikörper oder der höhere Titer gegenüber dem niedrigeren dominant ist usw.

Serologische Spezifität im Lichte der Konstitutionsserologie.

Wir haben gesehen, daß die Fähigkeit zur Antikörperbildung („serologische Reflexe") wenigstens in vielen Fällen vorgebildet ist. Der Reiz löst nun eine Reaktionsart aus, je nach der spezifischen Leistungsfähigkeit der in die Reflexbahn eingeschalteten Zelle. Es existiert daher in der Reaktionsart eine Spezifität, die auf einer primären Verknüpfung und spezifischer Energie der Zelle beruht. Nun aber existieren zahlreiche Reaktionsarten, auf welche ein Spezifitätsbegriff nicht anwendbar ist. In den bekannten Pawlowschen Versuchen sezernieren die Drüsen des Hundes auf bestimmte akustische oder sonstige Eindrücke, die in keinem logischen Zusammenhang mit der Verdauung stehen, nur auf Grund einer sekundär entstandenen, auf zeitlicher Koinzidenz beruhenden Verknüpfung der Eindrücke. Diese Gesichtspunkte wurden für individuell erworbene Reaktionsfähigkeit der Tiere von Friedemann, v. Dungern, Bieling, Reitner, Mackensie, G. M. und Frühbauer, E., (anamnestische Reaktion) usw. diskutiert. Es wäre möglich, daß solche gemeinsame Beeinflussung des Individuums auch schließlich auf unbekannte Weise in der Erbmasse fixiert werden, so daß unspezifische Reaktionsfähigkeiten, die nicht auf der Gemeinsamkeit der Strukturelemente, sondern auf einer Assoziation der serologischen Eindrücke beruhen, auftreten.

Es sei noch bemerkt, daß manche Reaktionsarten sich gemeinsam vererben könnten. Inwieweit solche Antikörper unter dem Einfluß eines adäquaten Reizes gemeinsam auftreten, wissen wir nicht.

Ich habe schon erwähnt, daß die Responsivität des Organismus sich höchstwahrscheinlich in vorgebildeten Bahnen bewegt. Der unspezifische Reiz mobilisiert nun vorgebildete Reaktionsarten aus. Inwieweit bei der Serogenese nur innere Entwicklungsreize mitspielen oder ob lediglich eine Reaktionsfähigkeit konstitutionell bedingt ist, während die Reifungsvorgänge durch äußere unspezifische bzw. spezifische Reize ausgelöst und geleitet werden, wissen wir nicht. Wir müssen aber bedenken, daß eine Entwicklung ohne äußere Reize wir nur als Abstraktion kennen, wir vermögen eine solche Entwicklung nicht zu realisieren. Eine Vorstellung, die den Grund für die Entwicklung in ständiger Beeinflussung durch äußere Reize sucht, widerspricht der Spontaneität der Wachstumsvorgänge, sie scheint mir daher für die Erklärung des Auftretens normaler Antikörper nicht notwendig, trotzdem die unspezifischen und spezifischen Reize den Ablauf der Serogenese anscheinend etwas beschleunigen können.

Wir haben schon erwähnt, daß die Antikörperbildungsbereitschaft auch vom Reifungsgrad abhängig ist. Dadurch kommt wieder eine neue Möglichkeit der mangelnden Spezifität, indem gerade die ausgereiften Antikörper besonders leicht selbst nach unspezifischer Reizung entstehen können.

Ich formuliere diese einigen Denkmöglichkeiten, da mir beim Studium der Beziehungen zwischen isoagglutinablen Substanzen zu anderen Antigenen mehrere Widersprüche aufgefallen sind, die hier vielleicht eine Erklärung finden werden. Wir haben uns bemüht, manche dieser Denkmöglichkeiten experimentell zu verifizieren.

Ich habe versucht, die Immunitätsvorgänge auf konstitutionelle Basis zurückzuführen und die näheren Gesetzmäßigkeiten zu formulieren, trotzdem für mehrere Punkte genügende experimentelle Unterlagen noch fehlen und sie daher eine Verallgemeinerung einzelner Beobachtungen darstellen. Der Zusammenhang der Gruppenforschung mit der Konstitutionsserologie ergibt sich von selbst. Die moderne Genanalyse ist dort anwendbar, wo Individuen von verschiedener Genzusammensetzung gekreuzt werden. Das erste Beispiel von konstitutionell bedingten serologischen Unterschieden waren die isoagglutinablen Eigenschaften und daher konnte eine vererbungstheoretische Analyse nur von ihnen ausgehen. Die Gruppenforschung lieferte zunächst zwei Probleme: die der differenten, gruppenspezifischen Eigenschaften und diejenige der physiologischen Anwesenheit der Isoantikörper. Das erste Problem wurde von v. Dungern und mir mit der Genetik und der Anthropologie in Zusammenhang gebracht, und es zeigte sich, daß es die tiefsten Fragen, die der Menschenwerdung und Menschenwanderungen, berührt. Die in früheren Kapiteln zusammengestellte Literatur zeigt, daß diese Ideengänge fruchtbar waren.

Die Tatsache der Anwesenheit der Isoantikörper und der Zusammenhang mit der Pathologie ließ sich aber zunächst nicht erklären. Ich war daher genötigt, in die allgemeinen Fragen der immunologischen Konstitution und serologischer Wachstumsvorgänge einzudringen. Dadurch entstand die Richtung der Konstitutionsserologie, welche zwar die Tatsache der Anwesenheit normaler Antikörper im einzelnen nicht erklärt, sie aber der Willkür einer wahllosen, nur das Individuum betreffenden Beeinflussung durch die Umwelt entreißt und sie den großen Gesetzen exakter Naturwissenschaften unterwirft. Ich hoffe, daß auf dieser Ebene der weiteren Forschung die Wege klarer gewiesen sind. Probleme, die sich unmittelbar aufdrängen, sind: der Selektionswert anthropologischer Typen, Aufzeichnung der Migrationen auf Grund der verschiedenen serologischen gruppenspezifischen Merkmale, vielleicht eine Entzifferung der epidemiologischen Leidensgeschichte der Menschheit auf Grund der Anwesenheit mancher normaler Antikörper, die Lebensaussichten der Früchte bei Rassenmischungen, die näheren Gesetzmäßigkeiten der Vererbung immunologischer Eigenschaften, die Möglichkeit der Herauszüchtung immuner Rassen, die Zucht der Tiere mit besonders mächtiger Antikörperproduktion, die Zurückführung mancher epidemiologischen Tatsachen auf eine ev. gemeinsame Vererbung immunologischer Eigenschaften, eine Genanalyse bei anderen Merkmalen durch Korrelierung mit den Blutgruppen und dergleichen.

Die Zukunft wird zeigen, was sich von diesen Ideengängen wird realisieren lassen.

Literatur.

Abe: Saikingaku-Zasshi 1922, S. 321, 400; zit. nach Furuhata.

Aben-Athar, J.: Blood agglutinins in Brazilians. Sciencia Médica (Rio de Janeiro) Bd. 5, S. 121—173. March 1927.

Aleksander, W.: An inquiry into the distribution of the blood groups in patiens suffering from malignant deseases. Brit. journ. exp. pathol. Bd. 2, S. 66—70. 1921.

Aleksander, W. and Thompson Lawrence: Autohaemagglutination in chronic leukemia. Journ. of the Americ. med. assoc. Bd. 85, Nr. 22, S. 1709. 1925.

Alieff, G.: Bestimmung der Blutgruppe mittels Absorption der Agglutinine. Russkaja klinika Bd. 7, Nr. 33, S. 55—57 (russisch).

Alperin, M. M.: Über die Beziehungen zwischen Blutgruppen und Tuberkulose. Ein Beitrag zur Frage der Bedeutung der Konstitution für die Tuberkulose. Beitr. z. Klin. d. Tuberkul. Bd. 64, H. 3/4, S. 500—510. 1926.

Amsel, R., und W. Halber: Über das Ergebnis der Wassermannschen Reaktion innerhalb verschiedener Blutgruppen. Zeitschr. f. Immunitätsforsch. u. exp. Therapie, Orig. Bd. 42, H. 2. 1925; Cpt. rend. des séances de soc. la de biol. Bd. 91, S. 1479. 1925; Medycyna doświadczalna i spoleczna Bd. 5, H. 3—4. 1925 (polnisch).

Amsel, R. und L. Hirszfeld: Über die Kälteagglutination der roten Blutkörperchen. Zeitschr. f. Immunitätsforsch. u. exp. Therapie, Orig. Bd. 43, H. 6, S. 526—538. 1925.

Ascoli: Isoagglutinine ed isolisine del siero di sangue umano. Bull. d. soc.-med. chir. di Pavia Bd. 18, S. 1 und Bd. 5, S. 7. 1901; Münch. med. Wochenschr. 1901, S. 1239 und 1902, S. 582.

Ashby: The determination of the length of life of transfunded blood corpuscles in man. Journ. of exp. med. Bd. 29, S. 267. 1919.

Ausberger: Superfoecondation und Blutgruppenbestimmung. Klin. Wochenschr. Jg. 6, Nr. 42. 1927.

Awdiejewa und Gryzewicz: Zur Frage der Hämoisoagglutination bei Menschen. Bull. d. Mosc. Ges. d. Naturforsch. Bd. 1, S. 108. 1924. (Zit. nach Kolzoff.)

Badino: Prüfung der Blutgruppen. Policlinico 33, Bd. S. 433—467. 1926.

Bailey, C.: Study of the normal and immune hemagglutinins of the domestic fowl with respect to their origin, specifity and identity. Americ. journ. of hyg. Bd. 3, Nr. 4, S. 370—393. 1923.

Bais and Verhoeff (1): On the biochemical index of various races in the East indian Archipelago. Journ. of immunol. Bd. 9, S. 383. 1924.

— (2): Anthropologische Bedeutung der Blutgruppen. Nederlandsch tijdschr. v. geneesk., 1. u. 2. Hälfte Bd. 2, S. 1212. 1924.

— (3): Anthropologisch bloedonderzoek bij verschillende rassen in Nederlandisch-Indie. Geneesk. tijdschr. v. Nederlandsch Ind. Afl. I, Deel 67. 1927. C. inter. Antr. 1927.

Barbaro: La transfusion du sang chez le nouveau-né. Gynécol. et obstetr. Bd. 11, Nr. 2, S. 118—129. 1925.

Barinstein: Die Bluttransfusion im Lichte gegenwärtiger Kenntnisse. Sovrem. Med. Nr. 2, S. 39. 1924 (russisch).

Barski: Die Zwillinge und die Gruppencharakteristik des Blutes. Dnepropetrowsk. med. Journ. H. 1/2. 1927 (russisch).

Barsky: Zur Frage über die Konstanz der Isoagglutinationscharakteristik des Blutes. Monatsschr. f. Geburtsh. u. Gynäkol. Bd. 74, H. 1/2, S. 66—75. 1926.

Beck, A.: Zur Technik und Bedeutung der Vorproben, insbesondere der Blutgruppenbestimmung für die Bluttransfusion. Münch. med. Wochenschr. Nr. 10, S. 398—402. 1927.

Berdieu: Blutgruppen bei Carcinom. Nederlandsch tijdschr. v. geneesk. (Holländisch). 1926.

Bernstein, F. (1): Ergebnisse einer biostatischen zusammenfassenden Betrachtung über die erblichen Blutstrukturen des Menschen. Klin. Wochenschr. Jg. 3, Nr. 33, S. 1495 bis 1497. 1924.

— (2): Zusammenfassende Betrachtungen über die erblichen Blutstrukturen des Menschen. Zeitschr. f. indukt. Abstammungs- u. Vererbungslehre Bd. 37, H. 3, S. 237—270. 1925.

Bertino: Sul potere emolitico ed emoagglutinante del siero sanguigno materno e fetale nelle forme gravi di anemia puerperale. Atti d. soc. ital. di ostetr. e ginecol. Bd. 12. 1906.

Besedin, G. I.: Blutgruppen bei den Tataren auf der Krim. Vračebnoe delo, Charkow, Bd. 9, H. 21, S. 1690—1696. 1926 (russisch).

Białosuknia und Hirszfeld (1): O aglutynacji normalnej. Przegląd epidemjologiczny Bd. 1, S. 437. 1921 (polnisch).

— (2): Etudes sur l'agglutination des globules rouges. Les anticorps normaux n'agissant qu'à des températures déterminées. Cpt. rend. des séances de la soc. de biol. Bd. 89, S. 1361. 1923.

Białosuknia und Kączkowski (1): Recherches sur les groupes sérologiques chez les moutons. Cpt. rend. des séances de la soc. de biol. Bd. 90, S. 1196. 1923; Pamiątnik pulawski Bd. 4. 1924 (polnisch).

— (2): On the differentiation of various breeds of sheep by means of serological methods. Journ. of immunol. Bd. 9, S. 6. 1924.

de Biasi, B.: Studies on iso-agglutinins in the blood of the newborn. Journ. of the Americ. med. assoc. Bd. 81, S. 1776—1778. 1923.

Bigleri: Über spontane Hämagglutination bei Malaria. Wien. klin. Wochenschr. 1915, S. 1054.

Bleyer: Über den Gehalt der Serumeiweißfraktionen an gruppenspezifischem Isohämagglutinin. Zeitschr. f. Immunitätsforsch. u. exp. Therapie Bd. 53, H. 3/4. 1927.

Bocchini: Über Antikörper bei Neugeborenen. La Pediatria Bd. 22. 1926.

Böhmer, Kurt: Blutgruppen und Verbrechen. Dtsch. Zeitschr. f. d. ges. gerichtl. Med. Bd. 9, H. 4, S. 426—430. 1927.

Bond: On autohemagglutinations; a contribution to the physiology and pathology of the blood. Brit. med. journ. 1920, Nr. 3120, S. 925 und 1921, Nr. 3130, S. 973.

Bouchet, Nadia: Isoagglutination positive malgré l'identité de groupes entre le sang de la mère et du nouveau-né. Cpt. rend. des séances de la soc. de biol. Bd. 94, H. 1, S. 16—17. 1926.

Brahn und Schiff: Über die komplexe Natur der Blutgruppensubstanz A des Menschen. Klin. Wochenschr. Nr. 32. 1926.

Breitner: Die Bluttransfusion. Berlin: Julius Springer 1925.

Brem, W. V.: Blood transfusion. Journ. of the Americ. assoc. med. Bd. 67, S. 190—193. 1916.

Brestkin und Tschuko: Versuch der Anwendung der Isoagglutinationsreaktion bei Erforschen der physischen Ausdauer des Menschen. Sbornik Trudow nautschn. Otdela Kursow obrasowania 1925 (russisch).

Briand et Spindler: Contribution à l'étude des variations de l'agglutination du sang total de la mère et de l'enfant nouveau-né par un même sérum étalon et leurs rapports avec l'état physiologique du nouveau-né. Bull. de la soc. d'obstétr. et de gynécol. Jg. 14, Nr. 7, S. 514—515. 1925.

Brokman: Über gruppenspezifische Strukturen des tierischen Blutes. Zeitschr. f. Immunitätsforsch. u. exp. Therapie, Orig. Bd. 9, S. 87. 1911.

Bruck: Die biologische Differenzierung von Affenarten und menschlichen Rassen durch spezifische Blutreaktion. Berl. klin. Wochenschr. 1907, S. 793.

Bruskin: Die Bluttransfusion und die neuesten Fortschritte auf diesem Gebiete. Vestnik sovremennoj mediciny 1925, Nr. 1, 2 (russisch).

Bruynoghe et Walravens: L'indice biologique des indigènes du Haut Katanga. Cpt. rend. des séances de la soc. de biol. Bd. 95, Nr. 27, S. 739—740. 1926.

Buchanan: A consideration of the various laws of heredity and their application to condition in man. Americ. journ. of the med. sciences Bd. 165, S. 676. 1923.

Buchanan, J. A.: Medico-legal application of the blood group. Journ. of the Americ. med. assoc. Bd. 78, S. 89—92; Bd. 79, S. 180—181. 1922.

14*

Buchanan, J. A. and E. T. Higley: The relationship of blood groups to disease. Brit. journ. of exp. pathol. Bd. 2, S. 247—255. 1921.

Buchet, Nadia: Interagglutination positive malgré l'identité des groupes entre le sang de la mère et du nouveau-né. Cpt. rend. des séances de la soc. de biol. Bd. 94, H. 1, S. 16—17. 1926.

Bunak: Über die Isoagglutinationsreaktion bei verschiedenen Völkern. Russis antropol. journ. Bd. 1/2, S. 115. 1924 (russisch).

Bunak, W.: Einige Daten über die Isohämagglutination bei verschiedenen asiatischen Stämmen. Arch. f. Rassen- u. Gesellschaftsbiol. Bd. 17, H. 3, S. 316—318. 1925.

Bunker, H. A. and S. Meyers: Blood groups in general paralysis. Journ. of laborat. a. clin. med. Bd. 12, S. 415—528. February 1927.

Burgdorf, R.: Über Normalagglutinine für Ruhr- und andere Bacillen. Zentralbl. f. Bakteriol., Parasitenk. u. Infektionskrankh., Abt. 1, Orig. Bd. 95, Nr. 7/8, S. 417—423. 1925.

Cabrera and Wade: Iso-agglutination group percentages of Filipino bloods. Philippine Island med. Assoc. journ. Bd. 1, S. 100—103. 1921.

Calwin, B. Coulter (1): The isoelectric point of red blood cells and its relation to agglutination. Journ. of gen. physiol. Bd. 3, Nr. 3, S. 309—323. 1921.

— (2): The agglutination of red blood cells in the presence of blood sera. Journ. of gen. physiol. Bd. 4, Nr. 4, S. 403—409. 1922.

Camus et Pagniez: D'un pouvoir agglutinant de certains sérums humains pour les globules rouges de l'homme. Cpt. rend. des séances de la soc. de biol. Bd. 53, S. 242. 1901.

Canelli, A. F.: La determinationi dei gruppi sanguini nei gamelli. Clin. pediatr. Bd. 7, S. 385—86. 1925.

Careri: Sulla autoemagglutinazione per invecchiamento del sangue. Boll. d. reale accad. Pelotitana, giugno 1922.

Casetti: I gruppi sanguigni. Policlinico, sez. prat. Bd. 26, S. 513. 1919.

Cathala, V. et le Rasle: L'incomptabilité sanguine fœto-maternelle est-elle la cause de l'éclampsie? Rev. franç. de gynécol. et d'obstétr. 1925, Nr. 20, S. 25.

Cavalieri: Contributo alle studio dei gruppi sanguigni. Bull. d. soc. med.-chir. Pavia Bd. 25. 1919; Arch. di patol. e clin. med. Bd. 1, S. 5. 1922.

Chavasse: The blood group in mother and child. Brit. med. journ. Bd. 1, S. 641. 1921.

Cherry and Langrock: The relation of hemolysis in the transfusion of babies with mothers. Journ. of the Americ. med. assoc. Bd. 66, S. 626. 1916.

Ciotola: Determinación de los grupos sanguíneos. Annales de la fac. de med. Lima Bd. 6, S. 108. 1923.

Clemens, J. (1): Neue Blutagglutinationsprobe mit hämolysiertem Blut und ein Beitrag über Agglutinationsabweichungen der Blutgruppen. Zentralbl. f. Chir. Jg. 53, Nr. 48, S. 3032 bis 3037. 1926.

— (2): Eine neue Blutagglutinationsprobe und ein neuer Bluttransfusionsapparat. Dtsch. med. Wochenschr. Jg. 53, Nr. 14, S. 567—568. 1927.

Cleland, J. Burton: Blood grouping of Australian aboriginals. Austral. journ. of exp. biol. and med. science. Bd. 3, Nr. 1, S. 33—35. 1926.

Clough and Richter: A study of an autoagglutinin occuring in a human serum. Bull. of the Johns Hopkins hosp. 1918, S. 86, 29.

Coca, A.: The examination of the blood preliminary to the operation of blood transfusion. Journ. of immunol. Bd. 8, Nr. 2. 1918.

Coca, A., and Klein: Hitherto undescribed pair of isoagglutination elements in human beings. Proc. of the soc. f. exp. biol. a. med. Bd. 20, Nr. 8, S. 466—468. 1923.

Coca A., and Hyman A. Klein: Hitherto undiscribed pair of isoagglutination elements in human beings. Journ. of immunol. Bd. 8, Nr. 6, S. 477. 1923.

Coca, A. and Olin Deibert: A study of the occurrence of the blood groups among the American Indians. Journ. of immunol. Bd. 8, Nr. 6, S. 487—491. 1923.

Collon, N. G. (1): Les isoanticorps dans le sang maternel et placentaire. Cpt. rend. des séances de la soc. de biol. Bd. 94, Nr. 6, S. 418.

— (2): Les isoagglutinines chez la mère et l'enfant. Cpt. rend. des séances de la soc. de biol. Bd. 96, Nr. 2, S. 144—145. 1927.

— (3): Les isoagglutinines. Arch. Int. Med. Exp. Bd. 3, H. 2. 1927.

Connerth: Über Blutgruppen bei Tuberkulose. Zeitschr. f. Tuberkul. Bd. 48, H. 2, S. 140. 1927.

Costa: L'agglutination sur lame. Séro-diagnostic clinique. Hémoagglutination. Cpt. rend. des séances de la soc. de biol. Bd. 72, S. 427. 1912.

Csörsz: Statistische Konstitution und Vererbungsforschung in einem Dorfe der ungarischen Tiefebene. Klin. Wochenschr. Nr. 34, S. 1586. 1926. Ber. Ärzteverein Debreczen.

Csörsz, Károly: Untersuchungen über die Vererbung der Blutgruppen. Arbeiten d. II. Abteilung der Wissent. Stefan Tisza Gesellschaft in Debrecen Bd. 2, H. 3. 1926.

Culpepper and Ableson: Report on 5000 bloods typed using Moss' grouping. Journ. of laborat. a. clin. med. Bd. 6, S. 276. 1921.

Czekanowski, J.: Serol. Aufnahmen in Polen. Polska gazeta lekarska 1925, Nr. 3 (polnisch).

Debenedetti, E. (1): Sui raporti tra impilamento dei globuli rossi e certi fenomeni di agglomeramento degli spermatozoi umani. Rif. med. 1923, S. 1044.

— (2): Sull'azione agglomerante a freddo dei sieri Rapporti fra agglomeramento auto- e isoagglutinationen dei globuli rossi. Policlinico, sez. med. Bd. 31, S. 95. 1924.

— (3) Produzione di emaagglutinine specifiche per iniezione di sieri eterogenei. Rass. internaz. di clin. et terap. 1924.

Debré, R., et M. Hamburger (1): Groupes sanguins du nourrisson. Cpt. rend. des séances de la soc. de biol. Bd. 94, Nr. 16, S. 1196—1198. 1926.

— (2): Pourcentage des groupes sanguins chez le nourrisson. Cpt. rend. des séances de la soc. de biol. Bd. 97, Nr. 19. 1927.

— (3): Apparition des isoagglutinogènes et isoagglutinines au cours des deux premières années de l'existence. Cpt. rend. des séances de la soc. de biol. Bd. 97, Nr. 20. 1927.

Decastello: Der heutige Stand der Bluttransfusion. Freie Vereinigung der Chirurgen Wiens. Wien. klin. Wochenschr. Bd. 37, S. 401. 1924.

Decastello and Stürli: Über die Isoagglutinine im Serum gesunder und kranker Menschen. Münch. med. Wochenschr. Bd. 49, S. 1090. 1902.

Denissenko, M. und M. Scheinermann: Über die Veränderung des Blutes bei Ermüdung. Verhandlungen der ukrainischen Kommission zur Gruppenforschung Bd. I, H. 2. 1927.

Dervieux (1): Procédé du diagnostic individuel du sang et du sperme. Cpt. rend. des séances de l'acad. des sciences Bd. 172, Nr. 22, S. 1384—1386.

— (2): Notes sur un nouveau sérum précipitant préparé en vue de l'individualisation du sang et du sperme. Ann. de méd. lég. Bd. 3, S. 454. 1923.

Deucher, Walter und Alton E. Ochsner: Zur Frage der freien homoioplastischen Hauttransplantation bei Agglutinationsgruppengleichheit. Arch. f. klin. Chir. Bd. 132, H. 3, S. 470—479. 1924.

Diemer: Weitere Untersuchungsergebnisse über willkürliche Beeinflussung der Hämagglutinationsgruppen. Mitt. a. d. Grenzgeb. d. Med. u. Chir. Bd. 35, S. 454—476. 1922.

Dimanstein, W. I.: Die Senkungsgeschwindigkeit der Erythrocyten im Zusammenhang mit den isoagglutinierenden Eigenschaften des Blutes. Vračebnoe delo Nr. 6. Charkow 1926 (russisch).

Doan, Studies of the Rockefeller Institute Bd. III. 1927.

Dölter, Werner (1): Untersuchungen über die gruppenspezifischen Receptoren des Menschenblutes und ihre Antikörper. Zeitschr. f. Immunitätsforsch. u. exp. Therapie, Orig. Bd. 43, H. 1/2, S. 95, 127. 1925.

— (2): Über den Einfluß der Temperatur auf die Agglutination des Menschenblutes durch tierische Sera, unter besonderer Berücksichtigung der gruppenspezifischen Differenzierbarkeit. Zeitschr. f. Immunitätsforsch. u. exp. Therapie, Orig. Bd. 43, H. 1/2. 1925.

— (3): Über den heutigen Stand der Blutgruppenforschung. Med. Klin. Jg. 21, Nr. 36, S. 1333—1337. 1925.

Donath: Zur Kenntnis der agglutinierenden Fähigkeiten des menschlichen Blutes. Wien. klin. Wochenschr. 1900, S. 497.

D'Onofrio, F.: Rapporti fra carattere ereditario gruppi sanguigni ed adenoidismo. Arch. ital. di otol., rinol. e laringol. H. IV, 1926.

Dossena, G. (1): Osservazione sulle modalità della trasmissione ereditaria nei caratteri dei gruppi sanguigni. Ann. di ostetr. e ginecol. Jg. 46, Nr. 8, S. 335—347. 1924.

Dossena, G. (2): Nuovo contributo alla conoscenza della modalità di trasmissione ereditaria dei caratteri dei gruppi sanguigni. Biol. méd. 1925, Nr. 6.

— (3): Sull incomptabiliti sanguigne materno-fetale in rapporto alla tossemia gravica. Ann. di ostetr. e ginecol. 1925.

— (4): L'isoagglutinatione studiata nei riguardi dell'abito morfologica e della neoplasie della sfera genitala muliebra. Ann. di ostetr. e ginecol. 1925.

— (5): La transfusione di sangue integro. Ann. di ostetr. e ginecol. 1924.

Douris (1): On iso-hemagglutination. Brit. journ. of exp. pathol. Bd. 3, S. 146—150. 1922.

— (2): Sur l'examen biologique des sang dans la transfusion sanguine. Bull. des sciences pharmacol. Bd. 29, S. 503. 1922.

— (3): Application médico-légale des groupes sanguins humains. Discussion de paternité. Bull. des sciences pharmacol. Bd. 30, S. 90. 1923.

Mac Dowell, E. C., and J. E. Gubbard: On the absence of isoagglutinines in mise. Proc. of the soc. f. exp. biol. a. med. Bd. 20, S. 93. 1922; Zentralbl. f. Bakteriol., Parasitenk. u. Infektionskrankh. Bd. 76, Nr. 5/6. 1924.

Dubois: Note sur l'autoagglutination des hématies dans la trypanosomiase humaine. Bull. de la soc. de pathol. exot. 1912, S. 686.

Dudgeon: On the presence of haemagglutinins, haemopsonins and haemolysine in the blood obtained from infections deseases in man. Proc. of the roy. soc. Bd. 80, S. 531; Bd. 81, S. 207. 1908—1909.

Dujarric de la Rivière et N. Kossowitsch (1): Au sujet des groupes sanguins des tuberculeux et des cancereux. Cpt. rend. des séances de la soc. de biol. Bd. 97, Nr. 20. 1927.

— (2) Sur les groupes sanguins des chevaux et l'absorption par les globules rouges. Cpt. rend. des séances de la soc. de biol. Bd. 97, S. 373. 1927.

v. Dungern: Über Nachweis und Vererbung biochemischer Strukturen und ihre forensische Bedeutung. Münchner med. Wochenschr. S. 293. 1910.

v. Dungern und Hirszfeld (1): Über eine Methode, das Blut verschiedener Menschen serologisch zu unterscheiden. Münch. med. Wochenschr. 1910, S. 741.

— (2): Über Nachweis und Vererbung biochemischer Strukturen. Zeitschr. f. Immunitätsforsch. u. exp. Therapie, Orig. Bd. 4, S. 531. 1910.

— (3): Über Vererbung gruppenspezifischer Strukturen des Blutes. Zeitschr. f. Immunitätsforsch. u. exp. Therapie, Orig. Bd. 6, S. 284. 1910.

— (4): Über gruppenspezifische Strukturen des Blutes. Zeitschr. f. Immunitätsforsch. u. exp. Therapie, Orig. Bd. 8, S. 526. 1911.

Duvoir: Le problème de la paternité. La Médecine. Avril 1924.

Duvoir et Dervieux: A propos des groupes sanguins. La Médecine. Octobre 1924.

Dychno: Über konstitutionelle Bedeutung isoagglutinierender Eigenschaften des menschlichen Blutes. Naučnye izvestija Smolenska Univ. 3. 93. 1926.

Dyke (1): Blood grouping and clinical applications with simple method of group determination. Lancet 1922, S. 202, 579.

— (2): A note on the possible existence of a lethal factor. Proc. of the roy. soc. med. pathol. sect. Bd. 16, S. 43. 1923.

— (3): S. C.: Observations on six anomalous bloods, with reference to the theory of isoagglutination. Brit. journ. of exp. pathol. Bd. 7, Nr. 5, S. 294—299. 1926.

— (4): Determination of compatibility of bloods. Lancet 18, 1927.

Dyke and Budge: On the inheritance of the specific iso-agglutinable substances of human red cells. Proc. of the roye. soc. of London Bd. 16, S. 35—41. 1923.

Eden: Die Bedeutung der gruppenweisen Hämagglutination für die freie Transplantation und über die Veränderung der Agglutinationsgruppen durch Medikamente, Narkose, Röntgenbestrahlung. Dtsch. med. Wochenschr. 1922, Nr. 48, S. 85—86.

Egidi: Sulla determinazione dei gruppi sanguigni. Policlinico, sez. prat. Bd. 27, S. 723. 1920.

Ehrlich und Morgenroth: Über Hämolyse. Berlin. klin. Wochenschr. 1900, S. 453.

Einaudi, Mario: Isoagglutinatione dei gruppi sanguini nell uomo. Rinoscenza medica. Jg. 3, Nr. 21, S. 465—476. 1926.

Ernrooth: Zur Frage des Nachweises individueller Blutdifferenzen. Vierteljahrsschr. f. gerichtl. Med. Bd. 24, S. 64. 1904.

Esposito: Sugli allegati mutamenti artificiali dei gruppi sanguigni. Policlinico, sez. med. 1924, Nr. 2.

Fåhraeus: The suspension stability of the blood. Acta med. scandinav. Bd. 55, S. 1. 1921.

Falgairolle (1): Réfutation des iso-agglutinations atypiques. Cpt. rend. des séances de la soc. de biol. S. 1119, séance du 1er mai 1926.

— (2): La double épreuve au Kaolin contre la pseudo-iso-agglutination. Bull. de la soc. des sciences med. et biol. de Montpellier fasc. VI, avril 1926.

— (3): La fixité des groupes sanguins malgré les transfusions de sang de groupes différents. Bull. de la soc. des sciences méd. et biol. de Montpellier et du Languedoc méditerranéen Jg. 7, Heft 7. 1926.

— (4): L'identification des groupes sanguins en obstétriques. Rev. franç. de gynécol. et d'obstétr. Jg. 21, Nr. 4, S. 236—253. 1926.

— (5): Les épreuves directes d'isoagglutination. Troisième cause d'erreur. Cpt. rend. des séances de la soc. de biol. Bd. 94, 16, S. 1185—86. 1926.

Feldman, L. und E. Elmanowic: Die agglutinierende Eigenschaft des Blutes Geisteskranker. Medico-Biol. Journal H. 1/2, S. 3125—3133. 1925 (russisch).

Fishbein: Iso-agglutination in man and lover animals. Journ. of infect. dis. Bd. 12, S. 133 bis 139. 1913.

Fleischer, Ludwig: Studien über die Hämagglutination bei Tier und Mensch. Zeitschr. f. Immunitätsforsch. u. exp. Therapie, Bd. 49, H. 1/2, S. 121—138. 1926.

Florence: Peut-on distinguer le sang d'un homme du sang d'un autre homme? Arch. d'anthropol. crim. 1904, S. 215.

Freemen und Whitehouse: Dangerous universal donner. Americ. journ. of med. Science S. 172—664. 1926.

Friedenreich, V.: Bactérie provoquant la panagglutinabilité des hématies humaines (phénomène de Thomsen). Cpt. rend. des séances de la soc. de biol. Bd. 96, Nr. 13, S. 1079 bis 1081. 1927.

Fürst, T. (1): Zur Erblichkeitsfrage beim Kropf. Münch. med. Wochenschr. 1925, S. 12.

— (2): Blutgruppenuntersuchungen in der Münchener Bevölkerung. Münch. med. Wochenschr. Nr. 4, S. 145. 1927.

— (3): Blutgruppenuntersuchung in der Münchener Bevölkerung. Münch. med. Wochenschrift Bd. 15, S. 640. 1927.

— (4): Determinación de la individualidad de la sangre con ayuda de la isohemaglutinación y su campo de aplicaciones. Rev. Médica de Hamburgo Jg. 8, Nr. 7. 1927.

Fukamachi, Hozumi: On the biochemical race-index of Koreano, Manchus and Japanese. Journ. of immunol. Bd. 8, Nr. 4, S. 291—294. 1923.

Fukamachi: Kokkaigakkai-Zasshi 1922, S. 430, 579; zit. n. Furuhata.

Furuiki: Taiwen Igakkai-Zasshi Bd. 243, S. 581. 1925; zit. n. Furuhata.

Furuhata, T. (1): The isolation of immune Hemagglutinin. Japan med. world Bd. 1, Nr. 6. 1921.

— (2): X. Kongreß für die gerichtliche Medizin in Japan. 1925.

— (3): The distribution of the blood group of the Japanese. (The third report.) Congrès intern. d'anthropologie à Amsterdam 1927.

— (4): The blood distribution of the Ainu, Formosan Aborigens and the Inhabitants of Micronesian Islands. Congrès intern. d'anthropologie à Amsterdam 1927.

Furuhata, Ichida and Kishi (1): On the serological Diagnosis of paternity. Journ. of social med. Nr. 471, April 1926.

— (2): On heredity and biochemical structure of human blood. Japan med. world Bd. VII, Nr. 1. 1927.

Furuhata and Takayoshi Kishi[1]): On the biochemical racial-index of the japanese in the Hokuriku district. Japan med. world Bd. 6, Nr. 1. 1926.

Furuhata, Tanemoto and Takayoshi Kishi: On the biochemical radical-index of the Japanese in the Hokuruku district (Northern part of middle Japan). Journ. of immunol. Bd. 12, Nr. 2, S. 83—89. 1926.

[1]) Die Titel der zahlreichen japanischen Arbeiten kann ich leider nicht lesen, ich verweise daher auf die Publikationen obenerwähnter Autoren und bei Ninomiya in Japan med. world, wo die Literatur angegeben ist.

Galli-Valerio: Die Agglutination der roten Blutkörperchen durch homo- und heterologe Sera und ihre Verwendung in der gerichtlichen Medizin. Allg. med. Zentralztg. Bd. 73, Nr. 3. 1905.

Ganther, R.: Gruppenweise Hämagglutination bei Drillingen. Ein Beitrag zur Frage der Vererbung. Zentralbl. f. Gynäkol. Bd. 49, 35, S. 1948—1951. 1925.

Gay: The function of tenacity in human isohaemagglutination. Journ. of med. research Bd. 17, S. 321—339. 1907.

Gesselewitsch, A.: Zur Frage der Konstitution und der Blutgruppen. Verhandlungen der ukrainischen Kommission zur Gruppenforschung Bd. 1, H. 2. 1927.

Gezelle-Meerburg: Serologische Untersuchungen im Dienste der Anthropologie. Geneesk. gids 1925, S. 766—769, 793, 1132. (Holl.)

Gichner: A biological mechanism of human isohaemagglutination. Journ. of the Americ. med. assoc. Bd. 79, S. 2143—2145. 1922.

Gill: Use of dried serum for testing blood-donors. Milit. surgeon. 1922.

Giraud: Les groupes sanguins. Presse méd. Bd. 1, S. 21—22. 1919.

Goldstein, M.: I gruppi sanguigni degli abitanti di Trieste. Il Policlinico, H. 15, S. 523. 1927.

Goodall: Blood Matching in Toxemia of Pregnancy. Canadian Med. Ass. Journ. Montreal Bd. 16, S. 676. 1926.

Gordon: Über die Gruppenagglutination der Erythrocyten bei Malaria. Vračebnaja gazeta 1925 (russisch).

Gorew: Zur Frage der Wirkung des Chloroform und Äthernarkose auf die Isoagglutinationseigenschaften des Blutes. Irkutskij medicinski žurnal Nr. 3/4. 1926 (russisch).

Goroney (1): Zur Frage der individuellen Blutdiagnose. Dtsch. Zeitschr. f. d. ges. gerichtl. Med. Bd. 5, S. 178. 1925.

— (2): Über die Bedeutung der Temperatur für die Differenzierung der echten und falschen Isoagglutination. Dtsch. Zeitschr. f. d. ges. gerichtl. Med. Bd. 6, H. 1, S. 9—14. 1925.

— (3): Sull importanza della temperatura per la differenzazione della vera della falsa isoagglutinazione. Giorn. di biol. e med. sperim. 1925.

— (4): Erfahrungen mit der Blutgruppenbestimmung bei strittiger Vaterschaft. Arch. f. soz. Hyg. u. Demogr. Bd. 2, H. 5, S. 413—419. 1927.

Grafe und Graham: Untersuchungen über Isolyse. Münch. med. Wochenschr. 1911, S. 2257 u. 2338.

v. Graff und v. Zubrzycki: Biologische Studien über mütterliches und Nabelschnurblut. Arch. f. Gynäkol. Bd. 95, S. 732. 1911/12.

Gram und Thomsen: Source of error in blood groups testing. Hospitalstidende, Copenhagen Bd. 69, S. 651. 1926.

Gregory (1): Blood grouping. Lancet Bd. 43, S. 445. 1923.

— (2): Über die Bedeutung der Temperatur für die Differenzierung der echten und falschen Isoagglutination. Dtsch. Zeitschr. f. d. ges. gerichtl. Med. Bd. 6, H. 1, S. 9—14. 1925.

Groetschel, Dr.: Die Blutgruppenverteilung in der oberschlesischen Bevölkerung. Klin. Wochenschr. 6. Jg., Nr. 19. 1927.

Grove, Ella: On the value of the blood-group feature as a means of determining racial relationship. Journ. of immunol. Bd. 12, Nr. 4, S. 251—262. 1926.

Gruhzit and Clark: A new clinical method for blood typing. Journ. of laborat. a. clin. med. Bd. 10, S. 66. 1924.

Grusdieff: Die Blutgruppenuntersuchungen unter Matrosen in Kronstadt. Vračebnaja gazeta S. 407. 1926 (russisch).

Gudin-Lewkowitsch: Einige Angaben über die Bluttransfusion. Klin. Wochenschr. Nr. 2, S. 45. 1926.

Guérin-Valmade, Candière et Toinon: Eclampsie puerpérale avec examen des réactions sanguines paterno-materno-fœtales. Presse méd. 1925, Nr. 62, S. 1052.

Gundel (1): Einige Beobachtungen bei der rassenbiologischen Durchforschung Schleswig-Holsteins. Klin. Wochenschr. 1926, Nr. 26, S. 1186.

— (2): Rassenbiologische Untersuchungen an Strafgefangenen. Klin. Wochenschr. Jg. 5, Nr. 46, S. 2165—66. 1926.

Gundel (3): Bestehen Zusammenhänge zwischen Blutgruppe und Luesdisposition, sowie zwischen Blutgruppe und Erfolg der Luestherapie? Klin. Wochenschr. Jg. 6, Nr. 36, S. 1703—1705. 1927.

Guthrie and Huck (1): Existence of more than four iso-agglutinins groups in human blood. Bull. of the Johns Hopkins hosp. Bd. 34, S. 37—80 folg. 1923.

— (2): Further studies on blood grouping. I. Antigenic properties of two types of „Group II" erythrocytes. Bull. of the Johns Hopkins hosp. Bd. 35, S. 23. 1924.

Guthrie and Pessel (1): Further studies on blood grouping. II. The influence of temperature upon isohemagglutination. Bull. of the Johns Hopkins hosp. Bd. 35, S. 81. 1924.

— (2): III. Varied types of groups IV blood. Bull. of the Johns Hopkins hosp. Bd. 35, S. 81. 1924.

— (3): IV. The demonstration of two additional isoagglutinins (*D* and *O*) in human blood. Bull. of the Johns Hopkins hosp. Bd. 35, S. 126. 1924.

Guthrie, Pessel and Huck: V. Recognition of three types of group II blood. Bull. of the Johns Hopkins hosp. Bd. 35, S. 221. 1924.

Hadjopoulos and Reginals Burbank: The nature of human isoagglutinogens. Proc. of the soc. f. exp. biol. a. med. Bd. 21, Nr. 5, S. 249—252. 1924.

Halban: Agglutinationsversuche mit mütterlichem und kindlichem Blute. Wien. klin. Wochenschr. 1900, S. 545.

Haff and Zeiler: Studies on isoagglutinins in the blood of the new-born. Journ. of the Americ. med. assoc. Bd. 82, S. 227. 1924.

Halban und Landsteiner: Über Unterschiede des fötalen und mütterlichen Serums. Wien. klin. Wochenschr. 1901, S. 1269; Münch. med. Wochenschr. 1902, S. 473.

Halber, W.: Untersuchungen über das Forssmansche Antigen. Zeitschr. f. Immunitätsforsch. u. exp. Therapie, Orig. Bd. 39, Nr. 3, S. 924. 1924.

Halber, W., et Herman: Über Isoagglutinine in der Cerebrospinalflüssigkeit. Cpt. rend. des séances de la soc. de biol.; Medycyna doświadczalna i społeczna Bd. 4, S. 36. 1925 (polnisch).

Halber, W., et L. Hirszfeld: Sur l'antigène de Forssman. Cpt. rend. des séances de la soc. de biol. Bd. 89, S. 1370. 1924; Medycyna doświadczalna i społeczna Bd. 5, S. 77. 1925 (pclnisch).

Halber, W., H. Hirszfeld und M. Mayzner: Über die Antikörperentstehung bei Kindern im Zusammenhang mit dem Alter. Zeitschr. f. Immunitätsforsch. u. exp. Therapie Bd. 53, H. 5/6. 1927.

Halber, W., und J. Mydlarski (1): Untersuchungen über die Blutgruppen in Polen. Zeitschr. f. Immunitätsforsch. u. exp. Therapie, Orig. Bd. 43, H. 6, S. 470—484. 1925.

— (2): Recherches séro-anthropologiques en Pologne. Cpt. rend. des séances de la soc. de biol. Bd. 89, S. 1383. 1923. Grupy serologiczne w Polsce. Medycyna doświadczalna społeczna Bd. 4, H. 3/4. 1925 (polnisch).

Happ: Apperence of isoagglutinins in infants and children. Med. journ. of exp. med. Bd. 31. 1920.

Hara and Kobayashi: The Jji-shimbun Nr. 954, S. 937. 1916; zit. nach Furuhata.

Hara, Minoru und Rimpei Wakao: Isohämagglutination beim Kinde und in der Frauenmilch. Jahrb. f. Kinderheilk. Bd. 64, H. 5, S. 313—321. 1926.

Harper and Byron: Influence of diet on blood grouping. Journ. of the Americ. med. assoc. Bd. 79, S. 2222—2223. 1922.

Heim, Konrad: Über menschliche Isoantikörper im Blut und Milch. Monatsschr. f. Geburts- u. Gynäkol. Bd. 74, 1/21, S. 52—65. 1926.

Heimann, F.: Über die Konkurrenz von Antigenwirkung bei der Immunisierung mit Lipoiden. Zeitschr. f. Immunitätsforsch. u. exp. Therapie Bd. 50, S. 525—542. 1927.

Heinbecker, Peter, und Ruth H. Pauli: Blood grouping of the Polar Eskimo. Journ. of immunol. Bd. 13, Nr. 4, S. 279—283. 1927.

Hektoen (1): Isoagglutination of human corpuscles with respect to demonstration of opsonic index and to transfusion of blood. Journ. of the Americ. med. assoc. Bd. 48, S. 1739. 1907.

— (2): Iso-agglutination of human corpuscles. Journ. of infect. dis. Bd. 4, S. 297—303. 1907.

Hermanns und Kronberg: Blutgruppe und Krankheitsdisposition. Münch. Med. Wochenschr. Bd. 23, S. 967. 1927.

Hesser (1): Does Moss grouping of human blood with respect to isoagglutinins apply also to isohemolysins? Acta med. scandinav. Bd. 57, S. 415. 1922.

— (2): Serologic studies of human blood corpuscles. Acta med. scandinav. Bd. 61, Suppl. I. 1925.

Hesser - Sixten: Serological studies of human red corpuscles. Acta med. scandinav. Bd. 9, S. 91—98. 1924.

Heydon and Murphy: Biochemical index in New-Guinea. Med. journ. of Australia 19. April 1924, S. 235.

Higgins, Charles C.: The influence of various factors upon the hemagglutination of red blood corpuscles. Americ. journ. of the med. sciences Bd. 172, Nr. 4, S. 510—519. 1926.

Hirschfeld und Hittmair: Über Gruppenbestimmungen bei Krebskranken. Med. Klinik. Nr. 39. 1926.

Hirszfeld, Amsel und Halber s. Amsel.

Hirszfeld und Bialosuknia s. Bialosuknia.

Hirszfeld und v. Dungern s. v. Dungern.

Hirszfeld, H. und L. (1): Serological differences between the blood of differents race. Lancet Bd. 180, S. 678. 1919.

— (2): Essai d'application des méthodes sérologiques en problème des races. Anthropologie Bd. 29, S. 505. 1918/19.

— (3): Weitere Untersuchungen über die Vererbung der Empfänglichkeit für Infektionskrankheiten. Zeitschr. f. Immunitätsforsch. u. exp. Therapie, Orig.-Bd. 54, H. 1. 1927.

Hirszfeld, H., L. Hirszfeld und H. Brokman (1): Étude sur l'hérédité en rapport avec la sensibilité à la diphtérie. Cpt. rend. des séances de la soc. de biol. Bd. 90, Nr. 15, S. 1198—1200. 1924.

— (2): On the susceptibility to diphtheria with reference to the inheritance of blood groups. Journ. of immunol. Bd. 9, Nr. 6, S. 571—591. 1924.

— (3): Über Vererbung der Disposition für Infektionskrankheiten. Klin. Wochenschr. 1924, Nr. 29.

Hirszfeld, L. (1): Vererbungsprobleme in der Immunitätsforschung. Antrittsvorlesung. Korrespondenzbl. f. Schweizer Ärzte 1914, Nr. 47.

— (2): Über ein neues Symptom bei Malaria. Korrespondenzbl. f. Schweiz. Ärzte 1917, Nr. 31.

— (3): Die Konstitutionslehre im Lichte serologischer Forschung. Klin. Wochenschr. Jg. 3, Nr. 26. 1924.

— (4): Krankheitsdisposition und Gruppenzugehörigkeit. Rassenbiologische Betrachtungen über verschiedene Empfänglichkeit der Menschen für Krankheitserreger. Klin. Wochenschrift 1924, Nr. 46.

— (5): Bemerkungen zur Erbformel der Gruppen. Zeitschr. f. Immunitätsforsch. u. exp. Therapie, Orig. Bd. 43, H. 6, S. 485—489. 1925.

— (6): Die Konstitutionsserologie und ihre Anwendung in der Biologie und Medizin. Naturwissenschaften 1926, Nr. 2; Czasopismo lekarskie 1926, Nr. 1 (polnisch).

— (7): Les groupes sanguins dans la biologie et la médecine. Congrès intern. d'anthropologie. Amsterdam 1927.

— (8): Die Blutgruppen und Konstitutionslehre. Medycyna doświadczalna i społeczna Bd. 3, H. 4/5. 1927 (poln.).

— (9): Über die Konstitutionsserologie im Zusammenhang mit der Blutgruppenforschung. Weichardts Ergebnisse Bd. 8. 1926; Klin. Wochenschr. Nr. 40. 1927.

— (10): Über den gegenwärtigen Stand der Untersuchungen über die Vererbung isoagglutinabler Substanzen. Ukrainisches Zentralbl. f. Blutgruppenforsch. Bd. 1, H. 1. 1927.

— (11): Über das Wesen der Infektiosität. Medycyna doświadczalna i społeczna Bd. 7, H. 3/4. 1927 (poln.).

Hirszfeld, L., und W. Halber (1): Studien über die Konstitutionsserologie. Zeitschr. f. Immunitätsforsch. u. exp. Therapie, Orig. Bd. 48, S. 37. 1926.

— (2): Beitrag zum Wesen der Wassermannschen Reaktion. Zeitschr. f. Immunitätsforsch. u. exp. Therapie, Orig. Bd. 48, S. 69. 1926.

— (3): Untersuchungen über die Reaktionsfähigkeit der Tiere. Zeitschr. f. Immunitätsforsch. u. exp. Therapie Bd. 53, H. 5/6, 1927.

Hirszfeld und Przesmycki: Isoagglutination bei Pferden. Przegląd epid. 1923 (polnisch).

Hirszfeld, L. und J. Seydel (1): Untersuchungen über die Vererbung normaler Antikörper. Mitteilung I. Zeitschr. f. Hyg. u. Infektionskrankh. Bd. 104, H. 3, S. 465—477. 1925.

Hirszfeld, L., und J. Seydel: (2): Untersuchungen über die Vererbung der Antikörper. Mitteilung II. Über die Giftempfindlichkeit der Nachkommenschaft immunisierter Väter. Zeitschr. f. Hyg. u. Infektionskrankh. Bd. 104, H. 3, S. 478—488. 1925.

Hirszfeld, L. et K. Zborowski: Sur la symbiose sérologique entre la mère et le fœtus. Cpt. rend. des séances de la soc. de biol. Bd. 94, Nr. 3, S. 205—207. 1926.

Hirszfeld, L. und H. Zborowski (1): Gruppenspezifische Beziehungen zwischen Mutter und Frucht und elektive Durchlässigkeit der Placenta. Klin. Wochenschr. 1925, Nr. 24; Cpt. rend. des séances de la soc. de biol. Bd. 92, Nr. 15, S. 1253—1255. 1925.

— (2): Badania swoistej przepuszczalności łożyska dla normalnych przeciwciał w związku z grupą serologiczną krwi matki i płodu. Ginekologja polska Bd. 4, H. 4. 1926 (polnisch).

— (3): Serologisches Zusammenleben zwischen Mutter und Frucht. Mitteilung II. Klin. Wochenschr. 1926, Nr. 17.

Hoche, O. und P. Moritsch (1): Die Bedeutung der menschlichen Blutgruppen in der modernen Medizin. Grenzgeb. d. Med. u. Chir. Bd. 38, H. 5, S. 652—673. 1925.

— (2): Blutgruppe und Rasse im Rahmen der Wiener Bevölkerung. Wien. med. Wochenschr. Jg. 76, Nr. 21, S. 627—629. 1926.

— (3): Zur Frage der Blutgruppenspezifität der malignen Tumoren und deren gruppenspezifische Bedeutung. Mitt. a. d. Grenzgeb. d. Med. u. Chir. Bd. 39, H. 3, S. 409—414. 1926.

Hollo, Julius und Wilhelm Lénard: Gibt es einen Unterschied in der Häufigkeit der einzelnen Blutgruppen bei Lungentuberkulose und bei gesunden Menschen? Beitr. z. Klin. d. Tuberkul. Bd. 64, H. 3/4, S. 513—514. 1926.

Hooker and Anderson: The specific antigenic properties of the four groups of human erythrocytes. Journ. of immunol. Bd. 6, S. 419—444. 1921.

Huck and Guthrie (1): Further studies of blood grouping I. The antigenic properties of two types of group II erythrocytes. Bull. of the Johns Hopkins Bull. Bd. 35, S. 23—27. 1924.

— (2): The antigenic properties of two types of „groupe II" erythrocytes. Bull. of the Johns Hopkins hosp. Bd. 35, Nr. 395, S. 23—27. 1924.

Huck and Peyton: Study of iso-agglutination before and after ether' anesthesia. Journ. of the Americ. med. assoc. Bd. 80, S. 670—671. 1923.

Hübener, G.: Untersuchungen über Isoagglutination mit besonderer Berücksichtigung scheinbarer Abweichungen vom Gruppenschema. Zeitschr. f. Immunitätsforsch. u. exp. Therapie, Orig. Bd. 45, S. 223. 1925.

Hutter, K.: Möglichkeiten der Elternbestimmung. Münch. med. Wochenschr. Bd. 44. 1927.

Hyde: Complement deficient guinea pig serum. Journ. of immunol. Bd. 8, S. 291. 1923.

Hyde, Roscoe Q.: Complement deficient guinea pig serum and supersensitived corpuscles. Americ. journ. of hyg. Bd. 4, Nr. 1, S. 65—67. 1924.

Isaacs, Raphael: A quantitative analysis of hemagglutination and hemolysis. Journ. of immunol. Bd. 9, Nr. 3, S. 95—113. 1924.

Ishikawa und Kinjo: Zeeikai-Zasshi Nr. 463, S. 330. 1922; zit. nach Furuhata.

Iwanitzky-Wasilenko: Die Isohämagglutinine und ihre Bedeutung für die theoretische und praktische Medizin. Saratovskij vestnik zdravoochranenija Bd. 5, S. 21. 1924 (russisch.)

Jacobsohn, Hans: Über die Blutgruppenzugehörigkeit der Paralytiker. Zeitschr. f. d. ges. Neurol. u. Psychiatrie. Bd. 105, H. 3/5, S. 810—814. 1926.

Jakobowitz: Scharlachauslöschphänomen und Isoagglutination. Zeitschr. f. klin. Med. Bd. 99, S. 515. 1924.

Jansky: Hämatologische Studien bei Psychotikern. Kliniky sbornik 1906, Nr. 2; Jahresber. f. Neurol. u. Psychiatrie 1907, S. 1028; Folia serol. Bd. 3, S. 316. 1908.

v. Jeney: Rassenbiologische Untersuchungen in Ungarn. Dtsch. med. Wochenschr. 1923, Nr. 49, S. 546.

Jervell, F. (1): Über die forensische Bedeutung der Isoagglutination der roten Blutkörperchen bei Menschen. Zeitschr. f. gerichtl. Med. Bd. 3, S. 42. 1923.

Jervell, F. (2): Length of life of transfused erythrocytes. Acta pathol. e. microbiol. scandinav. Bd. 1, S. 301. 1924.
— (3): The influence of temperature upon the agglutination of the red blood corpuscles. Journ. of immunol. Bd. 6, S. 445—451. 1925.
Johannsen: Über die Isoagglutinine im menschlichen Blut. Hospitalstidende Bd. 64, S. 449. 1921/22; Journ. of the Americ. med. assoc. 1921, S. 980.
Johannsen, E. W.: Classement de sujets affectés des tumeurs malignes selon les isoagglutinines de leur sang. Cpt. rend. des séances de la soc. de biol. Bd. 92, Nr. 2, S. 112—115. 1925.
Johnstone and Canning: Hemolysis in the diagnosis of malignant neoplasmas. Journ. of the Americ. med. assoc. Bd. 52, S. 1479. 1909.
Jones (1): Isohemolysins in human blood with special reference to the blood of the new born. Americ. journ. of dis. of childr. Bd. 22, S. 598. 1921.
— (2): Iso-agglutinins in the blood of the new-born. Americ. journ. of dis. of childr. Bd. 22, S. 586—597. 1921.
Jones, A. R., and J. E. Glynn: The four human blood groups with special reference to their agglutination titre. Journ. of pathol. a. bacteriol. Bd. 29, S. 203. 1926.
Jonsson: Nogle Undersogelser over Isoagglutininer hor Islanders. Hospitalstidende Bd. 66, S. 45—52. 1923.
Josifow: Zur Frage der Isoagglutination bei Ossetinen. Izvestija gorsk. selskochos. instituta 1926 (russisch).
Josifow und Procenko: Die Blutgruppen bei Inguschen. Izvestija gorsk. pedag. inst. 1926 (russisch).
Kaczyński, R.: Les groupes sanguins et la réaction de Dick et de Schick. Cpt. rend. des séances de la soc. de biol. Bd. 95, Nr. 28, S. 933—34. 1926.
Kahn and Ottenberg: Tonicity in isohemagglutination. Journ. of exp. med. Bd. 13, S. 536. 1911.
Kallabis, B.: Blutgruppenbestimmung und Tuberkulose. Beitr. z. Klin. d. Tuberkul. Bd. 66, H. 4. 1927.
Karnauchowa, E. und M. Firjukowa: Isoagglutination und ihr Zusammenhang mit der Wassermannschen Reaktion. Žurnal eksperim. noj biologii i mediciny Jg. 1926, Nr. 9, S. 87—95. 1926. (Russisch.)
Karsner and Koeckert: The influence of dessication on human normal isohemagglutinins. Journ. of the Americ. med. assoc. Bd. 73, S. 1207. 1919.
Kawaishi and Furuhashi: Med. meeting Aichi med. college 18. IX. 1925; zit. nach Furuhata.
Kernbach, M. (1): Une nouvelle contribution à l'élimination des erreurs dans la détermination des groupes sanguins. Ann. de méd. lég. Jg. 7, Nr. 1, S. 1—7. 1927.
— (2): Contribution à l'étude des pseudo, auto et panagglutination. Cpt. rend. des séances de la soc. de biol. Bd. 95, Nr. 27, S. 765—767. 1926.
Keynes: Blood transfusion. Oxford. med. publ. London 1921, S. 90.
Kilgore, Liu, Hua: Blutgruppen bei den Chinesen. China med. journ. Bd. 32, S. 21. 1918.
Kirihara, Shinicki: Über die Hämagglutination bei menschlichem Blute. Zeitschr. f. klin. Med. Bd. 99, S. 522. 1924.
Kirihara and Haku: Tokayo Zjishinasti Nr. 2299, S. 1963. 1923 und 1922, Nr. 2300, S. 2011; zit. nach Furuhata.
Kishi: Juzenkai-Zasshi Bd. 30, Nr. 9, 11. 1925; Rinusho-Igaku Bd. 13, Nr. 9, S. 1034. 1925; zit. nach Furuhata.
Kishi, T.: On the blood groups of twins. Congrès intern. d'anthropologie à Amsterdam 1927.
Kishi, Takayoshi: On the biochemical racial-index of the Aino, Gilyak and Orokko in Karafuto (Saghelien). Japan med. world Bd. 6, S. 3. 1920; Journ. of immunol. Bd. 12, Nr. 2, S. 91—96. 1926.
Kishi and Kumabara: On the relative value of isoagglutinogen and isoagglutinin. Juzenkwas Asshi Bd. 31, Nr. 1.
Klaften, E.: Über Hämagglutionation und ihre praktische Verwertung. Monatsschr. f. Geburtsh. u. Gynäkol. Bd. LXXVI, S. 91—107. 1927.
Klein, W. und H. Osthoff: Hämagglutinine, Rasse und anthropologische Merkmale. Arch. f. Rassen- u. Gesellschaftsbiol. Bd. 17, H. 4, S. 971. 1926.

Kliger: Autohemagglutination of human red blood corpuscles. Journ. of the Americ. med. assoc. Bd. 78, S. 1195. 1922.

Kline, B. S., E. E. Ecker and A. M. Young: The incidence of two types of group II human red blood cells. Journ. of immunol. Bd. 10, Nr. 3, S. 595—597. 1925.

Kolb: Blutgruppen und Krankheitsvererbung. Wien. klin. Wochenschr. Bd. 47. 1927.

Koller, T.: Blutgruppen bei Müttern und Neugeborenen. Arch. J. Klaus-Stiftung f. Vererbungsforschung Bd. 2, H. 3—4. 1926.

Kolzoff (1): Die rassenhygienische Bewegung in Rußland. Arch. f. Rassen- u. Gesellschaftsbiol. Bd. 17, S. 95. 1925.

— (2): Über die erblichen Eigenschaften des Blutes. Priroda 1921. Uspiechi experimentalnoj biologji Bd. 1, S. 333. 1922 (russisch); I congresso di eugenetica sociale Milano sett. 1924.

Kolmer (1): The influence of dessication of human normal isohemagglutinins. Journ. the Americ. med. assoc. Bd. 73, S. 1459. 1919.

— (2): The influence of dessication upon natural hemolysins and hemagglutinins in human sera. Proc. of the pathol. soc. of Philadelphia Bd. 40, S. 64. 1920; Journ. of immunol. Bd. 4, S. 393. 1919.

Kolmer and Matsumoto: Natural antihuman hemolysins and hemagglutinins in horse serum in relation to serumtherapy. Journ. of immunol. Bd. 5, S. 75—80. 1920.

Kolmer and Trist: Attempt to produce specific immune agglutinins and hemolysins for the four groups of human erythrocyte. Journ. of immunol. Bd. 5, S. 89—96. 1920.

Konikov, A. (1): Zur Frage über die Hämagglutinine des Menschenblutes. Moskovskij medicinskij žurnal Nr. 5, S. 9—14. 1925 (russisch).

— (2): Die Hämagglutination als ein adsorbierender Prozeß. Žurnal eksperim. biologii i mediciny Nr. 5, S. 30—41. 1926 (russisch).

— (3): Erythrocyten als ein kolloid-chemisches System. Žurnal eksperimentalnoj biologii i mediciny Nr. 7, S. 85—104. 1926 (russisch).

— (4): Über den Chemismus der spezifischen Hämagglutination. Žurnal eksperimental noj biologii i mediciny Jg. 1926, Nr. 9, S. 128—145 (russisch).

Kontunowitsch und Lebensohn: Wechselwirkung des Blutes des Spenders und Empfängers. Vracnebnaja gazeta Nr. 7/8. 1925 (russisch).

Korganowa-Müller: Zur Frage der Ursachen der Reaktion nach der Bluttransfusion. Russische Kl. Nr. 15, S. 46. 1925.

Korthoff: Investigation into the relation of the four groups for blood transfusion in the Dutch East Indies. Mededeel. v. d. burg. geneesk. dienst Batavia 1922, S. 193.

Kossjch: Vergleichende Bewertung der Methoden nach Vincent und in hängenden Tropfen. Omsk. med. žurn. Nr. 2—3. 1926 (russisch).

Kossowitsch (1): Recherches sur la race arménienne par l'isohémogglutination. Cpt. rend. des séances de la soc. de biol. Bd. 97, Nr. 19. 1927.

— (2): Les groupes sanguins chez les Tchèques. Cpt. rend. des séances de la soc. de biol. Bd. 93, S. 1343. 1925.

Kramarenko: Die Bluttransfusion. Ukrainskij mediciny vistnik 1926, Nr. 2.

Kritschewski u. Schwarzmann: Die gruppenspezifische Differenzierung der menschlichen Organe. Klin. Wochenschr. Jg. 6, Nr. 44, S. 2081—2086. 1927.

Kruse: Rasse und Blutzusammensetzung. Zentralbl. f. Bakteriol. u. Parasitenk., Infektionskrankh., Abt. 1, Orig. Bd. 93, H. 1/4 (Beih.), S. 170—171 u. 180—183. 1924.

Kruse, W.: Über Blutzusammensetzung und Rasse. Arch. f. Rassen- u. Gesellschaftsbiol. Bd. 19, H. 1. 1927.

Kubanyi, E. (1): Blutgruppenuntersuchungen in einer Familie mit Hämophilie. Klin. Wochenschr. 1926, Nr. 8.

— (2): Hauttransplantationsversuche und Grundlage der Isoagglutination. Arch. f. klin. Chir. Bd. 129, S. 644. 1924.

Kubanyi, Andreas: Blutgruppenuntersuchungen an der hämophilen Familie Mampel zu Heidelberg. Klin. Wochenschr. Jg. 6, Nr. 32, S. 1517—1519. 1927.

Lacey: Disturbance of isohemagglutinins in blood of three fatal cases of bacteremia. Atlantic med. journ. Bd. 26, S. 613. 1923.

Lachowetzky: Zur Frage der Bedeutung der Hämagglutination bei Malaria. Moskovskij medicinskij žurnal Nr. 5. 1924 (russisch).
— Die Erforschung der Isoagglutination bei Malaria. Russkij žurnal tropičeskoj mediciny Nr. 1. 1924 (russisch).
Lacy, G. R.: Observations on irregularities in human isohaemagglutinins. Journ. of immunol. Bd. XIV, Nr. 3. 1927.
Laffont et Gaujoux: Recherches sur l'agglutination des globules sanguins avec le serum maternel et fœtal. Cpt. rend. des séances de la soc. de biol. Bd. 88, S. 730. 1923.
Lamer: Zur Hämagglutininforschung. Klin. Wochenschr. Bd. 47, Nr. 30, S. 1477. 1925.
Lamy, M.: Les groupes sanguins. Sang. Nr. 3. 1927.
Landsteiner (1): Zur Kenntnis der antifermentativen, lytischen und agglutinierenden Wirkung des Blutserums. Zentralbl. f. Bakteriol., Parasitenk. u. Infektionskrankh., Abt. 1, Orig. Bd. 27, S. 361. 1900.
— (2): Über Agglutinationserscheinungen normalen menschlichen Blutes. Wien. klin. Wochenschr. Bd. 14, S. 1132—1134. 1901.
Landsteiner, K. and Ph. Miller (1): On individual differences of the blood of chickens and ducks. Proc. of the soc. f. exp. biol. a. med. Bd. 22, S. 100—102. 1924.
— (2): Serological studies on the blood of the primates. I. The differentiation of human and anthropoid bloods. Journ. of exp. med. Bd. 42, Nr. 6, S. 841—852. 1925.
— (3): Serological studies on the blood of the primates. II. The blood groups in anthropoid apes. Journ. of exp. med. Bd. 42, Nr. 6, S. 853—862. 1925.
— (4): Serological studies on the blood of the primates. III. Distribution of serological factörs related to human isoagglutinogens in the blood of lower monkeys. Journ. of exp. med. Bd. 42, Nr. 6, S. 863—872. 1925.
— (5): Serological observations on the relationship of the bloods of men and the anthropoid apes. Science Bd. 61, Nr. 1584, S. 492—493. 1925.
Landsteiner, K. and James van der Scheer (1): Serological examination of a species-hybrid. I. On the inheritance of species-specific qualities. Journ. of immunol. Bd. 9, Nr. 3, S. 213—219. 1924.
— (2): Serological examination of a species-hybrid. II. Test with normal agglutinins. Journ. of immunol. Bd. 9, Nr. 3, S. 221—226. 1924.
— (3): On the specifity of agglutinins and precipitins. Journ. of exp. med. Bd. 40, Nr. 1, S. 91—107. 1924.
— (4): On the antigens of red blood corpuscles. The question of lipoid antigens. Journ. of exp. med. Bd. 41, Nr. 3. 1925.
— (5): On the antigens of red blood corpuscles. II. Flocculation reaction with alcoholic extracts of erythrocytes. Journ. of exp. med. Bd. 42, Nr. 2, S. 123—142. 1925.
Landsteiner, van der Scheer and Witt: Group specific floculation reactions with alcoholic extracts of human blood. Proc. of the soc. f. exp. biol. a. med. Bd. 22, S. 289—291. 1925.
Landsteiner, K. and Dan H. Witt (1): Observations on human isoagglutinins. Proc. of the soc. f. exp. biol. a. med. Bd. 21, Nr. 7, S. 389—392. 1924.
— (2): Observations on the human blood groups. Journ. of immunol. Bd. 11, Nr. 3, S. 221. 1926.
— (3): Observations on the human blood groups. Irregular reaction. Isoagglutinin in sera of group IV. The factor A. Journ. of immunol. Bd. 11, Nr. 3, S. 221—227. 1926.
Landsteiner, K. and Philip Levine (1): On the cold agglutinins in human serum. Journ. of immunol. Bd. 12, Nr. 6, S. 441—460. 1926.
— (2): A new agglutinable factor differentiating individual human bloods. Proc. of the soc. f. exp. biol. a. med. Bd. 24, Nr. 6, S. 600—602. 1927.
— (3): Further observations on individual differences of human blood. Proc. of the soc. f. exp. biol. a. med. Bd. 24, S. 941—942. 1927.
— (4) On group specific substances in human spermatozoa. Journ. of immunol. 12, Nr. 5. November 1926.
Lattes (1): Sull' applicazione pratica della prova di agglutinazione per la diagnosi specifica e individuale del sangue umano. Arch. di antrop. ceim. e med. leg. Bd. 34, S. 310. 1913.
— (2): Sulle specificita individuale della reazione precipitante. Riv. di med. leg. Bd. 5, S. 1. 1915.

Lattes (3): L'individualita del sangue umano e la sua dimonstrazione medico legale. Arch. di antropol. crim. e med. leg. Bd. 36, S. 4—5. 1915; Arch. ital. di biol. Bd. 64, S. 3. 1915.
— (4): Due casi pratici di diagnosi individuale del sangue umano. Arch. di antropol. crim. e med. leg. Bd. 37, S. 3. 1916.
— (5): Sulla tecnica della prova di isoagglutinazione per la diagnosi individuale del sangue. I. Giorn. di accad. med. Torino Bd. 84. 1921.
— (6): Sulla proprietà emoimplilante dei sieri umani (1—2). Boll. d. reale accad. med. Peloritana 1921/22; Haematologica 1924.
— (7): Sull' autoagglutinazione del sangue. Haematologica Bd. 3, Nr. 1. 1922.
— (8): Le diagnostic individuel des taches de sang. Ann. de méd. lég. et criminel 1923, Nr. 5.
Lattes, L. (1): Die Individualität des Blutes. Übers. von Schiff. Berlin: Julius Springer 1925.
— (2): La demonstrazione biologica della paternita. Rif. med. Bd. 39, S. 169—172. 1923.
— (3): Sull accertemento dei gruppi sanguigni quale metto pratico per prevenire accidenti della transfusione. Arch. ital. di chir. Bd. 12, S. 27—34. 1925.
— (4): Sui fattori dell' isoagglutinazione nel sangue umano. Haematologica Bd. 2, H. 3, S. 403—406. 1921.
— (5): Echte Hämagglutination und Pseudoagglutination in bezug auf die Bluttransfusion. Klin. Wochenschr. Jg. 2, H. 26, S. 1219. 1923.
— (6): Methoden zur Bestimmung der Individualität des Blutes. Handb. d. biol. Arbeitsmethoden. Her. Abderhalden.
— (7): Aspetti biologici della ricerca della paternità. Pubblicazioni della facoltà di giurisprudenza della R. Università di Modena Nr. 21. 1927.
— (8): Praktische Erfahrungen über Blutgruppenbestimmung in Flecken. Dtsch. Zeitschr. f. d. ges. gerichtl. Med. Bd. 9, H. 4. 1927.
Lattes, L. et S. Cavazzuti: Sur l'existence d'un troisième élément d'isoagglutination. Journ. of immunol. Bd. 9, Nr. 5, S. 407—429. 1924.
Laumaunier: Détermination et applications des groupes sanguins. Rev. de chimothérap. et de méd. gén. 1923, Nr. 4.
Launer: Zur Hämagglutininforschung. Klin. Wochenschr. Nr. 30, S. 1477. 1925.
Lazarević, M. et Zborowski: Sur la perméabilité du placenta pour les isoagglutinines. Cpt. rend. des séances de la soc. de biol. Bd. 95, Nr. 33, S. 1213—1214. 1926.
Learmonth (1): Human blood grouping. Glasgow med. journ. Bd. 101, S. 116. 1924.
— (2): The inheritance of specific iso-agglutinines in human blood. Journ. of genetics Bd. 10, S. 141—149. 1920.
Lecha-Marzo y Piga: Algunos experimentos sobre la differencia medicolegal de la sangue de diversos individuos. Rev. criminol. psiq. y med. leg. Bd. 1, S. 668. 1914.
Lee Blewett: Blood test for paternity. Americ. Bar. A. J. Bd. 12, S. 441. 1926.
Lee Douglas, H. K.: Blood groups of North Queensland aborigines, with a statistical collection of some published figures for various races. Med. journ. of Australia Bd. 2, Nr. 13, S. 401—410. 1926.
Lerman, I.: Über die Konservierung der Standardsera für die Isoagglutination. Verhandlungen der ukrainischen Kommission für Gruppenforschung Bd. 1, H. 2. 1927 (russisch).
Leveringhans, H.: Die Bedeutung der menschlichen Isohämagglutination für Rassenbiologie und Klinik. Arch. f. Rassen- u. Gesellschaftsbiol. Bd. 19, H. 1. 1927.
Levine and Segall: Posttransfusion reactions alterations in blood after other anesthesia and after blood transfusion. Ling., gynec. and obstetr. Bd. 35, S. 313—319. 1922.
Lewine, Ph. and J. Mabee: A dangerous universal donner detected by the direct matching of bloods. Journ. of immunol. Bd. 8, Nr. 6. 1923.
Lewis and Henderson: The racial distribution of iso-haemagglutination groups. Journ. of the Americ. med. assoc. Bd. 79, S. 1422—1424. 1922.
Leysermann, L. J.: Gruppenforschung und Malaria. Ukrainisches Blatt für Gruppenforschung Nr. 2. 1927.
Liang, Backiang: Neue Untersuchungen über Isohämagglutinine bei den Chinesen, insbesondere die geographische Änderung des Hämagglutinationsindex. Arch. f. Hyg. Bd. 94, H. 1/2, S. 93—104. 1924.
Li Chen Pien: Investigation on „cold" or autohemagglutination. Journ. of immunol. Bd. 11, Nr. 4, S. 297. 1926.

Li-Chi-Pan: A study of fifteen hundred chinese blood groups. Nat. med. journ. China Bd. 10, S. 252. 1924.

Lindemann: Über Blutüberpflanzung in der Geburtshilfe und Gynäkologie. Münch. med. Wochenschr. 1919, S. 285.

Ljachovetzky (1): Russischer Mikrobiologenkongreß 1923. Dtsch. med. Wochenschr. 1924. Nr. 17, S. 557.

— (2): Über die Isohämagglutination bei Malaria. Münch. med. Wochenschr. Nr. 5, S. 25. 1924.

Lloyd, R. B.: Practical points in blood transfusion. Indian med. gaz. Bd. 61, Nr. 10, S. 493 bis 496. 1926.

Loele und Krumbiegel: I. Über Blutgruppenbestimmung in der sächsischen Bevölkerung. Münch. med. Wochenschr. Bd. 21, S. 890. 1927.

Lucas-Dearning-Hoobler: Blood studies in the new-born. Amer. med. assoc. Bd. 77, Nr. 3. 1921.

Lui and Wang: Iso-agglutination tests on one thousand chinese bloods. Nat. med. journ. China Bd. 6, S. 118—120. 1920.

Lynch: Factors affecting blood grouping and transfusion. Texas state med. journ. Bd. 19, S. 298. 1923.

McDowell and Hubbard: On the absence of iso-agglutinins in mise. Proc. of the soc. f. exp. biol. a. med. Bd. 20, S. 93—95. 1922.

McEnery, E. T., A. C. Irvy and C. E. Pechon: On the presence of isoagglutinins in the blood of dogs. Amer. journ. of physiol. Bd. 68 I, S. 133—134. 1924.

McQuarrie, Irvine: Isoagglutination, in new-born infants and their mothers. A possible relationship between interagglutination and the toxemias of pregnancy. Bull. of the Johns Hopkins hosp. Bd. 34, Nr. 384, S. 51—59. 1923.

Mackenzie, G.: The auto-hemolysin of paroxysmal hemoglobinurie. Proc. of the soc. f. exp. biol. a. med. Bd. 22, S. 276. 1923.

Maltaner and Johnston: Agglutinative and hemolytic action of calfserum on cells. Journ. of immunol. Bd. 6, S. 263—271. 1921.

Manoiloff, O. (1): Eine chemische Blutreaktion zur Rassenbestimmung beim Menschen. Münch. med. Wochenschr. 1925, Nr. 51.

— (2): Discernment of human races by blood. Particularly of Russians from Jews. Americ. journ. of physical anthropol. Bd. 10, Nr. 1, S. 11—21. 1927.

Manuila: Recherches sero-anthropologiques sur les races en Roumanie par la méthode de l'isohémagglutination. Cpt. rend. des séances de la soc. de biol. Bd. 90, Nr. 14, S. 107. 1924.

Manuila et Popoviciu: Recherches sur les races roumaine et hongroise en Roumanie par l'isohémagglutination. Cpt. rend. des séances de la soc. de biol. Bd. 90, Nr. 7, S. 542 bis 543. 1924.

Marcialis: Immodificabilità dei gruppi sanguini. Rinascenza med. Bd. 1. 1924.

Marini: Le isoagglutinine et la diagnosi individuale del sangue umano. Tesi di Roma 1922. Folia med. Bd. 22, S. 853. 1924.

Martin et Rochaix: Un cas de dépenage criminel. Recherches sur l'origine individuelle des taches de sang par la méthode de l'isoagglutination. Ann. de méd. lég. Bd. 5, S. 1. 1925.

Martley, F. C.: The comparative phagocytic properties of the leucocytes of the different blood groups. Lancet Bd. 206, Nr. 3, S. 126—127. 1924.

Matsuda: Nihon-Byorgakkai-Zasshi Bd. 12, S. 351. 1922.

— Auto and iso-hemoagglutinations in rabbits. Japan med. world. Bd. 6, Nr. 1, S. 4—8 1926.

Matsubara: Blutgruppen bei den Japanern. Japan. journ. of surg. Bd. 21, S. 443. 1920.

Mayer, A.: Über die biologische Einheit zwischen Mutter und Kind. Monatsschr. f. Geburtsh. u. Gynäkol. Bd. 64, S. 131. 1923.

Mayser, Hans: Individuelle Bluteigenschaften und ihre praktische Anwendung. Med. Korr. f. Württemberg. Bd. 96, Nr. 32, S. 327—329. 1926.

Melkijch: Der neue biochemische Rassenindex. Verhandlungen der Kommission für Gruppenforschung Bd. 1, H. 2. 1927 (russisch).

Melkijch, Gorew und Grüngot: Über den Rassenindex bei den Burjaten. Irkutskij žurnal Nr. 1. 1927 (russisch).

Melkijch und Grüngot: Die Blutgruppen bei den Russen und den Juden. Irkutskij medicinskij žurnal Nr. 1, 1927 (russisch).

Mendes-Corrèa (1): Sur les prétendues „races" serologiques. L'Anthropologie. Bd. 36. 1926.

— (2): As tentativis de Definicao Bioquimica da raca e do individuo. A Aguia Nr. 37—38. 1926.

— (3): Sur la valeur anthropologique des groupes sanguins. Le Sang. 1927.

Meyer, P. (1): Sur l'hémolyse des hématies provenant de sujets dont le sérum est doué de propriétés lytiques. Cpt. rend. des séances de la soc. de biol. Bd. 94, Nr. 12, S. 872. 1926.

— (2): Sur les rapports entre les propriétés agglutinantes et hémolysantes des sérums humains. Cpt. rend. des séances de la soc. de biol. Bd. 94, S. 869. 1926.

Meyer und Ziskoven: Über die Konstanz der agglutinatorischen Bluttypen des Menschen und die praktische Bedeutung der Bluttypenbestimmung. Med. Klin. Bd. 19, S. 91. 1923.

Michon, P. (1): Sur les variation quantitatives.de l'isohémagglutination et les infections aux schèmes de Moss. Cpt. rend. des séances de la soc. de biol. Bd. 92 I, S. 37—39. 1925.

— (2): Nouvelles remarques sur l'isohemagglutionation et conservation des stocks-sérums. Cpt. rend. des séances de la soc. de biol. Bd. 94, Nr. 10, S. 676—678. 1926.

Minkewitsch: Die Syphilis und Malaria im Lichte der Vererbung der chemischen Eigenschaften des Blutes. Venerologija i dermatologija Nr. 1. 1926 (russisch).

Mino, P. (1): Hémothérapie et crise hémoclasique. Presse méd. 1923, Nr. 90.

— (2): Ricerche sulla modificabilita dei gruppi sanguini. Rif. med. Bd. 39, S. 75—78. 1923.

— (3): Gruppi sanguigni di isolisi nell' uomo. Rif. med. Jg. 40, Nr. 6. 1924.

— (4): Quanti sono i gruppi sanguigni umani? Rif. med. Jg. 39, Nr. 17, S. 386—389. 1923.

— (5): Sulla esistenza di un fattore letale nella transmissione ereditaria dei gruppi sanguigni. Arch. di antropol. crim. psichiatr. e med. Bd. 43. 1923.

— (6): Contributo alla conoscenza dell' emoimpilamento nell' uomo. Rif. med. Jg. 39, Nr. 21. 1923.

— (7): Incompatibilita biologiche nella trasfusione di sangue nell' uomo e modo di riconoscerle. Minerva med. Jg. 3, Nr. 12. 1923.

— (8): Sulla conservazione delle proprieta isoagglutinabili dei globuli rossi nell' uomo. Rif. med. Jg. 39, Nr. 1. 1923.

— (9): Sull' autoagglutinatione da trasfusioni ripetute. Giorn. de clin. med. 1923, H. 15.

— (10): La distibuzione dei gruppi sanguigni in Italia. Arch. di antropol. crim. psichiatr. e med. Bd. 42. 1923.

— (11): Gruppi sanguigni di isolisi nell' uomo. Rif. med. Jg. 40, Nr. 5, S. 101—103. 1924.

— (12): Über die angebliche Existenz von mehr als zwei Isoagglutininen im menschlichen Blute. Münch. med. Wochenschr. Jg. 71, Nr. 33, S. 1129—1130. 1924.

— (13): Einiges über Konstitutionslehre und serologische Forschung. Dtsch. med. Wochenschrift Jg. 50, Nr. 45, S. 1533—1536. 1924.

— (14): La panemoagglutinina del sangue umano. Policlinica Jg. 31, H. 12, S. 1355—1359. 1924.

— (15): Ricerche sull' autoagglutinazione dei globuli rossi nell' uomo. Policlinico, sez. med. Bd. 30, S. 11. 1923; Bd. 31, S. 65. 1924.

— (16): Sulla pretesa essistenza di tre o piu isoemagglutinine specifiche di gruppo nell sangue umano. Giorn. di biol. e med. sper. 1924, H. 12—13.

— (17): Ricerche sull' isoagglutinatione dei globuli rossi nell' uomo. II. Modificatione del potere agglutinante del siero. Giorn. di biol. e med. sper. 1924, H. 12—13.

— (18): L'eredita dei gruppi sanguigni. Policlinico 1924.

— (19): Recherches expérimentales sur la question des groupes sanguins. L'art méd. 1924, Nr. 8.

— (20): Sui rapporti tra panemoagglutinina ed eteroagglutinine deli sangue umano. Giorn. di biol. e med. sper. Bd. 2, H. 5. 1925.

Mino, P. e Canaperia: Sul modo di determinare i gruppi sanguigni. Policlinico, sez. med. Bd. 31, S. 450. 1924.

Mino, P. e Garlasco (1): I gruppi sanguigni nei gemelli. Minerva med. Jg. 3, Nr. 24. 1923.

— (2): Ricerche sperimentali sulla trasfusione di sangue umano nell' uomo. Arch. per le scienze med. Bd. 46. 1923.

Minore, F.: Blood groups in Sicily. Pediatria Bd. 35, S. 345—400. 1927.

Mironescu, Th. und S. Stefaney: Beitrag zum Studium der Beziehungen zwischen Blutgruppen und Infektion. Seuchenbekämpfung Bd. 2, H. 2. 1926; Cpt. rend. des séances de la soc. de biol. Bd. 95, Nr. 21, S. 140.

Mitomo: Nihon-Naikagakkai-Zasshi 1922, Nr. 67; zit. nach Furuhata.

Miyaj: Chiryo-oyobi-Shoho Bd. 46, S. 1475. 1924; Bd. 55, S. 1445. 1924; zit. nach Furuhata.

Moldawskaja-Kritschewskaja und Pauli: Veränderung der isoagglutinablen Eigenschaften des Blutes bei Malaria. Vračebnoe delo Nr. 5. 1925.

Moreschi: Über die Natur der Isohämolysine der Menschenblutsera. Berlin. klin. Wochenschrift 1903, S. 792.

Moritsch, P.: Ein Vorschlag zur internationalen Regelung für im Handel erhältliche Testsera zur Blutgruppenbestimmung. Wien. klin. Wochenschr. Jg. 40, Nr. 8, S. 256. 1927.

Moritsch, Paul (1): Die Bedeutung der Blutgruppen des Menschen für die Kriminalistik. Arch. f. Kriminol. Bd. 77, H. 2, S. 103—108.

— (2): Die gute Wirkung der Bluttransfusion bei einem Fall von Hämophilie und die Blutgruppenbeziehungen in einer hämophilen Familie. Wien. klin. Wochenschrift Nr. 29, S. 842. 1926.

— (3): Über den Wert der Blutgruppenbestimmung in der Paternitätsfrage. Wien. Klin. Wochenschr. Jg. 39, Nr. 34, S. 961—962. 1926.

Moritsch, P. und H. Neumüller: Ein praktischer Behalt zur Aufbewahrung der Testsera für die Blutgruppenbestimmung. Wien. klin. Wochenschr. Jg. 37, Nr. 28, S. 681—682. 1924.

Morville: Un cas de transfusion du sang héterologue. Bruxelles médical Bd. 6, S. 1562. 1926.

Moss: Studies on isoagglutinins and isohemolysins. Bull. of the Johns Hopkins hosp. Bd. 21, S. 63—70. 1910.

Mouzon: Recherches récentes sur les groupes sanguines. Presse méd. Bd. 31, S. 541. 1923.

Muller, Henry R.: Blood groups among the Yoruba tribe of West African negroes. Proc. of the soc. f. exp. biol. a. med. Bd. 24, Nr. 5, S. 437—438. 1927.

Mydlarski, J.: Probleme der Konstitution im Lichte der Anthropologie (polnisch). Polska Gazeta lekarska Nr. 5. 1926.

Nadieschdin: Über die Vaterschaftsbestimmung in Alimentenprozessen. Rab. S. Nr. 35/36. 1925.

Nakajima: Nihon-Biseibutsugakkai-Zasshi Bd. 17, Nr. 10, S. 1595. 1922.

Nanba: Über die künstliche Erzeugung des Autohämolysins. Dtsch. med. Wochenschr. 1925, Nr. 15.

Nappmann: Über die Technik der vorläufigen Reaktionen bei der Bluttransfusion. Jekat. med. Journ. Nr. 4/5. 1925 (russisch).

Nather, K. (1): Blutgruppen und Vererbung. Die ärztliche Praxis Nr. 2, S. 33. 1927.

— (2): Blutgruppe und Vererbung. Wien. klin. Wochenschr. Jg. 40, Nr. 2, S. 63—64. 1927.

Netter: Über die physikochemischen Grundlagen der Zellagglutination. Klin. Wochenschr. 1924, Nr. 49, S. 2254.

Neuman: Zur Technik der vorläufigen Reaktion bei Bluttransfusion. Ekat. med. žurn. Nr. 3—4. 1925 (russisch).

Nigg, Clara: A study of the blood groups among the American Indians. Journ. of immunol. Bd. 11, Nr. 4, S. 319—322. 1926.

Ninomiya (1): Tokoyo-Sjshiushi 1925, Nr. 2423, S. 1241; zit. nach Furuhata.

— (2): Japan med. world Bd. 151, S. 6. 1915; zit. nach Furuhata.

Ninomiya, Yoshishige: Die serologische Blutuntersuchung bei Japanern und Aino. Tohoku journ. of exp. med. Bd. 6, H. 3/4, S. 266—277. 1925.

Northrop, John H. and Jules Freud: The agglutination of red blood cells. Journ. of gen. physiol. Bd. 6, Nr. 5, S. 603—613. 1924.

Nürnberger: Wahrscheinlichkeitsrechnung und Erbanalyse bei gerichtlichen Vaterschaftsgutachten. Zentralbl. f. Gynäkol. 1925, Nr. 26.

Oelschlägel: Die irrige Bewertung der Blutgruppen. Münch. med. Wochenschr. Bd. 45. 1927.

Oettingen: Untersuchungen über biologische Unterschiede im Verhalten des Blutes. Wien. klin. Wochenschr. Jg. 1, Nr. 23.

Ohnesorge, V.: Über Blutgruppenbestimmungen bei Müttern und Neugeborenen. Zentralbl. f. Gynäkol. Jg. 49, Nr. 51, S. 2884—2890. 1925.

Oppenheim, F. und R. Voigt: Blutgruppenstudien an der Leiche. Krankheitsforschung Bd. 3, H. 4/5, S. 306. 1926.

Ottenberg: Transfusion and the question of intravascular agglutination. Journ. of exp. med. Bd. 13, S. 425. 1911.

Ottenberg, R. (1): Hereditary blood qualities. Medico-legal application of human blood grouping. Journ. of immunol. Bd. 6, Nr. 5, S. 363—385. 1921.

— (2): Medico-legal application of human blood grouping. Second communication. Journ. of the Americ. med. assoc. Bd. 78, Nr. 12, S. 873—877. 1922.

— (3): Medico-logical application of human blood grouping. Third communication. Journ. of the Americ. med. assoc. Bd. 79, Nr. 26, S. 2137—2139. 1922.

— (4): Medico-legal application of human blood grouping. Journ. of Americ. med. assoc. Bd. 77, S. 682—683. 1921; Bd. 78, S. 873—877. 1922.

— (5): Hereditary blood qualities; statistical considerations. Journ. of immunol. Bd. 8, S. 11. 1923.

— (6): The etiology of eclampsia. Journ. of the Americ. med. assoc. Bd. 81, S. 295—297. 1923.

— (7): A classification of human races based on geographic distribution of the blood groups. Journ. of the Americ. med. assoc. Bd. 84, Nr. 19, S. 1393—1395. 1925.

Ottenberg and Epstein: Studies in isoagglutination. Transact. of the New York pathol. soc. Bd. 8, S. 117. 1908.

Ottenberg and Friedmann: The occurrence of grouping iso-agglutination in the lower animals. Journ. of exp. med. Bd. 13, S. 531—535. 1911.

Ottenberg, Friedman and Kaliski: Isoagglutination in dog blood. Transact. of the New York pathol soc. Bd. 11, S. 49. 1911.

Ottenberg, Kalisky and Friedman: Experimental agglutinative and hemolytic transfusion. Journ. of med. research Bd. 28, S. 141. 1913.

Ottenberg and Thalhimer: Studies in experimental transfusion. Journ. of med. research Bd. 33, S. 213—229. 1915.

Ottenberg, R. und Alice Johnson: A hitherto indiscribed anomaly in blood groups. Journ. of immunserol. 12, Nr. 1, S. 35. 1926.

Oyamada: Osaka Igakkwai Zasshi Bd. 21, Nr. 12, S. 1023. 1922; zit. nach Furuhata.

Panisset et Verge (1): Sur l'existence des groupes sanguins chez les animaux. Cpt. rend. des séances de la soc. de biol. Bd. 87, S. 870—872. 1922.

— (2): Les donneurs de sang en médecine vétérinaire. Cpt. rend. hebdom. des séances de l'acad. des sciences Bd. 174, S. 1649. 1922.

Pantschenkowa und Agte: Die Isoagglutination als klinisches und konstitutionelles Merkmal bei Lungenkranken. Vračebnoe delo 1924, 16—17 (russisch).

Parin, B.: Zur Frage des rassenbiologischen Indexes und der Abweichungen vom Schema Jansky-Moss. Žurnal experimentalnoj biologii i mediciny Bd. 4, Nr. 14, S. 876—890. 1927 (russisch).

Pascual, W.: Further observations on the blood grouping of Filipinos. Journ. of the Philippine Islands med. assoc. Bd. 6, Nr. 5, S. 157—160. 1926.

Pélissier: Etude comparative des lésions du foie et du rein au cours de l'éclampsie puerpérale et des lésions expérimentales provoquées chez le lapin; essai sur la pathogénie de l'éclampsie. Thèse de Montpellier 1924.

Perroncito: Sul fenomeno della isotossicita del sangue. Arch. per le scienze med. Bd. 39 II. 1915; Arch. ital. di biol. Bd. 64, S. 96. 1915.

Peset y Tomas: Les hemoaglutininas normales en medicina legal. Rev. de criminol. psiq. y méd. leg. Bd. 5, S. 469. 1918.

Pewsner: Zur Frage über die Hämagglutination bei Malarikern. Vračebnaja gazeta Nr. 5. 1926 (russisch).

Peyre, E. (1): A propos des pseudo-agglutination dans la répartition des groupes sanguins. Progrès med. S. 645. 1926.

— (2): Sur l'hérédité des groupes sanguins. Rev. anthrop. Bd. 36, S. 237—245. 1926.

Pfahler und Widmann: The relation of blood groups to malignant diseases and the influence of radiotherapy. Americ. journ. of roentgenol. a. radium therapy Bd. 12. 1925.

Pilcz, A.: Zur Frage der Blutgruppen und Impfmalaria. Wien. klin. Wochenschr. Jg. 40, Nr. 20, S. 653—654. 1927.

Pirie, H.: Bloodtesting preliminary to transfusion with a note on the group distribution among. S. A. natives. Med. journ. of South Africa Bd. 16, S. 109—112. 1921.

Pistuddi, Alberta: Sun alcune questioni diguardanti i gruppi sanguini nel campo ostetricogin. Riv. ital. di ginecol. Bd. 3, Nr. 42, S. 189. 1925.

Plüss, H.: Über Isoagglutination im menschlichen Blute und ihre Vererbung. Schweiz. med. Wochenschr. Jg. 54, Nr. 24, S. 544—549. 1924.

Poehlmann, A.: Psoriasis und Blutgruppen. Münch. med. Wochenschr. Bd. 74, S. 1171 bis 1212. 1927.

Poliakowa, A. T.: Manoiloff's „race" reaction and its application to the determination of paternity. Americ. journ. of physical anthrop. Bd. 10, Nr. 1, S. 23—29. 1927.

Pollitzer: L'isoemolisi nella madre e nel figlio. Pediatria Bd. 32, S. 976. 1924.

Pollitzer e Rapisardi: I gruppi sanguigni negli infanti. Pediatria Bd. 32, S. 858. 1924.

Popoff (1): Gerichtlich-medizinischer Beweis der Vaterschaft. Rab. Sud. Nr. 35/36. 1925.

— (2): Die Expertisen in Prozessen von der Kinderzugehörigkeit. Sud idet 1925, Nr. 13/15.

— (3): Über die Möglichkeiten und Methoden der Bestimmung von Kinderzugehörigkeit. Trudy II. sjezda med. ekspertow Bd. 26, S. 107.

— (4): Die Isoagglutinationsreaktion und ihre Bedeutung in der Anthropologie, Genetik und gerichtliche Medizin. Nsp. exp. Biol. Med., Nr. 5. 1926.

— (5): Die Isoagglutination. Uspechi eksperimentalnoj biologii Bd. 5, H. 3/4. 1927.

— (6): Isoagglutination und ihre forensische Bedeutung in Rußland. Dtsch. Zeitschr. f. d. ges. gerichtl. Med. Bd. 9, H. 4. 1927.

— (7): Die Isoagglutinationsreaktion. Uspechi eksperimentalnoj biologii Bd. 2. 1926 (russisch).

Popoff, W. u. I. Sernicky: Über die gegenseitigen Beziehungen zwischen Koagulationsgeschwindigkeit und Isoagglutinationsblutgruppen. Verhandl. der ukrain. Kommission für Blutgruppenforschung Bd. 1, H. 2. 1927.

Popoviciu (1): Recherches sérologiques sur les races en Roumainie. Rev. d'anthropol. 1924, Nr. 4—6.

— (2): Différence dans la structure biologique en Roumanie d'après la situation géographique. Rapport entre les propriétés d'iso-hémagglutination. Cpt. rend. des séances de la soc. de biol. Bd. 90, Nr. 14, S. 1069. 1924.

Preger: Über die Blutgruppen des Menschen unter besonderer Berücksichtigung der Beziehungen zwischen Mutter und Kind. Zeitschr. f. Immunitätsforsch. u. exp. Therapie Bd. 53, H. 2. 1927.

Price-Jones: The quantitative estimation of isohemagglutination. Journ. of pathol. a. bacteriol. 27. III. 1924.

Proescher, F. and A. J. Arkush: Blood groups in mental diseases. Journ. of nerv. a. ment. dis. Bd. 65, S. 556—660. 1927.

Prussky u. Kosjch: Die Isoagglutinationseigenschaften des menschlichen Blutes. Omsk. med. žurn. Nr. 1. 1926 (russisch).

Przesmycki: Recherches sur la transfusion du sang chez les animaux. Cpt. rend. des séances de la soc. de biol. Bd. 89, S. 1364. 1923.

Przesmycki, F.: Doświadczenia nad przetaczaniem krwi u zwierząt. Medycyna doświadczalna i społeczna 1923, H. 3—4 (polnisch).

Quater, E. u. J. Raphalkes (1): Über die Veränderungen der Blutgruppen unter dem Einfluß septischer Erkrankungen nach Geburten und Aborten. Zentralbl. f. inn. Med. 1927, Nr. 43, S. 107.

— (2): Über die Veränderung der Blutgruppen bei septischen Erkrankungen nach Geburten. Zeitschr. f. inn. Med. Nr. 43. 1927.

Rafalkes: Der gegenwärtige Stand der Blutgruppen bei Menschen. Westnik sowrem. med. Nr. 9. 1926 (russisch).

Raphael, T., Olive, M., Searle and Tom N. Horan. Blood groups in tuberculosis. Arch. of Inter. Med. Bd. 40, Nr. 3. 1927.

Rech und Wöhlisch: Die Blutgruppen bei Neugeborenen und ihren Müttern. Naturhistor.-med. Verein, Sitzg. Heidelberg. 1926. Zeitschr. f. Biol. Bd. 84, Nr. 5, S. 515—521. 1926.

Reichel, Heinrich: Die Bedeutung der Blutgruppenuntersuchungen für die Beurteilung der Vaterschaft bestimmter Männer. Wien. med. Wochenschr. Jg. 76, Nr. 45, S. 1323 bis 1325. 1926.

Richartz: Über das Vorkommen von Isolysinen im Blutserum bei malignen Tumoren. Dtsch. med. Wochenschr. 1909, Nr. 31.

Richter, L.: Über Isohämagglutination und Blutkörperchensenkung. Biochem. Zeitschr. Bd. 141, H. 1/2, S. 28—32. 1917.

Rietz Torsten (1): The blood groups among the laps in Sweden. Journ. of immunol. Bd. 13, Nr. 1. 1927.

— (2): Bloodgruppernas Antropologiska Betydelse. Sv. Läk.-Sällsk. Förhandlingar H. 12. 1924.

Rizzatti: Sulla distibitione dei gruppi sanguigni in alcune province della Val Padana. Boll. di soc. med. Parma 1924, Nr. 3.

Robertson, Brown and Simpson: Blood transfusion in children. Northwest med. Bd. 20, S. 233—243. 1921.

Robertson and Rous (1): Autohemagglutination experimentally induced by the repeated withdrawal of blood. Journ. of exp. med. Bd. 27, S. 563. 1918.

— (2): Sources of the antibodies developing after repeated transfusion. Journ. of exp. med. Bd. 35, S. 140. 1922.

Roby, Jones and Ernest Glynn: The four human blood groups, with special reference to their agglutination titres and to abnormal donors. Journ. of pathol. a. bacteriol. Bd. 29. 1926.

Roger: Application médico-légale des groupes sanguins. Discussion de paternité. Bull. des sciences pharmacol. 1923, Nr. 2.

Rohdenberg: The isoagglutinins and isohemolysins of the rat. Proc. of the soc. f. exp. biol. a. pathol. Bd. 17, S. 82. 1920.

Rous and Robertson: Free antigen and antibody circulating together in large amounts (hemagglutinin and agglutinigen in the blood of transfused rabbits). Journ. of exp. med. Bd. 27, S. 509. 1918.

Rubaškin, V.: Die Blutgruppen in der Ukraine. Ukrain. Ztbl. f. Gruppenforsch. Bd. 1, H. 1. 1927.

Rubaschkin, W.: Vergleichende Prüfung der Methoden der Hämatoagglutination. Vračebnoe delo Nr. 10—11. 1925 (russisch).

Rubaschkin, W. und G. Derman: Hämaoisoagglutination als Methode zu Studium über die Konstitution. Vracebnoe delo Nr. 20—23. 1924.

Rubaschkin, W. und S. Pauli: Der biologische Rassenindex der deutschen Kolonisten der Ukraine. Verhandl. der ukrain. Kommission f. Gruppenforschung Bd. 1, H. 2. 1927.

Sachs, H.: Blutgruppenforschung. Münch. med. Wochenschr. Bd. 1, Nr. 4. 1927.

— (2): Blutgruppenforschung und Transfusion. Ztbl. f. inn. Med. Bd. 48, S. 48. 1927.

Sam, P. und A. Wolinskaja: Beiträge zur Frage über die Isoagglutination bei den Wotjaken des Glasower Kreises im Wotsker autonomen Gebiet. Verhandl. der ukrain. Kommission zur Gruppenforschung Bd. 1, H. 2. 1927.

Sandford (1): Isoagglutination groups; diagram showing their interne relation. Journ. of the Americ. med. assoc. Bd. 67, S. 808. 1916; Papers of Mayos clinic 1916, S. 653.

— (2): A modification of the Moss method of determining isohemoagglutination groups. Journ. of the Americ. med. assoc. Bd. 70, S. 1221. 1918.

Schamow und Jelansky: Die Isoagglutinationseigenschaften des Menschenblutes. Novyj chirurgičeskij archiv Bd. 3. 1923 (russisch).

Scheidt, Rassenunterschiede des Blutes. Georg Thieme Ver. 1927.

Scheurlen, von: Ein gerichtlich entscheidendes Gutachten auf Grund der Blutgruppenbestimmung. Stuttgart, Reichs-Gesundheitsblatt Jg. 1, Nr. 32, S. 726—729. 1926.

Schiamoff und Jelansky: Isoagglutinierende Eigenschaften des Menschenblutes, ihre Bedeutung für die Chirurgie und die Bestimmungsmethoden. Novyj chirurgičeskij archiv Nr. 11, S. 565. 1923 (russisch).

Schiff (1): Über das serologische Verhalten eines Paares eineiiger Zwillinge. Berlin. klin. Wochenschr. 1914, Nr. 30.

— (2): Zur Kenntnis blutgruppenspezifischer Antigene und Antikörper. Klin. Wochenschr. 1924, Nr. 16, S. 679.

Schiff (3): Kapitel „Agglutination“ in Oppenheimers Handb. d. Biochemie, 2. Aufl. 1924, Bd. 5, S. 262.
— (4): Die Blutgruppendiagnose als forensische Methode. Ärztl. Sachverst.-Zeit. 1924, S. 101.
— (5): Die Blutuntersuchungen bei strittiger Vaterschaft in Theorie und Praxis. Dtsch. Zeitschr. f. d. ges. gerichtl. Med. Bd. 7, H. 4. 1926.
— (6): Über die ungleiche numerische Beteiligung der Geschlechter an akuten Infektionskrankheiten. Med. Klin. 1924, Nr. 40, S. 1385.
— (7): Über gruppenspezifische Serumpräcipitine. Klin. Wochenschr. Jg. 3, Nr. 16, S. 678 bis 680. 1924.
— (8): Wie häufig läßt sich die Blutgruppendiagnose in Paternitätsfragen heranziehen? Ärztl. Sachverst.-Zeit. Jg. 30, Nr. 24, S. 231—233. 1924.
— (9): Über gruppenspezifische Isoopsonine im menschlichen Serum. Med. Klin. 1925, Nr. 33.
— (10): Person und Infekt in: Biologie der Person, herausg. v. Brugsch und Levy. Urban & Schwarzenberg 1926.
— (11): Blutgruppenverteilung in der Berliner Bevölkerung. Klin. Wochenschr. Nr. 36. 1926.
— (12): Die Erfolgsaussichten der serologischen Abstammungsuntersuchungen. Ärztl. Sachverst.-Zeit. Nr. 4. 1927.
— (13): Über den serologischen Nachweis der Blutgruppeneigenschaft O. Klin. Wochenschr. 6. Jg. Nr. 7. 1927.
— (14): Die Blutgruppen und ihre Anwendung vor Gericht. Dtsch. Zeitschr. f. d. ges. gerichtl. Med. Bd. 9, H. 4. 1927.
— (15): Die Technik der Blutgruppenuntersuchungen für Kliniker und Gerichtsärzte. Verlag J. Springer 1926.
— (16): Praktische Erfahrungen mit der Blutgruppenmethode bei strittiger Vaterschaft. Ärztl. Sachverständ.-Zeit. Nr. 2. 1927.
Schiff und Adelsberger: Über blutgruppenspezifische Antikörper und Antigene. Mitt. I. Zeitschr. f. Immunitätsforsch. u. exp. Therapie, Orig. Bd. 40, H. 4/5, S. 335, 367. 1924.
Schiff und Mendlovicz: Quantitative Untersuchungen über Isoagglutinine mit besonderer Berücksichtigung der Leukämie. Zeitschr. f. Immunitätsf. Bd. 48, S. 1. 1926.
Schiff und Ziegler: Blutgruppenformel in der Berliner Bevölkerung. Klin. Wochenschr. 1924, Nr. 24.
Schiff, F. und W. Halberstädter: Über Agglutinationserscheinungen bei gealterten Blutkörperchen. Zeitschr. f. Immunitätsforsch. u. exp. Therapie Bd. 48, H. 414—428. 1926.
Schiff, F. und Hübener: Quantitative Untersuchungen über die Empfindlichkeit menschlicher Erythrocyten für Isoagglutinine. Zeitschr. f. Immunitätsforsch. u. exp. Therapie Bd. 45, H. 2, S. 207—222. 1925.
Schloß, Wilhelm: Bestehen Beziehungen zwischen Isoagglutination und Beschleunigung der Blutkörperchensenkungsgeschwindigkeit. Biochem. Zeitschr. Bd. 181, H. 4/6, S. 345 bis 349. 1927.
Schneider (1): Über das Verfahren der Transfusion. Zentralbl. f. Gynäkol. 1925, Nr. 13.
— (2): Die Voraussetzung und Technik für eine gefahrlose Bluttransfusion mit Untersuchungen über die Hämagglutination. Arch. f. Gynäkol. Bd. 124, H. 1. 1925.
— (3): Zur Abgrenzung der Agglutination von der Blutkörperchensenkungsgeschwindigkeit. Klin. Wochenschr. Jg. 4, Nr. 30.
— (4): Untersuchungen über den Isoagglutiningehalt im Menschenblut. Zeitschr. f. d. ges. exp. Med. Bd. 36, S. 153. 1923.
— (5): Diskussion zu Nather. Wien. klin. Wochenschr. 1924, S. 428.
Schneider, Georg Heinrich: Weitere Beiträge zur Isohämagglutination (mit Eklampsiebefunden). Klin. Wochenschr. Jg. 4, Nr. 50, S. 2382—2387. 1925.
Schneider, P.: Untersuchungen über den Isoagglutiningehalt im Menschenblut. Zeitschr. f. d. ges. exp. Med. Bd. 36, H. 1, Nr. 1/3, S. 153. 163. 1923.
Schött: Blutgruppenuntersuchung bei Lappen mit Angabe der angewandten Technik. Hygiea. Bd. 88, Nr. 12, S. 480—485. 1926. (Schwedisch.)
Schröder, Vera: Über einige physikalische Vorgänge bei der Isohämoagglutination. Pflügers Arch. f. d. ges. Physiol. Bd. 215, H. 1/2, S. 32—42. 1926.

Schütz, F. und E. Wöhlisch (1): Bedeutung und Wesen von Hämagglutination und Blutgruppenbildung beim Menschen. Klin. Wochenschr. Jg. 3, Nr. 36, S. 1614—1616. 1924.

— (2): Untersuchungen und Beobachtungen über Blutgruppen beim Menschen. Mitt. II. Studien zur physikalischen Chemie der Isohämagglutination. Zeitschr. f. Biol. Bd. 82, H. 3, S. 265—277. 1924.

Schütz, Franz: Untersuchungen über Blutgruppen beim Menschen. I. Mitt. Reichsgesundheitsblatt, Bd. 1, Nr. 14, S. 345—349. 1926.

Schütze: Haemagglutination and its medico-legal bearing with observations upon the theory of iso-agglutinins. Brit. journ. of exp. pathol. Bd. 2, S. 26—33. 1921.

Schultz: Isohämolysine und Isohämagglutinine beim Kaninchen. Dtsch. Arch. f. klin. Med. Bd. 84, S. 5552. 1905.

Schumacher, P. und K. Atzerodt: Fehler und Gefahren bei der Bestimmung der Blutgruppen. Klin. Wochenschr. Jg. 5, Nr. 43. 1926.

Schwarz: Beiträge zur Kenntnis der Isoagglutinine im Pferdeblut. Zeitschr. f. Immunitätsf. Bd. 48, Heft 1. 1926.

Sereni, E.: Anafilassi fetale. Vort geh. XII. Int. Physiol. Kongr. Stockholm 1926. Bd. VIII, S. 151—152.

Shattock: Chromocyte clumping in acute pneumonia and certain other diseases and the significance of the buffy cat in the shed blood. Journ. of pathol. a. bacteriol. Bd. 6, S. 303—314. 1900.

Shawan: The principles of blood grouping applied to skin grafting. Amer. journ. of the med. science Bd. 157, S. 503—508. 1919.

Shirai (1): Jaikingaku Zasshi Nr. 321, S. 387. 1922; zit. nach Furuhata.

— (2): Keio-Igaku Bd. 3, 4. April 1923.

Siracusa: La sostanza isoagglutinabile del sangue e la sua dimonstrazione per la diagnosi individuale delle macchie. Boll. d. reale accad. pelorit. Messina Bd. 30. 1922; Arch. di antropol. crim. psichiatr. e med. 1923.

Siracusa, V.: Sull' applicazione pratica dei metodi per la diagnosi individuale del sangue. Arch. di antropol. crim. psichiatr. e med. Bd. 47. 1927.

Skadowsky und Schröder: Physikochemische Grundlagen der Isohämagglutination. J. Exp. B. Med. Nr. 1, S. 28. 1925 (russisch).

Snyder (1): Iso-hemagglutinins in rabbits. Journ. of immunol. Bd. 9, Nr. 1. 1924.

— (2): Critical tests of blood group inheritance. Southern med. Sergery Bd. 86, S. 473—475.

— (3): The inheritance of the blood groups. Genetics Bd. 9, S. 465—478. 1924.

— (4): Studies in human inheritance. The linkage relations of the blood groups. Zeitschr. f. Immunitätsforsch. u. exp. Therapie Bd. 49, H. 5, S. 464—460. 1926.

— (5): Studies in human inheritance. The medicolegal application of hereditary human characters, with especial reference to the blood groups. Journ. of the Americ. med. assoc. Bd. 88, S. 562—563. 1927.

Snyder, Laurence H. (6): Human blood groups and their bearing on racial relationship. Proc. of the nat. acad. of sciences (U. S. A.) Bd. 11, Nr. 7, S. 406. 1925.

— (7): Human blood groups: their inheritance and racial signifieance. Amer. journ. of the physical anthropol. Bd. 9, Nr. 2, S. 233. April—Juni 1926.

— (8): Blood grouping and its practical applications. Arch. of pathol. laborat. med. Bd. 4, Nr. 2, S. 215—257. 1927.

Sokoloff, N. W.: Die Bedeutung der organspezifischen Immunität und biochemische Struktur des Blutes für die Homotransplantation. Zeitschr. f. Immunitätsforsch. u. exp. Therapie, Orig. Bd. 42, S. 44. 1925.

Sorge, Giuseppe: Sugli anticorpi antilipoidei. Biochem. e terap. sperim. Bd. 13, Nr. 5, S. 192. 1926.

Staquet, J.: Contribution à l'étude des iso-agglutinines. Arch. internat. de méd. exp. Bd. 2, H. 1, S. 71—96. 1925.

Starlinger, W., und U. Strasser: Über das unterschiedliche Verhalten der Blutgruppenagglutination in nativem Plasma und im Serum. Wien. Arch. f. inn. Med. Bd. 2, Nr. 2, S. 399—404. 1925.

Steffan (1): Weitere Ergebnisse der Rassenforschung mittels serologischer Methoden. Arch. f. Rassen- u. Gesellschaftsbiol. Bd. 15, H. 2, S. 137. 1923.

Steffan (2): Weitere Ergebnisse der Rassenforschung mittels serologischer Methoden. Mitt. d. anthropol. Ges. in Wien Bd. 41. 1925.

— (3): Weitere Ergebnisse der Rassenforschung mittels serologischer Methoden. Arch. f. Schiffs- u. Tropenhyg. Bd. 29, S. 369. 1925.

Strassman, G.: Die Bedeutung der Blutgruppenbestimmung für die gerichtliche Medizin Klin. Wochenschr. 1924, S. 184.

Straszyński, A. (1): Prédisposition aux maladies cutanées chez les sujets apartenant aux divers groupes sérologiques. Cpt. rend. des séances de la soc. de biol. Bd. 71, S. 1481. 1924.

— (2): Blutgruppen und Hautkrankheiten. Przegląd dermatol. 3.—4. Jg., 20. 1925 (polnisch).

— (3): Über das Ergebnis der Wassermannschen Reaktion innerhalb verschiedener Blutgruppen bei behandelter Lues. Klin. Wochenschr. Jg. 4, S. 1962. 1925.

Streng (1): O Suomen kansan biokemiallinen „rotuindeksi“. Erikoispainos aikakauskirjasta Duodecim 1925, Nr. 9 (finnländisch).

— (2): Isoagglutinatio-ilmiön merkitys läketietelle ja antropologialle. Erikoispainos aika kauskirjasta Duodecim 1925, Nr. 9 (finnländisch).

— (3): Eine Völkerkarte. Eine graphische Darstellung der bisherigen Isoagglutinationsresultate. Acta societatis medicorum Fennicae „Duodecim“ Bd. VIII, H. 1. 1926.

Streng, O. u. Elsa Ryti: Die Blutgruppenverteilung bei Gesunden und Kranken in Suomi (Finnland). Acta societatis medicorum Fennicae „Duodecim“ Bd. 8, H. 1, Nr. 6, S. 1—57. 1927.

Sucker, W.: Die Isohämagglutinine des menschlichen Blutes und ihre rassenbiologische Bedeutung. Zeitschr. f. Hyg. u. Infektionskrankh. Bd. 162, H. 3/4, S. 482—492. 1924.

Susterov, G.: Die isoagglutinierenden Eigenschaften des Menschenblutes nach den Beobachtungsergebnissen an Insassen der Besserungsanstalt in Omsk. Moskovskij medicinskij žurnal Jg. 7, Nr. 5, S. 1—6, 1927 (russisch).

Swider, Z., und N. Kon (1): Über Blutgruppen bei Tuberkulose. Polska gazeta lekarska 1927 (polnisch.)

— (2): Untersuchungen über die Blutgruppen bei Tuberkulösen. Polskie Arch. med. Wewm. Bd. 5, H. 4. 1927, I u. II (poln.).

Swift: Isoagglutination in children. Med. journ. of australia 1921, S. 483.

Szymanowski, Z., St. Stetkiewicz et B. Wachler: Les groupes sérologiques dans le sang du porc et leur relation avec les groupes du sang humain. Cpt. rend. des séances de la soc. de biol. Bd. 94, Nr. 3, S. 204—205. 1926.

Szymanowski, Z. und B. Wachler: Die Differenzierung der serologischen Gruppen im Schweineblut. Medycyna doświadczalna i spoleczna Bd. 7, H. 1/2, S. 37—58. 1927. (Polnisch.)

Szymanowski, Z. und Wachlerówna: Contribution à l'étude des immuno-isoagglutinines du sang du porc. Cpt. rend. des séances de la soc. de biol. Bd. 95, S. 932. 1926.

Takanouchi: Jeiikai-Geppo Nr. 415, Sept. 1916; Kaigun-Gunikai-Kaiho Nr. 13. 1916; zit. nach Furuhata.

Tebbutt: Comparative isoagglutinin index of Australian aborigines and Australians. Med. journ. Australia 29. Sept. 1923.

Tebbutt and Mc Connel (1): On human isohaemagglutinins, with a note on their distribution among some Australian aborigines. Med. journ. of Australia 25. Febr. 1922.

— (2): Human iso-haemagglutinins their distribution among some Australian aborigines. Med. journ. of Australia Bd. 1, S. 201—208. 1922.

Thomsen, Oluf (1): Undersogelser over Blodtypen (Isoagglutination) hos born af Foraeldre af. IV-Typen. Hospitalstidende Nr. 2, Jg. 70. 1927 (dänisch).

— (2): Konstitutionssejendommeligheder i Blodet med Saerlig Henblik paa Paternitetsspörgsmaal. Hospitalstidende Nr. 10, Jg. 70. 1927 (dänisch).

— (3): Et Formeringsdygtigt Agens. Hospitalstidende Nr. 50, Jg. 69. 1926 (dänisch).

— (4): Au sujet d'un agent d'accroissement capable de modifier les conditions isoagglutinantes des globules rouges. Cpt. rend. des séances de la soc. de biol. Bd. 96, Nr. 8, S. 556—558. 1927.

Thomsen, Oluf (5): Über den Zusammenhang der isoagglutinatorischen Bluttypen mit pathologischen Zuständen. Acta pathol. e. microbiol. scandinav. Bd. IV, Nr. 1, 1927.
— (6): Etude des groupes sérologiques chez les vieillards au point de vue spécial de la vitalité dans les divers groupes. Cpt. rend. des séances de la soc. de biol. Bd. 97, Nr. 20. 1927.
— (7): Recherches sur l'hérédité des types sanguins isoagglutinants (groupes sérologiques). Ctp. rend. des séances de la soc. de biol. Bd. 97, Nr. 20. 1927.
— (8): Über eine einfache Methode zur Ermittlung von Bluttypen. Klin. Wochenschr. Bd. 31. 1927.
Toda: The relationship of the blood platelets and red corpuscles an attempt to group human platelets with red-cell grouping sera. Journ. of pathol. a. bacteriol. Bd. 26, S. 303. 1923.
Todd and White (1): On the recognition of the individual by haemolytic methods. Proc. of the roy. soc. Bd. 82, S. 416. 1910.
— (2): On the haemolytic immune isolysins of the ox and their relation to the question of individuality and blood relationship. Journ. of hyg. Bd. 10, S. 185. 1910.
Togunova: Ein Fall von Autoagglutination. Klinitscheskaja medicina Bd. 2, S. 10. 1922.
Travlos: Etude sur l'incompatibilité sanguine entre la mère et le fœtus et ses rapports avec la toxémie gravidique. Thèse de Paris 1924.
Tschinkin: Über die Blutgruppen bei den Burjaten. Ner. kom. zdawoochran. 1927 (russisch).
Tschitnikow: Die Lehre über die Blutgruppen. Žurnal dija ussoveršenstvovanija vračej Nr. 1. 1927 (russisch).
Unger: Precautions necessary in the selection of a donner blood transfusion. Journ. of the Americ. med. assoc. Bd. 76, S. 9—12. 1921.
Upcott: Isohemolysis in malignant diseases. Lancet 1910, S. 795.
Verdier: Contribution à l'étude de la différenciation individuelle du sang. humain. Thèse de Toulouse 1906.
Verhoef: Het verschijnsel der iso-hämagglutinatie en de anthropologische beteekenis darvan. Nederlandsch tijdschr. v. geneesk., 1. u. 2. Hälfte Jg. 68, H. 10. 1924.
Verzar (1): Neue Untersuchungen über Isohämaggl. Klin. Wochenschr. Nr. 19. 1922.
— (2): Die Unsicherheit in der Nomenklatur der Blutgruppen und ihre praktischen Fehler. Klin. Wochenschr. Jg. 6, Nr. 8, S. 347—348. 1927.
— (3): Die Blutgruppen in der Anthropologie. Int. Kongr. Amsterdam 1927.
— (4): Les groupes sanguins dans 1 anthropologie. C. Intern. Amsterdam. 1927.
Verzar und Weszeczky: Rassenbiologische Untersuchungen mittels Isohämagglutininen. Biochem. Zeitschr. Bd. 126, H. 1—4. 1921.
Vincent: A rapid macroscopic agglutination test for blood groups and its value in testing donors for transfusion. Journ. of the Americ. med. assoc. Bd. 70, S. 1219. 1918.
Vogel, W. L.: A method of blood grouping where only one known group is available. Journ. of laborat. a. clin. med. Bd. 11, Nr. 4, S. 386—387. 1926.
Vorschütz, J. (1): Worauf beruht das Wesen der einfachen wie der Gruppenhämagglutination und die verschiedene Ladung der roten Blutkörperchen? Zeitschr. f. klin. Med. Bd. 96, S. 383. 1923.
— (2): Zur Frage der gruppenweisen Hämagglutination und über die Veränderungen der Agglutinationsgruppen durch Medikamente, Narkose und Röntgenstrahlen. Zeitschr. f. klin. Med. Bd. 94, S. 459. 1922.
— (3): Verschiedene Hämagglutinationsbilder bei Ikterusfällen und ihre Deutung. Arch. f. exp. Pathol. u. Pharmakol. Bd. 95, S. 235. 1922.
Wagner (1): Die Blutgruppe vom Standpunkte des Anthropologen. Vračebnoe delo 1924. Nr. 22—23 (russisch).
— (2): Das Erythrocytenstroma als Sitz des Hämagglutinogens. Journ. exp. Biol. Nr. 3, S. 102. 1926 (russisch).
— (3): Die Zusammenfassung der Blutgruppenverteilung unter den Welteinwohnern. Russk. Ant. Journ. Bd. 15, Nr. 1/2. 1927 (russisch).
Walsh: The blood interrelationship of horses, asses, asses and mules. Journ. of immunol. Bd. 9, S. 49—55. 1924.
Walsh, L. S. N.: Hemagglutination in horses. Journ. of immunol. Bd. 9, Nr. 1, S. 57—73. 1924.

Warnowski, J. (1): Über Beziehungen der Blutgruppen zu Krankheiten. Hämagglutination. Münch. med. Wochenschr. Nr. 41, S. 1358. 1927.

— (2): Über Beziehungen der Blutgruppen zu Krankheiten. Münch. med. Wochenschr. Bd. 74, S. 41. 1927.

Warrington, Yorke: Autoagglutination of red blood cells in trypanosomiasis. Ann. of trop. med. a. parasitol. Bd. 4, Nr. 4 (nach Weinberg e Jonesco Mihaiesti: Proc. of the roy. soc. of med. Bd. 83, S. 238. 1911).

Wassing und v. Raamsdonk: Isohämagglutinine bei Krebskranken. Nederlandsch tijdschr. v. geneesk. Bd. 19, S. 2001. 1923.

Weart, Warrens, Ames: Lebensdauer der transfundierten Blutkörperchen. Arch. of internat. med. Bd. 29, S. 527. 1922.

Weichardt: Der Nachweis individueller Blutdifferenzen. Hyg. Rundschau Bd. 13, S. 756. 1903.

Weinberg et Jonesco Mihaiesti: Hémoagglutinines et hémolysines du sérum humain. Traité du Sang de Gilbert et Weinberg II. Paris 1921.

Weil, E., et P. Isch-Wall: Hemoagglutinines des divers liquides organiques. Cpt. rend. des séances de la soc. de biol. Bd. 88, S. 173. 1923.

Weil, E. et M. Lamy: Sur une cause d'erreur dans la détermination des groupes sanguins due au vieillisement des sérums-étalons. Bull. et mém. de la soc. méd. des hôp. de Paris Jg. 40, Nr. 21, S. 859—861. 1924.

Weitzner, Göza: Hämagglutiningehalt des Blutserums Carcinomkranker. Med. Klin. Nr. 52, S. 1960. 1925.

Wellisch, S. (1): Zur Blutgruppenbestimmung der Münchener Bevölkerung. Münch. med. Wochenschr. Nr. 15, S. 639. 1927.

— (2): Ein mathematisches Blutgruppengesetz. Wien. med. Wochenschr. 38, 1927.

— (3): Etno-anthropologische Betrachtugen über die Blutgruppen. Mitteilung der Anthrop. Ges. in Wien Jg. 26/27.

— (4): Über den Konstitutionsindex. Zeitschr. f. Biol.

Wendelberger, J.: Blutgruppen und Impfmalaria. Wien. klin. Wochenschr. Nr. 11, S. 345. 1927.

Weszeczky: Untersuchungen über die gruppenweise Hämagglutination beim Menschen. Biochem. Zeitschr. Bd. 107, H. 4—6. 1920.

Wethmar: Blutgruppen und Impfmalaria. Klin. Wochenschr. Jg. 6, Nr. 41. 1927.

Widal, Abrami et Brulé: Autoagglutination des hématies dans l'ictère hémolytique acquis. Cpt. rend. des séances de la soc. de biol. Bd. 64, S. 655. 1908.

Wiechmann, E., und H. Paal (1): Über Blutgruppen der Kölner Bevölkerung. Münch. med. Wochenschr. 1926, Nr. 15, S. 606.

— (2): Die Blutgruppenverteilung in der Bevölkerung der Eifel und Westfalens im Vergleich zu jener in der Kölner Bevölkerung. Münch. med. Wochenschr. Jg. 73, Nr. 52, S. 2202—2203. 1926.

— (3): Über Hypertonie, insbesondere über die Blutgruppen der Hypertoniker. Dtsch. Arch. f. klin. Med. Bd. 154, H. 5/6. 1927.

— (4) Die Blutgruppenbestimmung in ihrer Bedeutung für die Zwillingsforschung. Münch. med. Wochenschr. Nr. 7, S. 271. 1927.

Wilczkowski, E. (1): Blutgruppenuntersuchungen bei Schizophrenie und progressiver Paralyse. Klin. Wochenschr. 6. Jg. Nr. 4. 1927.

— (2): Untersuchungen über die Blutgruppen einiger Familien mit Geisteskrankheiten. Polska gazeta lekarska Bd. 5, Nr. 38. 1926 (polnisch).

— (3): Untersuchungen über die Blutgruppen bei Schizophrenikern und and. Geisteskranken. Rocznik Psychjatryczny H. 5. 1927 (polnisch).

Williams, E. C. Pilman: Incompatible blood grouping and their possible connection with pregnancy toxemias. X. internat. Congr. Physiol. Edinburgh 1923.

Williams and Patterson: The agglutination of human red corpuscles by horses-serum. Journ. of the Americ. med. assoc. Bd. 70, S. 1754—1755. 1918.

Wilmer, Al.: Maternal and fetal blood in the late toxemia of pregnancy. Bull. of J. Hopkins Hospital Bd. 38, S. 217. 1926.

Wiltshire: An investigation into the causes of rouleaux formation by human red blood corpuscles. Journ. of pathol. a. bacteriol. Bd. 17, S. 282. 1912/13.

Wischegorodzewa: Zur Frage der Autohämoisoagglutination. Vra če bnoe delo Nr. 10/11 1926 (russisch).

Wischnewsky (1): Rasse und Blut. 1927 (russisch).

— (2): Blutgruppen und Anthropologie. Verhandl. der ukrain. Kommission über die Blutgruppen. Bd. 1, H. 2. 1927.

— (3): Zur Frage über die konstitutionelle und Rassenbedeutung der Isohämagglutination. Zeitschr. f. Konstitutionslehre Bd. 13, H. 3. 1927.

Wischniewsky: Zur Frage des rassenbiologischen Index. Vračebnoe delo Nr. 6. 1925 (russisch).

Witebski, E. (1): Über die Antigenfunktion der alkoholischen Bestandteile menschlicher Blutkörperchen verschiedener Gruppen. I. Mitt. Zeitschr. f. Immunitätsforsch. u. exp. Therapie Bd. 48, H. 4, S. 369—396. 1926.

— (2): Über die Antigenfunktion der alkoholischen Bestandteile menschlicher Blutkörperchen verschiedener Gruppen. II. Mitt. Eine neue heterogenetische Receptorengemeinschaft. Zeitschr. f. Immunitätsforsch. u. exp. Therapie Bd. 49, H. 1/2, S. 1/17. 1926.

— (3): Über die Antigenfunktion der alkoholischen Bestandteile menschlicher Blutkörperchen verschiedener Gruppen. III. Mitt. Zeitschr. f. Immunitätsforsch. u. exp. Therapie Bd. 49, H. 6. S. 517—531. 1927.

— (4): Über die Verteilung heterogenetischer Lipoidantigene im Organismus und die Beeinflussung ihrer immunisatorischen Funktion durch andere Antigene höherer Spezifität. Zeitschr. f. Immunitätsforsch. u. exp. Therapie Bd. 51, S. 161. 1927.

Witebski, E. und Koji Okabe (1): Über die Beziehungen des Rinderblutes zu menschlichen Gruppenmerkmalen. Klin. Wochenschr. Jg. 6, Nr. 23. 1927.

— (2): Zur Methodik der Gruppenbestimmung in menschlichen Blutflecken. Münch. med. Wochenschr. Nr. 37, S. 1581. 1927.

Witebski, E. und Okabe: Über den Nachweis von Gruppenmerkmalen in den Organen des Menschen. Zeitschr. f. Immunitätsf. u. exp. Therapie Bd. 52, H. 5/6. 1927.

Wöhlisch, E.: Untersuchungen über Autohämagglutination, d. h. die gruppenmäßige Agglutination menschlicher Erythrocyten durch Menschenserum. Verhandl. d. physikal-med. Ges. Würzburg. Bd. 49, Nr. 3, S. 125—128. 1924.

Wolff, E.: Proof of paternity. Hygiea Bd. 86. 1924.

Wyschegrodowa: Zur Frage der Autohämagglutination. Zeitschr. f. klin. Med. Bd. 104, Nr. 3/4. 1926. Leningrad.

Yamakami: The individuality of semen, with reference to its property of inhibiting specifically isohemagglutination. Journ. of immunol. Bd. 12, Nr. 3, S. 185—189. 1926.

Zabieschinsky: Die Isohämagglutination bei Syphilis. Russkaja klinika Nr. 17, S. 412. 1925 (russisch).

Zetterman, Yngoe und Ernst Wildner: Isoagglutination in new-born infant and their mother. Acta gynecol. scandinav. Bd. 3, H. 2, S. 122—133. 1924.

Zimmermann: Untersuchungen über die Häufigkeit des Auftretens von Isoagglutininen und Isohämolysinen im Hinblick auf die Bluttransfusion. Zentralbl. f. Gynäkol. Bd. 44, S. 1146—1151. 1920.

Zöller, C., Rammon: De l'influence des facteurs nonspécifiques dans l'apparition et le développement de l'immunité antitoxique. Soc. méd. des Hôpitaux, 23 juillet, 1926.